火力发电工程建设质量
典型问题分析

中国电力企业联合会电力工程质量监督站　编

中国电力出版社
CHINA ELECTRIC POWER PRESS

内 容 提 要

在强化服务意识、发挥专业优势、重视社会效益的指导思想下，中国电力企业联合会电力工程质量监督站全面梳理总结了“十三五”期间火力发电工程建设过程中现场发生频次较高的质量问题，编写本书。全书共分四章，分别为质量行为、建筑工程、设备安装工程、检验检测。本书具有较强的前瞻性和时效性，通过对火力发电工程实体质量问题的详细分析，指出了工程质量监督的重点方向，将为“十四五”期间加强质量监管、建设精品工程、促进电力工业高质量发展发挥积极影响。

本书具有较强的实用性，可作为电力工程管理、施工、质量检测等专业人员的工具书，也对有效促进电力施工技术人员提升质量问题判别能力、提高专业技术水平、消除质量隐患、有效防范工程质量事故具有重要意义。

图书在版编目（CIP）数据

火力发电工程建设质量典型问题分析 . / 中国电力企业联合会电力工程质量监督站编 . — 北京：中国电力出版社，2021.6（2022.5 重印）

ISBN 978-7-5198-5533-8

Ⅰ . ①火…　Ⅱ . ①中…　Ⅲ . ①火力发电－电力工程－工程质量－质量管理－中国　Ⅳ . ① TM621

中国版本图书馆 CIP 数据核字（2021）第 060380 号

出版发行：中国电力出版社
地　　址：北京市东城区北京站西街 19 号（邮政编码 100005）
网　　址：http：//www.cepp.sgcc.com.cn
责任编辑：黄晓华　匡　野（010-63412786）
责任校对：黄　蓓　马　宁
装帧设计：郝晓燕
责任印制：石　雷

印　　刷：河北鑫彩博图印刷有限公司
版　　次：2021 年 6 月第一版
印　　次：2022 年 5 月北京第二次印刷
开　　本：787 毫米 ×1092 毫米　16 开本
印　　张：14.75
字　　数：310 千字
印　　数：1501—2000 册
定　　价：98.00 元

《火力发电工程建设质量典型问题分析》

编制委员会

主任委员 魏昭峰

副主任委员 张天文 李 晛

编写组成员（以姓氏笔画为序）

王世强 白正刚 杜 洋 李玉奎 杨东月

沈正平 沈玲萍 宋丽莎 张 彬 张民宝

陆彦章 陈海英 赵雅丽 姜晓云 高 明

蒋 雁 谢鸿钢 戴 光 魏国柱

审核组成员（以姓氏笔画为序）

司广全 朱立平 刘 明 杨亚东 尚正寿

高越冬 彭 良 熊建明 魏丰年

前言

工程建设是国民经济和社会发展的重要领域，全面提升工程建设质量是推进供给侧改革、促进国民经济高质量发展的中心任务之一。“十三五”以来，各电力企业全面贯彻“四个革命、一个合作”能源发展战略，按照党中央国务院部署，坚持开拓创新，以打造精品工程为目标，秉承高标准严要求的建设宗旨，全过程管控工程建设各环节，全方位严管安全质量，实现了各建设项目的高标准建设、高质量投产，在开创电力建设新局面的同时，也为我国电力工业持续健康发展奠定了坚实的基础。

工程建设质量水平的全面提升是一项综合性的系统工作。在肯定成绩的同时，我们也应该清醒地看到，在工程质量管控方面，电力行业还有不少技术、制度和工作落实方面的不足，各种质量问题依然时有发生。为适应当前国民经济发展的新形势和新要求，促进各企业不断加强工程质量管理工作，保障工程建设质量总体水平的持续提升，中国电力企业联合会电力工程质量监督站（以下简称电力质监站）组织力量，对“十三五”期间所承担的电力工程项目的质量监督情况进行了全面总结，完成了各系列工程项目的质量问题分析报告，并分类编纂成册，为大家提供参考借鉴。本册《火力发电工程建设质量典型问题分析》就是其中之一。

众所周知，工程质量监督是我国法定基本建设程序中的重要一环，根据国家能源局的规定，电力工程质量监督站目前主要承担着质量监督的技术性、服务性工作，同时负责国家试验示范工程和跨区域电网工程的质量监督工作，兜底负责全国火电工程、农林生物质发电工程、太阳能热发电工程质监工作。“十三五”以来，在国家能源局相关部门的领导下，电力质监站坚持科学严谨、优质服务的工作理念，科学组织，按照规定节点，选派工作责任心强、经验丰富的专家组成检查组，到工程建设现场开展监督检查，及时发现质量问题和质量隐患，提出整改意见和工作改进建议，有效保障了工程建设质量。

本书选取了“十三五”期间电力工程质量监督站负责并实施监督检查的26个火力发电项目为样本，对监督检查过程中发现的23634项质量问题（其中，质量行为类4425项、实体质量类19209项），重点从质量管理行为、土建工程实体建设质量、设备安装工程实体质量和质量检验检测等四个方面进行分类汇总，详细分析了各项质量要求、执行标准，并通过典型案例方式，针对所发现的具体质量问题，详细列示了问题表象，分析了标准规范的规定和要求，同时提出了预防措施。本报告意在引导工程建设各方能够对照问题，查找自身质量管理工作中存在的不足和短板，进一步落实责任，完善措施，逐步提升质量管理水平，为提升工程建设质量打好基础。

本书由电力工程质量监督站监督处主持编写，山西、江苏、湖南、新疆等中心站参与编写，北京友泰科技发展有限责任公司提供了数据分析支持。在本书编写过程中，我们得到了中电联理事长单位、各副理事长单位、常务理事单位和有关会员企业的大力支持，在此谨向各单位表示衷心感谢。

由于编写人员经验不足、专业水平有限，书中难免有错误和疏漏之处，敬请广大读者批评指正。

编委会

2021 年 2 月

目 录

第一章 质量行为

质量行为是人对产品质量、工作质量、服务质量的实际反应或行动，是质量意识和质量情感的外在表现。具体到工程建设领域，质量行为是各责任主体履行国家法律法规、政府部门规章制度，落实规程、规范、规定的质量责任和义务所进行的活动。工程建设质量是在过程中形成的，行为质量的有效控制对实体质量起到事前控制、防患于未然的作用。本章对部分火电建设项目现场发生频次较高的质量行为典型问题进行归纳分析，列举实际案例提出预防措施，希望为后续建设项目加强质量责任意识，提升项目管理水平，保障工程建设质量起到一定借鉴作用。

根据近年来的质量监督检查情况，对建设单位、勘察设计单位、监理单位、施工单位、检测单位出现的质量行为典型问题归类，发现主要涉及以下八个方面：

（1）**开工条件**。工程项目在开工建设前应履行国家法定程序，按照政府有关管理部门要求满足开工建设条件，做实前期各项施工准备工作，为后续科学规范进行工程建设奠定基础。

（2）**质量控制落实**。工程建设的质量控制是指为保证和提高工程质量，运用一整套质量管理体系、手段和方法所进行的系统管理活动，是确保实现质量目标的重要环节。

（3）**企业资质**。工程项目的承包方应依法取得相应等级的资质，并在其资质等级许可的范围内承揽工程相应业务。项目各有关承包方应注意加强对自身资质的动态管理。

（4）**施工交底**。施工交底是施工管理中必不可少的一个技术管理程序，主要目的是使施工人员详细了解工程特点、技术质量、施工方法与措施及安全等方面的要求，以便于科学地组织施工建设。

（5）**设计交底**。设计单位向各施工单位进行设计图纸交底，主要目的是对施工单位和监理单位正确贯彻设计意图，使其加深对设计文件特点、难点、疑点的理解，掌握关键工程部位的质量要求，确保工程质量。

（6）**施工验收**。施工验收是工程竣工前为了控制工程质量而对各个关键性工艺环节进行的阶段性验收。涉及结构安全和使用功能的施工试验和抽样检测结果，以及参加施工验收的参建单位的原始依据、客观记录和执行见证等资料，应严格按照验收规范执行。

（7）**启动验收**。火电建设工程在每台机组投产前，必须进行启动验收。启动验收是保证机组能安全、可靠、经济、文明地投入生产运行的关键性程序。启动验收工作应严谨规范，符合国家及行业规定。为确保工程顺利移交生产单位，一般由生产、建设单位有关代表组成生产准备组，核查生产准备工作。

（8）**施工档案**。工程项目的施工档案应记录施工中所有环节，反映项目在建设过程中的真实情况。因此，施工技术资料应完整、可靠，符合档案管理规定。

本章共分五节，按照建设单位、勘察设计单位、监理单位、施工单位、检测单位的顺序，从开工条件、质量控制落实、企业资质、施工交底、技术交底、施工验收、启动验收及施工档案，八个方面对质量行为典型问题进行归纳分析。

第一节　建设单位

建设单位作为建设工程的投资者、决策者和组织者，其质量行为对工程品质具有决定性影响，对工程建设质量承担首要责任。依据 DL/T 1144—2012《火电工程质量管理规程》的规定，项目建设单位的主要质量职责如下：组织设计、监理、施工、调试、生产运行单位，建立工程项目的质量管理组织机构和全过程质量控制管理网络；根据工程建设质量目标进行分解，并制订具体的实施措施及质量监管计划，明确质量责任；按照国家有关法律、法规组织办理工程建设合法性文件，并办理质量监督注册手续；锅炉安装前，应按 TSG G7001 的规定，向省（自治区、直辖市）质量技术监督部门登记，并向当地承担相应范围的监检机构申请监督检验；有创优目标的工程，建设单位应组织监理单位或其他评价机构实施工程项目单项、单台、整体工程的质量评价。

2019 年 9 月 15 日，国务院转发住房和城乡建设部《关于完善质量保障体系提升建筑工程品质的指导意见》（国办函〔2019〕92 号），重点强调了建设单位应加强对工程建设全过程的质量管理，严格履行法定程序和落实项目法人责任制的要求。建设单位相关管理人员是否履职尽责、规章制度是否有效运行，直接关系着工程质量和机组的各项技术经济指标。在历次监督检查过程中，发现的建设单位所存在的典型问题如下：

一、开工条件

建设单位的开工程序主要有取得项目核准和审批文件，完成施工图设计文件审查，完成主体工程招标与合同签订工作，办理质量监督注册、施工安全监察登记手续，办理施工许可证，获得开工批准等。常见问题主要包括未及时与主要参建单位签订合同，未及时办理施工许可手续等问题。

典型问题 1：未及时签订工程合同。

案例：①某工程建设单位与主体工程施工单位签订的施工合同签订时间晚于开工时间。②某脱硫脱硝 BOO 项目建设单位在工程建设已进入设备安装阶段时，与施工监理单位的监理合同尚未签订。

规定要求：DL/T 1144—2012《火电工程项目质量管理规程》第 9.3.1 条规定，建设单位应按国家规定办理开工手续，工程开工应满足的条件有：①主体工程的施工单位已通过招标确定，施工合同已签订。②施工监理单位已通过招标确定，监理合同已签订。

预防措施：建设单位在依法履行工程招标程序后，应尽快与勘查、设计、监理、施工等主要参建单位签订工程合同，避免在工程施工建设过程中出现问题时发生推诿、扯皮的现象。

典型问题 2：未及时取得施工许可手续。

案例：某工程在开工建设时，未及时取得符合程序要求的施工许可或开工批准。

规定要求：《中华人民共和国建筑法》第七条规定，建筑工程开工前，建设单位应当按照国家有关规定向工程所在地县级以上人民政府建设行政主管部门申请领取施工许可证。

预防措施：建设单位应重视开工建设法定程序，尽早熟知办理施工许可相关手续的规定要求，确保工程建设手续合法合规，同时避免不具备施工条件的工程盲目开工建设。

二、质量控制落实

建设单位的质量控制落实主要涉及建立质量管理组织结构、明确项目管理人员的质量责任、组织有关单位编制质量管理文件、督促各参建单位落实质量目标等。常见问题主要包括项目负责人员未签署工程质量终身责任承诺书、质量管理制度编制不规范、技术文件审批不规范、工程强制性条文执行落实不规范、标准清单未及时更新等问题。

典型问题 1：项目负责人未签署质量终身责任承诺书。

案例：某工程建设单位项目负责人未签署工程质量终身责任承诺书。

规定要求：《住房城乡建设部关于印发〈建筑工程五方责任主体项目负责人质量终身责任追究暂行办法〉的通知》（建质〔2014〕124 号）第二条规定：建筑工程五方责任主体项目负责人是指承担建筑工程项目建设的建设单位项目负责人、勘察单位项目负责人、设计单位项目负责人、施工单位项目经理、监理单位总监理工程师。建筑工程开工建设前，建设、勘察、设计、施工、监理单位法定代表人应当签署授权书，明确本单位项目负责人。第八条规定：项目负责人应当在办理工程质量监督手续前签署工程质量终身责任承诺书，连同法定代表人授权书，报工程质量监督机构备案。项目负责人如有更换的，应当按规定办理变更程序，重新签署工程质量终身责任承诺书，连同法定代表人授权书，报工程质量监督机构备案。

预防措施：建设单位在办理工程质量监督注册手续前，应督促勘察、设计、监理、施工单位等项目负责人提供法定代表人授权书，在取得法定代表人的授权后，签署工程质量终身责任承诺书，一式两份，一份留存归档，一份报质量监督机构备案。

典型问题 2：质量管理制度编制不规范。

案例：某工程建设单位未根据本工程实际情况编制《工程质量控制管理制度》，存在标准依据作废；并缺少 T/P92、T23 等材料的焊接质量控制内容等。

规定要求：GB/T 50326—2017《建设工程项目管理规范》第 3.4.1 条组织应建立项目管

理制度，其中项目管理制度应包括：①规定工作内容、范围和工作程序、方式的规章制度；②规定工作职责、职权和利益的界定及其关系的责任制度。

预防措施：建设单位相关人员应主动学习法律规章、规程规范，结合工程实际情况编制工程质量控制管理制度，需包括工程质量验收、设备缺陷处理、物资验收、设计及现场管理等内容。

典型问题 3：技术文件审批不规范。

案例：建设单位编制的《施工组织总设计》未经上级主管单位审批。

规定要求：DL/T 1144—2012《火电工程项目质量管理规程》第 5.3.1 条：初步设计批准后，建设单位应组织编制施工组织总设计大纲，并报上级主管单位审批。

预防措施：工程开工前，建设单位应组织相关专业人员编制施工组织总设计，经项目监理单位组织审查后，报上级主管单位审批。

典型问题 4：工程强制性条文落实不规范。

案例：①某工程建设单位未对单位工程强制性条文执行情况进行检查；②某工程建设单位的工程强制性条文执行情况检查表中，部分已在执行计划中列有的条文缺少相应检查记录。

规定要求：DL/T 1144—2012《火电工程项目质量管理规程》中第 4.5 条规定：火电工程项目应认真执行国家和行业相关技术标准，严格执行工程建设标准中的强制性条文。

预防措施：建设单位应加强内部管理，强化各级管理人员对工程建设强制性条文的学习，对落实强制性条文执行情况检查的负责人员应明确责任，按规定要求形成完善的检查记录。

典型问题 5：标准清单未及时更新。

案例：建设单位编制的专业标准清单未按规定定期更新，存在作废标准和非本工程应用的标准，如引用 JGJ 82—1991《钢结构高强度螺栓连接的设计、施工及验收规程》、DL 852—2004《锅炉启动调试导则》、DL 734—2000《锅炉汽包焊接修复技术导则》等。

规定要求：DL/T 1144—2012《火电工程项目质量管理规程》第 5.3.3 条第 C 款要求，建设单位在工程开工前应组织相关单位编制工程执行法律法规和标准清单。

预防措施：工程开工前，建设单位应组织各专业人员召开工作会议，确定本工程执行的有效标准清单及其更新时间要求，并以正式文件印发执行。

三、启动验收

建设单位的启动验收职责是组织成立启动验收委员会和机组试运指挥部，组织和协调好机组试运和各阶段验收工作等。常见问题主要有试运指挥部成立手续不规范、环保及消防设施验收不规范、生产准备工作不完善及调度手续不全等。

典型问题 1：试运指挥部成立手续不规范。

案例：某工程建设单位提供的试运指挥部成立文件，未上报工程主管单位批准。

提出依据：DL/T 5437—2009《火力发电建设工程启动试运及验收规程》第 3.2.2.1 条规定：试运指挥部一般应由一名总指挥和若干名副总指挥及成员组成。总指挥宜由建设工程项目公司的总经理担任，并由工程主管单位任命。副总指挥和成员若干名，具体人选由总指挥与工程各参建单位协商，提出任职人员名单，上报工程主管单位批准。

预防措施：建设单位有关人员应熟悉工程管理规程规范，落实岗位责任制，严格按规定执行程序要求。

典型问题 2：环保及消防设施验收不规范。

案例：某工程缺少环保设施验收意见，且未进行建筑消防设施的第三方技术检测，不具备消防验收条件。

规定要求：《关于发布〈建设项目竣工环境保护验收暂行办法〉的公告》（国环规环评〔2017〕4 号）附件第七条：验收监测（调查）报告编制完成后，建设单位应当根据验收监测（调查）报告结论，逐一检查是否存在本办法第八条所列验收不合格的情形，提出验收意见。存在问题的，建设单位应当进行整改，整改完成后方可提出验收意见。建设项目配套建设的环境保护设施经验收合格后，其主体工程方可投入生产或者使用；未经验收或者验收不合格的，不得投入生产或者使用。

《建设工程消防监督管理规定》（公安部令第 119 号）第二十一条第五款规定，建设单位申请消防验收，其中应具备消防设施检测合格证明文件。

预防措施：建设项目中环境保护及消防设施必须与主体工程同步设计、同时施工、同时投产使用。建设单位环保及消防验收职能部门，应在工程建设期间，做好环保监测、消防设施检查、环保及消防验收策划工作，积极主动与相关单位进行沟通协调。

典型问题 3：缺少电气、热控保护整定值下达文件。

案例：①某工程缺少输煤系统电气、热控装置的保护定值单。②某工程电气及热控保护的定值，未以正式文件的形式提供给安装和调试单位。

规定要求：DL/T 5437—2009《火力发电建设工程启动试运及验收规程》中第 3.2.3.5 条第 2 款规定：生产运行单位根据调试进度，在设备、系统试运前一个月以正式文件的形式将设备的电气和热控保护整定值提供给安装和调试单位。

预防措施：生产运行人员应根据调试进度，履行规定程序，尽快以正式文件将电气及热控保护整定值提供给安装和调试单位。

典型问题 4：应急预案审批程序不规范、缺少应急预案演练评价报告。

案例：某工程烟气脱硝（SCR）系统应急预案未审批，且无实施演练后的效果评价报告。

规定要求：DL/T 335—2010《火电厂烟气脱硝（SCR）系统运行技术规范》第 5.1.1 条规定，脱销系统启动条件应符合的基本要求，其中第 j 款：应急预案应通过审批，并经过演练。

DL/T 1144—2012《火电工程项目质量管理规程》第 11.1.10 条规定生产运行单位质量职责，其中：按事故及安全风险应急预案、反事故措施实施演练，并编写演练效果评价报告。

预防措施：脱销系统启动前，应严格履行审批程序，生产运行相关负责人应签批应急预案，并按规定要求实施演练后，形成演练效果评价报告。

典型问题 5：调度手续不齐全。

案例：某工程建设单位未取得电网调度部门执行的涉网继电保护定值通知。

规定要求：DL/T 5437—2009《火力发电建设工程启动试运及验收规程》中第 3.2.3.8 条第 1 款规定：电网调度部门提供归其管辖的主设备和继电保护装置整定值。

预防措施：建设单位专业人员应按照工程实际进度，及时与电网调度部门沟通，按要求报送其所需文件，力争及时获得涉网保护定值和并网指令。

第二节　勘察设计单位

工程勘察、设计单位作为工程建设的质量龙头，对整个工程建设质量起到至关重要的作用。依据 DL/T 1144—2012《火电工程质量管理规程》的规定，勘察设计单位的主要质量职责如下：勘察、设计单位应在资质等级许可范围内承揽工程；勘察单位提供的地质、测量、水文等设计文件应真实准确，符合国家及行业规定的设计深度要求；勘察、设计成品应符合国家有关法律、法规、工程建设标准强制性条文和相关标准；勘察、设计单位应按火力发电厂施工流程，制定施工图计划；勘察、设计单位应按合同约定履行施工图交底、参加施工图审查、会检，参加相关工程质量验收，配合建设单位进行全过程设计优化等。在工程设计中，需要相应资格执业人员进行审核、签署的设计文件应按照相关国家规定执行。

2017 年 5 月 2 日，住建部印发《关于工程勘察设计行业发展“十三五”规划》（建市〔2017〕102 号），提出勘察设计单位要积极开展人员职业道德与业务素质教育，强化质量责任意识，健全质量责任追究机制，全面落实勘察、设计项目负责人和注册执业人员终身责任。工程勘查、设计单位在施工过程中应积极落实质量责任，确保工程建设项目的功能和质量。在历次监督检查过程中，我们发现的勘察设计所存在的典型问题如下：

一、质量控制落实

勘查、设计单位的质量控制落实应包括建立组织机构、落实总设及工地代表等责任制以及制订质量管理制度等内容。常见问题主要包括：设计图纸或文件相关责任人签字盖章不规范，强制性条文实施计划未报审、设计变更处理不及时等问题。

典型问题 1：勘察、设计文件未加盖注册执业人员印章。

案例：①某工程岩土工程勘察报告未加盖注册土木（岩土）工程师的执业印章，设计文件（图纸）未加盖专业注册人员注册印章。②某工程脱硫脱硝综合楼“1 号综合楼”施工图未盖出图专用章、执业证章。

规定要求：《勘察设计注册工程师管理规定》（建设部令第137号）第二十条规定：建设工程勘察、设计活动中形成的勘察、设计文件由相应专业注册工程师按照规定签字盖章后方可生效。

《建设工程质量管理条例》（国务院令第279号）第十九条规定：勘察、设计单位必须按照工程建设强制性标准进行勘察、设计，并对其勘察、设计的质量负责。注册建筑师、注册结构工程师等注册执业人员应当在设计文件上签字，对设计文件负责。

预防措施：建设单位在接收勘察、设计文件时应进行检查，不符合归档要求的勘察、设计文件应及时退回处理。

典型问题2：强制性条文实施计划未履行报审程序。

案例：某工程设计单位的强制性条文实施计划未报监理单位、建设单位审批。

规定要求：DL/T 1144—2012《火电工程项目质量管理规程》第6.2.2条规定，设计单位在开工前应编制设计强制性条文实施计划并报设计监理、建设单位会审、批准。

预防措施：建设单位、设计监理单位应严格审查各参建单位的强制性条文实施计划，并监督其执行情况。

典型问题3：设计变更处理不及时、未跟踪变更实施。

案例1：某工程主厂房基础T0232图纸会检中第4条要求，CT13a基础需设置分布筋，而升版图中未对分布筋的要求做出说明，也未进行设计变更。

规定要求：DL/T 1144—2012《火电工程项目质量管理规程》第6.3.5条规定：设计更改的管理应符合下列规定：①因设计原因引起的设计更改，应经监理单位审核并经建设单位批准后实施。②非设计原因引起的设计更改，应得到设计单位的确认，并由设计单位出具设计更改。

预防措施：设计单位应制定工地代表服务管理制度，明确设计变更管理范围和流程，及时对需要变更的内容进行确认。

案例2：某工程设计单位出具的设计更改通知单（沉降观测点补充），未实施更改、未完成闭环。

规定要求：DL/T 1144—2012《火电工程项目质量管理规程》第6.3.7条规定竣工图编制应符合下列规定：①设计单位绘制竣工图，应反映所有的设计更改。②对于隐蔽工程的竣工图，设计单位须查阅施工单位的施工记录，核实最后的真实情况。

预防措施：设计单位的工地代表应对设计变更进行跟踪管理，并做好设计变更管理台账，为编制竣工图提供依据。

二、企业资质

从事建设工程勘察、设计活动的企业，具备相应的资质能力是质量行为依法合规的首要条件。常见问题主要包括：缺少相应企业资质，超资质授权范围进行勘察、设计活动，资质过期等问题。

典型问题：企业资质不满足规定要求。

案例：①某工程水岛 EPC 单位以环境工程（水污染防治工程、大气污染防治工程）专项设计资质承接水岛 EPC 工程，资质不满足规定要求。②某工程脱硫 BOT 项目设计单位设计资质过期。

规定要求：《建设工程勘察设计管理条例》（国务院令 662 号）第八条规定：建设工程勘察、设计单位应当在其资质等级许可的范围内承揽建设工程勘察、设计业务。禁止建设工程勘察、设计单位超越其资质等级范围或者以其他建设工程勘察、设计单位的名义承揽建设工程勘察、设计业务。

预防措施：在招投标过程中，建设单位应对照本工程勘察、设计业务范围，对工程勘察、设计单位的资质等级许可等证明文件进行详细审查。同时承包单位应注意资质证书的动态管理工作，确保资质文件在有效期内。

三、设计交底

设计交底是保证工程质量的重要环节，也是保证工程顺利施工的主要步骤。常见问题主要有未按规定进行设计交底、交底内容不全和相关责任人未按规定履行签字权等问题。

典型问题：未按规定进行设计交底。

案例：①某工程 3 号、4 号冷却塔设计交底记录中未对灌注桩的后注浆问题进行交底，导致施工单位未按设计要求施工。②某工程主厂房 0m 柱管道支架焊接在沉降观测点埋件上，设计单位在设计交底和施工图总说明中未对此做出详细说明。

规定要求：《建设工程质量管理条例》（国务院令第 279 号）第二十三条规定：设计单位应当就审查合格的施工图设计文件向施工单位作出详细说明。

《建设工程勘察设计管理条例》（国务院令第 662 号）第三十条规定：建设工程勘察、设计单位应当在建设工程施工前，向施工单位和监理单位说明建设工程勘察、设计意图，解释建设工程勘察、设计文件。建设工程勘察、设计单位应当及时解决施工中出现的勘察、设计问题。

预防措施：勘察、设计单位应重视设计交底工作，明确设计意图和施工中应关注的质量控制要求，特别是对于危大工程在设计说明和交底中应提示施工单位引起重视。

四、施工验收

施工验收对设计单位在施工参与验收中施工质量控制起重要作用。常见问题主要包括施工验收签字不规范、验收人员未按规定要求参加验收等问题。

典型问题：地基与基础分部工程验收签字不规范、工地代表未按规定参加验收工作。

案例：①某工程 2 号锅炉地基基础、2 号间冷塔地基等分部工程验收记录中，勘察单位项目负责人未签字，设计单位项目负责人签字栏的签字人不是项目负责人。②某工程勘察单位工地代表未参加石膏脱水车间地基基础分部工程质量验收。

规定要求： GB 50300—2013《建筑工程施工质量验收统一标准》第 6.0.3 条规定：勘察、设计单位项目负责人和施工单位技术、质量部门负责人应参加地基与基础分部工程的验收。设计单位项目负责人和施工单位技术、质量部门负责人应参加主体结构、节能分部工程的验收。

DL/T 1144—2012《火电工程项目质量管理规程》第 6.3.6 条 C 款规定，勘察、设计单位工地代表应按 DL/T 5210 及时参加建筑、安装工程中分部、单位（子单位）工程的验收。

预防措施： 勘察、设计单位应规范落实验收程序，项目负责人员在行使验收签字权时应履行质量责任，避免代签、漏签现象，同时应对工代人员进行定期培训，加强质量意识，要求有关人员及时做好验收及其他技术服务工作。

五、施工档案

施工档案资料是勘察、设计单位参加工程建设的真实反映。常见问题主要包括施工图纸、设计变更未及时移交等问题。

典型问题： 未及时移交设计图纸、设计变更等资料。

案例： ①某工程设计单位的设计变更未及时移交建设单位。②设计单位的竣工图未及时移交建设单位。

规定要求： DL/T 5277—2012《火电工程达标投产验收规程》表 4.7 中第 14 项规定：勘察、设计单位应按合同约定编制竣工图及竣工图总说明，并移交。

DL/T 241—2012《火电建设项目文件收集及档案整理规范》第 5.3.2 条要求勘察设计单位向建设单位移交现场服务形成的设计更改文件、竣工图。第 12.1.2 条规定：各参建单位在项目实体竣工三个月后将整理完毕的项目档案移交建设单位归档。

预防措施： 勘察、设计单位应完善资料管理工作，提高竣工验收和图纸资料的收集整理效率。建设单位要督促各参建单位及时做好档案资料的归档工作。

第三节　监理单位

工程监理单位受建设单位的委托和授权对工程施工过程进行控制和管理（“四控、两管、一协调”），在工程建设的施工管理过程中发挥主导作用。依据《建设工程质量管理条例》（国务院令第 714 号）第三十七条及释义要求：监理工程师拥有对建筑材料、建筑构配件和设备以及每道施工工序的检查权。在施工过程中，监理工程师对工序、建筑材料、构配件和设备进行检查、检验；对每道施工工序的作业成果进行检查，对于不符合规范和质量标准的工序、分部分项工程，有权要求施工单位停工整改、返工。监理人员在施工过程的各个环节发挥着重要的把关作用。

依据 DL/T 1144—2012《火电工程质量管理规程》的规定，项目监理单位的主要质量职责如下：应依法取得相应等级的资质，并在其资质等级许可的范围内承揽工程监理业务；对建设工程质量进行全面控制和管理，其职责、义务和权限应符合 GB/T 50319—2013《建设工程监理规范》、DL/T 5434—2009《电力建设工程监理规范》的规定及委托监理合同的约定；应按照合同及工程质量管理需要，制定适宜的质量管理控制程序，明确管理范围，以“四控制”“两管理”和“一协调”为内容，对工程实施全过程监理；应配备与工程相适应的常规测量设备，并经检定合格且在有效期内；应根据国家及行业有关质量评价的规定，组织对工程进行质量评价自检工作；应监查各参建单位落实质量责任。在历次监督检查过程中，我们发现的监理单位所存在的典型问题如下：

一、质量控制落实

监理单位的质量控制落实措施主要有建立监理组织机构，落实项目总监理工程师、专业监理工程师和监理员负责制，以及制订《监理规划》和《监理实施细则》等内容。常见问题主要包括项目总监理工程师、专业监理工程师和监理员的质量责任不落实，专业监理工程师和监理员配置不齐全，检测测量设备和工器具不全或使用不规范等问题。

（一）总监理工程师的资格和责任落实

典型问题：总监理工程师无执业资格、未规范履行其相应职责。

案例：①某工程监理单位任命的总监理工程师无注册监理工程师执业资格证。②某工程B标段循环水泵房开工报审记录，在未进行设计交底的情况下，总监监理工程师签发了同意开工的审查意见。

规定要求：GB/T 50319—2013《建设工程监理规范》第2.0.6条规定：总监理工程师由工程监理单位法人代表书面任命，负责履行建设工程监理合同、主持项目监理机构工作的注册监理工程师。

GB/T 50319—2013《建设工程监理规范》第3.2.1条总监理工程师应履行下列职责，第4款：组织召开监理例会；第5款：组织审核分包单位资质；第13款：审查施工单位的竣工申请，组织工程竣工预验收，组织编写工程质量评估报告，参与工程竣工验收。

预防措施：建设单位应根据监理合同相关条款的约定，检查督促监理单位认真履约，特别是对总监的履职情况及工作能力应及时和监理单位进行沟通，对不能认真履职的总监应建议监理单位进行更换。

（二）专业监理工程师和监理员的资格和责任落实

典型问题1：专业监理工程师无相应资格、监理人员未经授权签署相关的监理文件和验收文件。

案例：①某工程监理单位缺少焊接监理工程师的专业培训证明，焊接监理工程师无中级职称证书。②某工程的《钢架整体复查检验批施工质量验收表》中，签字监理人员不能提供有效监理师证及个人授权文件。

规定要求：GB/T 50319—2013《建设工程监理规范》第2.0.8条规定：专业监理工程师由总监理工程师授权，负责实施某一专业或某一岗位的监理工作，有相应监理文件签发权，具有工程类注册执业资格或具有中级及以上技术职称、2年及以上工程实践经验并经监理业务培训人员。第 2.0.9 条规定：监理员从事具体监理工作，具有中专及以上学历并经过监理业务培训。

DL/T 869—2012《火力发电厂焊接技术规程规定》第 3.2.2.6 条规定：①焊接工程监理人员应有不少于五年的焊接专业技术实践；②焊接工程监理人员应经过焊接专业技术培训。

预防措施：监理单位应按照合同约定和规程规定配备合适的专业监理工程师，建设单位应对专业监理工程师的资格进行审核。建设单位在审查监理人员资格报审时应确保具有监理文件或工程验收文件签字资格的监理工程师具有以下条件：具有中级及以上专业技术职称或工程类执业资格，经过监理业务知识培训、总监理工程师的授权。

典型问题 2：监理单位对检测检验单位的资质审查不规范。

案例：①某工程监理单位对资质报审所需内容不清楚，审批合格的 A 标段金属检测单位报审附件中，缺少计量认证证书。监理单位填写的审批意见"……同意报审"。②某工程 A 标段施工单位外委保温材料检测机构的计量认证证书过期失效，监理单位没有及时要求该检测机构的资质更新。

规定要求：GB/T 50319—2013《建设工程监理规范》第 5.2.7 条规定：专业监理工程师应检查施工单位为工程提供服务的试验室。其中试验室的检查应包括：试验室的资质等级及试验范围，法定计量部门对试验设备出具的计量检定证明，试验室管理制度，试验人员资格证书。

预防措施：监理单位应严格审核为工程提供服务的检测单位的资质文件，核查检验检测范围、检验检测人员资格证书和检测报告授权签字人名单。

（三）计量设备及工器具管理

典型问题：监理单位对现场使用的计量工器具管理不规范。

案例：①某工程监理单位的计量工器具台账内容不全，缺少仪器型号、检定日期等关键内容。②某工程监理单位自用的计量器具缺少有效的计量检定证书，如水准仪、钢卷尺等常用的计量工器具检定已过期，力矩扳手缺少检定证书。

规定要求：《中华人民共和国计量法实施细则》（国务院令第 698 号）第七条规定：计量标准器具的使用，必须具备下列条件：①经计量检定合格；②具有正常工作所需要的环境条件；③具有称职的保存、维护、使用人员；④具有完善的管理制度。

GB/T 50319—2013《建设工程监理规范》中第 3.3.2 条规定：工程监理单位宜按建设工程监理合同约定，配备满足监理工作需要的检测设备和工器具。第 5.2.10 条规定：专业监理工程师应审查施工单位定期提交影响工程质量的计量设备的检查和检定报告。

预防措施：现场监理项目部应对自用的检测设备、工器具和施工单位报审的计量工器具建立动态管理台账，并定期进行检查和更新。

（四）监理规划及变更程序落实

典型问题：监理人员数量不满足工程需求、监理人员变更程序不规范。

案例：①某工程锅炉、焊接专业监理师人员数量不满足目前的工程安装施工需要。②某工程缺少历次变更总监经建设单位确认的文件。

规定要求：GB/T 50319—2013《建设工程监理规范》第3.1.4条规定：工程监理单位调换总监理工程师时，应征得建设单位书面同意；调换专业监理工程师时，总监理工程师应书面通知建设单位。

GB/T 50319—2013《建设工程监理规范》第3.2.1条第3款规定：根据工程进展及监理工作情况调配监理人员，检查监理人员工作。

预防措施：建设单位对监理单位报审监理规划中的监理人员配置计划要重点关注和确认，并督促监理单位按照监理人员配置计划及时安排各相关专业监理人员进场。监理单位变更总监理工程师和专业监理工程师时，应及时报备建设单位，并出具相应授权文件。

（五）监理实施细则落实

典型问题1：监理实施细则与施工现场实际不符，无实施指导性。

案例：①某工程《土建监理旁站实施细则》与现场实施不符，且旁站记录表中重要要素记录不齐全。②某工程监理单位见证取样实施细则中缺少取样方法和计划。

规定要求：GB/T 50319—2013《建设工程监理规范》第4.3.1条规定：对专业性强、危险性较大的分部分项工程，项目监理机构应编制监理实施细则。

GB/T 50319—2013《建设工程监理规范》第4.3.4条规定，监理实施细则应包括以下内容：专业工程特点、监理工作流程、监理工作要点、监理工作方法及措施。

预防措施：监理单位在编制监理规划时应制订监理细则编制计划；监理细则必须由专业监理工程师结合工程实际情况进行编制；总监理工程师应认真审查监理细则并组织监理实施细则交底。

典型问题2：监理单位在关键工序上未设置旁站点、旁站计划设置与旁站记录与不符、旁站记录不能反映施工实际情况。

案例：①某工程监理单位旁站计划与实际旁站记录不符，如未能提供1号钢板大灰库单位工程中沥青类防腐分项工程和降水与排水分项工程的旁站记录。②某工程5号转运站二层面层主梁混凝土表明呈现一道冷缝梁，缺少浇筑该层混凝土的监理旁站记录，监理单位未对D标段混凝土浇筑设置旁站控制点。③某工程监理工程师焊接旁站记录不规范，不能反映施焊全过程实际情况，如：缺少焊工的组合情况、焊前预热情况、焊材规格、施焊电压、电流、焊层、每层层间温度、焊后热处理等情况。

规定要求：GB/T 50319—2013《建设工程监理规范》第5.2.11条规定：项目监理机构应根据工程特点和施工单位报送的施工组织设计，确定旁站的关键部位、关键工序，安排监理人员进行旁站，并应及时记录旁站情况。旁站记录应按本规范表A.0.6的要求填写。

预防措施：监理单位应按项目验收划分表中的质量控制点编制监理旁站计划（旁站细则），设置旁站点，明确旁站检查要素，并按旁站计划进行旁站，同时应注意加强监理工程师的培训，提高其专业业务能力。

二、施工验收

施工验收是监理单位参与施工质量管理和控制的关键环节。常见问题主要包括监理参与验收范围未明确、验收记录填写不齐全以及未严格按验收程序实施验收等。

典型问题：监理单位对工程验收范围不明确、验收程序执行不到位、验收意见签署不规范。

案例：①某工程监理单位未将电梯分部工程质量验收纳入管控范围。②某工程分隔屏过热器 C 道部分焊口未完成无损检测，监理工程师已签字验收该检验批并同意报验。③某工程 3 号主厂房开挖支护分部工程质量验收记录的签署人员非总监理工程师。

规定要求：GB/T 50319—2013《建设工程监理规范》第 6.2.9 条规定：专业监理工程师应根据施工单位报验的检验批、隐蔽工程、分项工程进行验收，提出验收意见。总监理工程师应组织监理人员对施工单位报验的分部工程进行验收，签署验收意见。对验收不合格的检验批、隐蔽工程、分项工程和分部工程，项目监理机构应拒绝签认，并严禁施工单位进行下一道工序施工。

预防措施：监理单位应明确验收范围，掌握工程进度，配置足够的专业监理工程师和检测测量仪器设备，确保能及时进行验收，客观公正的签署验收结论。

第四节　施工单位

施工单位作为工程项目的生产者，其质量行为对工程质量具有直接性、关键性作用，对工程建设质量负主体责任。依据 DL/T 1144—2012《火电工程质量管理规程》的规定，项目施工单位的主要质量职责如下：应依法取得相应等级的资质，并在其资质等级许可的范围内承揽工程。不得超越本单位资质等级许可的业务范围承揽工程；应严格履行合同约定的全部条款，对建设工程的施工质量负责，总包单位应对分包工程的质量承担连带责任；有较高技术含量并对工程质量会产生重大影响的主体结构、主要设备及管线等施工项目，应由施工单位自行完成，不得专业分包；应按设计和施工技术标准施工，不应擅自修改工程设计，不得偷工减料；应进行质量的前期策划，按 GB/T 50430—2017《工程建设施工企业质量管理规范》的规定强化人、机、料、法、环过程质量控制，严格履行质量验收制度。

2019 年 9 月 15 日，国务院转发住房和城乡建设部《关于完善质量保障体系提升建筑工程品质的指导意见》（国办函〔2019〕92 号）进一步细化了施工单位质量责任，提出施工单位应完善质量管理体系，加强全面质量管理，推进工程质量管理标准化，加强施工记录和验收资料管理，实现质量责任可追溯。施工单位的质量管理能力，现场施工人员的质量意识和技术水平对施工质量起着决定性作用。在历次监督检查过程中，我们发现的监理单位所存在的典型问题如下：

一、质量控制落实

施工单位项目部的质量控制落实应包括建立组织机构、落实项目经理负责制以及制订质量管理制度等内容。常见问题主要包括项目经理未严格落实质量责任、组织机构人员配置不齐全及计量工器具管理不规范等问题。

典型问题 1：重要施工文件存在代签字现象、项目经理未在项目现场。

案例：①某工程桩基 A 标段项目经理不在施工现场，授权书中项目经理签字与 A 标段施工方案报审表项目经理签字笔体明显不一致，为代签。②某工程第六标段 EPC 总承包单位和施工单位项目经理不在工程现场，且未办理请假手续。

规定要求：GB/T 50326—2017《建设工程项目管理规范》第 4.1.4 条规定：建设工程项目各实施主体和参与方法定代表人应书面授权委托项目管理机构负责人，并实行项目负责人责任制。

《建筑施工项目经理质量安全责任十项规定》（建质〔2014〕123 号）第一项规定：建筑施工项目经理（以下简称项目经理）必须按规定取得相应执业资格和安全生产考核合格证书；合同约定的项目经理必须在岗履职，不得违反规定，同时在两个及两个以上的工程项目担任项目经理。

预防措施：施工单位在报审项目经理资格文件报审资料时，应提供有效的公司法人代表授权书、项目经理工程质量终身责任承诺书和项目经理的执业资格证书，落实项目经理负责制。建设单位、监理单位应加强对施工单位项目经理在岗情况的检查，发现问题及时按合同要求与施工单位沟通。

典型问题 2：技术负责人无任命文件、人员职责不明确且岗位设置不全。

案例：①某工程项目部主要技术管理人员报审资料中，部分人员任职资格不符合要求，如：技术员（杨某）仅有测量员培训证，无建筑工程类职称证及学历证。②某工程储灰系统 EPC 项目部成立文件，无技术负责人，并缺少项目部技术负责人任命文件；人员报审资料中，人员职责不明确，且未配置施工员、质量员、资料员。

规定要求：《建设工程质量管理条例》（国务院令第 279 号）第二十六条规定：施工单位对建设工程的施工质量负责。施工单位应当建立质量责任制，确定工程项目的项目经理、技术负责人和施工管理负责人。

DL/T 1144—2012《火电工程项目质量管理规程》第 9.3.4 条规定：施工单位的人员资格应符合下列规定：①项目经理应担任过一项大型或两项及以上中型火电工程的项目副经理或总工程师，具有 8 年以上施工经验，并持有国家注册一级建造师证书。②项目总工程师应担任过两项及以上火电工程的项目副总工程师或专业技术负责人，具有中级及以上技术职称。③专业技术负责人应担任过两项及以上火电工程的专业技术工作，具有中级及以上技术职称。④专业质检人员应具有工程质量检验的相应能力，并持有相应的质量检验资格证书。

预防措施：监理单位在进行开工条件检查时，应重点检查施工单位的项目部组织机构设置和管理人员配备，不符合条件不应同意工程开工。

典型问题3：特种作业人员管理不规范。

案例：①某工程A标段特种作业人员台账，人员姓名与证件不一致。②某工程水务标段报审的特种作业人员作业证已过有效期，且缺少后续培训报审记录。

规定要求：DL/T 869—2012《火力发电厂焊接技术规程》第3.2.2.1条焊接技术人员：a）焊接技术人员应经过专业技术培训，取得相应的资格；b）焊接技术人员应有不少于1年的专业技术实践；c）在焊接工程中担任管理或技术负责人的焊接技术人员应取得相应专业中级或以上专业技术资格。第3.2.2.5条第b）款规定：焊接热处理技术人员，应具备中专及以上文化程度，经专门培训考核并取得合格证书的规定。

DL/T 819—2019《火力发电厂焊接热处理技术规程》第4.1.1条规定：焊接热处理人员包括热处理技术人员和热处理操作人员（又称“热处理工”）。焊接热处理人员应经过专门的培训，取得证书。未取得证书的人员只能从事焊接热处理的辅助工作。（本标准的“热处理工”与国家职业标准“工程热处理工”相对应。热处理技术人员可由焊接技术人员或具有国家职业标准《热处理工》中具有高级及以上的工程热处理工担任，并经过专门焊接热处理技术培训，考核合格。）

DL/T 1144—2012《火电工程项目质量管理规程》第9.3.2条第g款规定：特种作业人员的资格证和上岗证已经监理确认。

预防措施：施工单位应对特种作业人员加强管理，并建立动态管理台账。特别是在焊接单位工程开工前，施工单位应将焊接技术人员和焊接热处理人员的资格报监理单位审核；在焊接工程施工高峰期，监理工程师应加强对焊接相关人员资格的复核，发现问题及时制止。

典型问题4：现场计量工器具管理不规范。

案例：①某工程计量器具台账与计量器具实物标识上的编号不相符，计量等器具上标识模糊不清、无法辨识编号，无法核查检定状态。②某工程计量工器具的检定证书已过期，未及时重新进行检定。

规定要求：《中华人民共和国计量法实施细则》（国务院令第698号）第七条规定：计量标准器具的使用，必须具备下列条件：①经计量检定合格；②具有正常工作所需要的环境条件；③具有称职的保存、维护、使用人员；④具有完善的管理制度。

DL/T 1144—2012《火电工程项目质量管理规程》第9.3.5条第a款规定：施工单位应配备与工程相适应的测量设备，并保证其持续有效。第b款规定：施工单位应对影响质量的检测设备进行控制，并在这些设备进场时报监理审查；当施工过程中发现检测设备失效或超过有效期时，应对其测量的数据是否有效进行追溯。

预防措施：监理工程师在对现场施工质量检查验收时应检查施工单位所用的计量工器

具是否有效，并与计量工器具台账进行核对。

二、企业资质

施工单位资质体现着施工能力、以往业绩、企业信誉、人员状况、管理水平等重要因素指标，是对工程施工质量的显性保障。常见问题主要是施工资质与合同约定的业务范围不符。

典型问题 1：施工单位资质与合同约定的业务范围不符。

案例：①某工程输煤标段 EPC 总承包单位以电力工程施工总承包叁级资质承揽工程，资质不符合工程业务范围。②某工程输煤系统建安工程施工单位以机械行业（物料搬运及仓储）专业甲级资质承揽工程，资质不符合工程业务范围。

规定要求：《建设工程质量管理条例》（国务院令第 279 号）第二十五条规定：施工单位应当依法取得相应等级的资质证书，并在其资质等级许可的范围内承揽工程。禁止施工单位超越本单位资质等级许可的业务范围或者以其他施工单位的名义承揽工程。禁止施工单位允许其他单位或者个人以本单位的名义承揽工程。

预防措施：建设单位在施工项目招标时应按照《关于进一步规范招标投标过程中企业经营资质资格审查工作的通知》（发改办法规〔2020〕727 号）的要求对投标人的资格进行审查。

典型问题 2：施工单位的工程分包管理不规范。

案例：①某工程 B 标段缺少分包商（湖北某工程有限公司）的工程分包申请报审表。②某工程烟气脱硫 EPC 总承包单位的土建施工分包资质报审表中，未明确是专业分包还是劳务分包。

规定要求：《建设工程质量管理条例》（国务院令第 279 号）第二十五条规定：施工单位不得转包或者违法分包工程。

DL/T 1144—2012《火电工程项目质量管理规程》第 9.1.4 条规定：施工单位不得将工程分包给不具备相应资质等级的单位，分包单位不得将分包的工程再分包。

预防措施：施工单位应按合同规定如实向建设单位报审工程分包情况，向建设、监理单位提供分包单位的资质、分包范围等。施工单位未如实报审工程分包的情况，建设单位应按合同规定进行处理，发现转包、违法分包等行为应及时向当地建设行政主管部门报告。

三、施工验收

施工验收是施工单位质量管理的关键环节。常见问题主要包括施工方案编审批不规范、施工记录填写不齐全以及未及时组织验收等问题。

（一）施工方案

典型问题 1：施工方案编审批程序不符合要求、施工方案内容与工程实际不符。

案例：①某工程脱硫 BOT 标段和脱硝 BOT 标段施工组织总设计的批准人不是分包单位

和总包单位的单位技术负责人，特殊消防 EPC 标段施工组织总设计批准人不是公司技术负责人。②某工程 A、C 标段冬期施工方案中，缺少混凝土热工计算书。③某工程 A、B 标段地基换填作业指导书中均未包括砂石换填方案的内容。

规定要求：GB/T 50502—2009《建筑施工组织设计规范》第 3.0.5 条第 2 款规定：施工组织总设计应由总承包单位技术负责人审批；单位工程施工组织设计应由施工单位技术负责人或技术负责人授权的技术人员审批。施工方案应由项目技术负责人审批；重点、难点分部（分项）工程和专项工程施工方案应由施工单位技术部门组织相关专家评审，施工单位技术负责人审批；第 4 款规定：规模较大的分部（分项）工程和专项工程的施工方案应按单位工程施工组织设计进行编制和审批。

GB/T 50502—2009《建筑施工组织设计规范》第 6.5.2 条规定：对易发生质量通病、易出现安全问题、施工难度大、技术含量高的分项工程（工序）等应作出重点说明。

DL/T 5706—2014《火力发电工程施工组织设计导则》第 2 款规定：标段施工组织设计由施工单位依据施工组织总设计编制，由施工单位技术负责人审批；第 3 款规定：专业施工组织设计由各施工单位专业工地依据标段施工组织设计编制，由各施工单位项目技术负责人审批。

预防措施：施工单位必须重视对施工方案的编、审、批程序的管理，编制和审核施工方案时应重点关注方案的可行性，杜绝方案网上下载、重复转抄、与工程实际不符的现象。

典型问题 2：施工单位未编制检测试验计划、检测试验计划中的检测试验项目覆盖不全。

案例：①某工程 A、B、C 标段检测试验计划未按施工部位编制。②某工程施工单位编制的 A、C 标段检测试验计划中检测项目覆盖不全：A 标段缺少原材料的检测项目，缺少磨煤机基础 60 天龄期的标养和同条件养护试件的留置数量及用途，缺少回填土的检测项目；C 标段检测试验计划中冷却塔工程缺少底板防水材料，筒身防腐涂料、基础工程缺少同条件混凝土抗冻和抗渗性能检测项目，未明确筒身每节混凝土需留置的标养和同条件养护试件应留置的组数及用途。③某工程的主厂房检测试验计划中缺少主体结构检测试验项目。

规定要求：DL/T 5710—2014《电力建设土建工程施工技术检验规范》第 4.5.1 条规定：施工单位应在工程施工前按单位工程编制施工检测试验计划，报监理单位审查，并经建设单位批准后，在监理单位的监督下组织实施。当设现场试验室时，施工检测试验计划尚应经现场试验室核查。第 4.5.2 条规定，施工检测试验计划应按检测试验项目分部编制，并应包括：检测试验项目名称，检测试验参数，检测试验试样规格，代表批量，抽检频次和取样规则，工程部位，计划检测试验时间。

预防措施：施工单位在单位工程开工前应结合工程的实际情况和需要编制《检测试验计划》报监理工程师审查，施工过程中按批准的《检测试验计划》进行抽样检测和进行相关的试验。检测试验计划实际上应与项目划分表是一样的要求，甚至某种意义上比项目验收划分表更具有实用性和可行性，检测试验计划对工程质量的把控更具有实际意义。

（二）施工记录

典型问题：施工记录编写滞后，不能如实记录施工过程中的关键数据，记录内容无法追溯。

案例：①某工程煤仓间 18 号桩成孔检验批中沉渣厚度为 20mm，原始记录中为 30mm；6 号桩成孔检验批中沉渣厚度为 30mm，原始记录中为 40mm，检验批验收记录中的数字与原始记录不一致。②某工程 500kV 屋内配电装置室钢屋架防火涂料施工记录、厚度检测记录不能提供，不能确定是否满足设计的耐火极限要求。③某工程脱水综合楼 10–14 轴 –0.05–5.945m 主体结构钢筋隐蔽工程验收记录存在如下问题：钢筋数量与设计不符，如：直径 8、12mm 钢筋仅各 8 根，直径 25mm 钢筋仅 10 根，与设计数量不符；隐蔽记录中的钢筋规格与设计不符，缺少直径 10、14、16、18、20、22mm 六种规格的钢筋。

规定要求：DL/T 1144—2012《火电工程项目质量管理规程》第 9.3.10 条规定：施工单位应在施工过程中及时、真实、准确地填写技术记录和质量记录，及时进行分类整理和编目。

预防措施：监理工程师在进行工程质量验收时应检查和核对关键工序的施工记录，施工记录的数据应和监理旁站记录数据相符。

（三）验收范围

典型问题：工程验收不及时，编制的工程项目验收划分表与实际验收项目不相符。

案例：①某工程 B 标段编制的项目验收划分表单位工程漏项较多，且与工程实际不符，未及时进行升版。②某工程《脱硫机务工程质量验收及评定范围》中，单位工程未划分验收单位，事故喷淋系统未列入验收内容中，与工程实际设备配置不符。③某工程 4 号主厂房分部工程验收记录中，分项及检验批数量及内容与实际不符，缺少通风空调、建筑给排水及供暖、智能建筑等分部验收资料。

规定要求：DL/T 5210.1—2012《电力建设施工质量验收及评价规程　第 1 部分：土建工程》第 4.0.4 条规定：单位工程项目划分的原则基本按具有独立生产（使用）功能或独立施工条件的建筑物或构筑物进行划分。建筑规模较大的单位工程可根据工程建设使用或交付安装的需要，将其具有独立使用功能或独立施工条件的部分分为一个子单位工程。

DL/T 5210.1—2012《电力建设施工质量验收及评价规程　第 1 部分：土建工程》第 4.0.8 条规定：工程开工前，应由承建工程的施工单位按工程具体情况编制项目划分表，如工程设计增加新的内容或其他与本部分划分内容不符的，划分表内容可增加或删减。划分表应报监理单位审核，建设单位批准。同一系统内的单位工程编号可采用连续编号。

DL/T 1144—2012《火电工程项目质量管理规程》第 9.4.2 条规定：工程施工质量应按“施工质量验收范围划分表”进行检验批、分项工程、分部工程及单位工程的验收。检验批、分项工程、分部工程的验收，应由监理单位组织，相关单位参加；单位工程的验收，应由建设单位组织，相关单位参加；勘察、设计、制造单位应按规定参加相关项目的验收。

预防措施：工程项目采取多标段施工时应由监理牵头编制单位工程一览表，经建设单位审批后发布，由各标段编制其单位工程验收划分表。单位工程验收划分表应由施工单位在单位工程开工前根据施工图的内容进行编制，报监理审批后实施。

四、施工档案

施工档案资料是施工单位参加工程建设的真实反映。常见问题是技术文件中引用已失效的规程规范。（隐蔽工程验收记录等内容已在施工验收章节阐述，本章节不再叙述）。

典型问题：某工程施工单位，在编写施工方案、强制性条文、措施时引用了已失效的规程规范版本。

规定要求：DL/T 1144—2012《火电工程项目质量管理规程》第 5.3.3 条建设单位在工程开工前应组织相关单位编制下列质量管理文件：工程执行法律法规和标准清单。

预防措施：项目开工前，建设单位组织各参建单位编制本工程执行的法律法规和标准清单，并定期更新下发；各参建单位要对各自的技术、管理人员进行标准清单的宣贯，在编制各类文件、方案时，对照工程采用的专业标准清单编制有关文件。

第五节　检测单位

工程检测是工程质量的重要组成部分，是工程质量科学管理的重要手段。检测单位是工程建设的主要参建方，对所承担的工程检测工作负质量责任，其出具的工程检测结果与结论是判断工程质量能否达到施工质量验收规范要求的重要依据。依据《建设工程质量检测管理办法》（建设部令第 141 号）规定，检测单位的主要质量职责是：质量检测试样的取样应当严格执行有关工程建设标准和国家有关规定，在建设单位或者工程监理单位监督下现场取样；检测机构完成检测业务后，应当及时出具检测报告；检测报告经检测人员签字、检测机构法定代表人或者其授权的签字人签署，并加盖检测机构公章或者检测专用章后方可生效；检测机构应当对其检测数据和检测报告的真实性和准确性负责。

工程检测单位质量行为的合规性和规范性，是落实工程质量政策法规、确保整个工程施工质量的基础。在历次监督检查过程中，我们发现的检测单位存在的典型问题如下：

一、质量控制落实

检测单位的质量控制落实主要涉及现场试验室人员与仪器设备配备，检测报告编审批程序及计量器具管理等内容。常见问题主要包括检测仪器设备配置不规范，检测人员操作不规范，检测报告依据标准错误、签字及盖章不规范，未对计量器具检定结果进行确认等。

（一）检测仪器设备的配置

典型问题 1：仪器设备数量不满足规定要求。

案例 1：某工程检测单位现场试验室灌浆料竖向膨胀率测定装置仅有 1 个，数量不足。

规定要求： GB 50119—2013《混凝土外加剂应用技术规范》第 C.0.5 条规定：竖向膨胀率应按式（1-1）计算，试验结果应取一组三个试件的算术平均值，计算值应精确至 0.001%。

$$\varepsilon_t=\frac{h_t-h_o}{h}\times 100 \tag{1-1}$$

式中：ε_t——竖向膨胀率，%；

h_o——试件高度的初始读数，mm；

h_t——试件龄期为 t 时的高度读数，mm；

h——试件基准高度，100mm。

预防措施： 检测单位应在入场检测前，编制仪器设备使用计划一览表，并根据工程进度情况和检测标准要求，一次性配备满足检测试验需求的仪器设备和工器具，并对到场的仪器设备进行确认。

典型问题 2： 仪器设备精度不满足规定要求。

案例： 某工程检测单位现场试验室锚杆拉拔仪量程与填充墙锚固筋承载力不相符。

规定要求： DL/T 5710—2014《电力建设土建工程施工技术检验规范》第 4.3.1 条规定：检测试验仪器设备应符合国家现行有关技术标准的规定及合同中的相关条款，满足检测试验工作要求。

预防措施： 现场试验室应选择与检测对象相适应的量程与精度的检验检测器具，以保证检验检测数值的真实、可靠，同时现场试验与监理单位应对检定或校证书有测量范围进行确认。

（二）检测人员操作不规范

典型问题 1： 检测人员未按规定要求使用检测设备。

案例： 某工程检测单位现场试验室混凝土抗冻融性能试验用的测温试件中温度传感器未埋设于混凝土中。

规定要求： GB/T 50082—2009《普通混凝土长期性能和耐久性能试验方法标准》第 4.2.3 条第 3 款对快冻法抗冻试验所采用的试件规定如下：除制作冻融试验的试件外，尚应制作同样形状、尺寸，且中心埋有温度传感器的测温试件，测温试件应采用防冻液作为冻融介质。测温试件所用混凝土的抗冻性能高于冻融试件。测温试件的温度传感器应埋设在试件中心。温度传感器不应采用钻孔后插入的方式埋设。

预防措施： 现场检测人员对所开展的检测试验项目，应明确其检测试验方法标准，对有试件要求的，应提前准备或制作检测试验所用试件，同时严格按照仪器设备操作规程要求进行检测试验。

典型问题 2： 检测人员未按规定要求对仪器设备的检定或校准结果进行确认。

案例： ①某工程检测单位未对现场试验室的仪器设备检定或校准证书内容进行确认。②某工程检测单位现场试验室检测设备的检定或校准结果未能覆盖检测精度范围。

规定要求： RB/T 214—2017《检验检测机构资质认定能力评价 检验检测机构通用要求》第 4.4.3 条规定：检验检测机构应对检验检测结果、抽样结果的准确性或有效性有影响或计量溯源性有要求的设备，包括用于测量环境条件等辅助测量设备，有计划地实施检定或校准。设备在投入使用前，应采用核查、检定或校准等方式，以确认其是否满足检验检测的要求。所有需要检定、校准或有有效期的设备应使用标签、编码或以其他方式标识，以便使用人员易于识别检定、校准状态或有效期。

预防措施： 检测人员应加强对计量设备有效性的认识，保证检测设备可靠、准确。在检测设备投入使用前，检测设备管理人员应对有计量溯源要求的仪器设备进行核查、检定或校准，并确认其检定或校准结果满足检验检测技术标准的要求。

（三）未按规定出具监测报告

典型问题 1： 检测报告盖章不规范。

案例： 某工程检测单位的检测报告未加盖“CMA”资质认定章和检测专用章，多页的检测报告未加盖骑缝章。

规定要求：《检验检测机构资质认定管理办法》（2015 年 4 月 9 日国家质量监督检验检测总局令第 163 号）第二十八条规定：检验检测机构向社会出具具有证明作用的检验检测数据、结果的，应当在其检验检测报告上加盖检验检测专用章，并标注资质认定标志。

GB 50618—2011《房屋建筑和市政基础设施工程质量检测技术管理规范》第 5.5.4 条规定：检测报告至少应由检测操作人签字、检测报告审核人签字、检测报告批准人签发，并加盖检测专用章，多页检测报告还应加盖骑缝章。

预防措施： 检测单位在出具并移交检测报告时，应确认报告加盖了“CMA”标志的资质认定章和检验检测专用章，对于多页的检验检测报告还应加盖骑缝章。同时监理单位应加强审核检测报告的规范性，未按规定加盖印章的检测报告，不具备向社会提供证明作用的能力。

典型问题 2： 检测报告的批准签字不规范。

案例： 某工程检测单位出具的检测报告的批准签字人不是资质认定证书的授权签字人。

规定要求：《检验检测机构资质认定管理办法》（2015 年 4 月 9 日国家质量监督检验检测总局令第 163 号）第二十六条规定：检验检测机构授权签字人应当符合资质认定评审准则规定的能力要求。非授权签字人不得签发检验检测报告。

预防措施： 检测单位应规范检测报告编审批签字程序，报告的批准人员必须是授权签字人。同时，监理单位在对检测资质进行审核时，应加强对资质认定证书附表中检测项目授权签字人一栏的核查。

二、企业资质

电力工程检测机构资质主要分为：《检验检测机构资质认定证书》（市场监督管理部门颁发）、《建设工程质量检测机构资质证书》（住房建设管理部门颁发）和《特种设备检验检测机构核准证》（市场监督管理部门颁发）。常见问题主要包括检测机构超资质范围出具检测报告、未按规定要求对资质证书信息进行变更等问题。

典型问题1： 检测单位超检测资质认证范围出具检测报告。

案例： ①某工程检测单位对主厂房进行钢结构检测，其资质认证证书附表中无扭剪型高强度螺栓连接副螺母保证载荷参数，却在现场出具相应检测报告。②某工程检测单位对混凝土进行原材料检测，其资质认定证书附表中所依据的检测方法标准缺少JGJ/T 322—2013《混凝土中氯离子含量检测技术规程》标准，却在现场出具相应检测报告。

规定要求：《检验检测机构资质认定管理办法》（2015年4月9日国家质量监督检验检测总局令第163号）第二十五条规定：检验检测机构应当在资质认定证书规定的检验检测能力范围内，依据相关标准或者技术规范规定的程序和要求，出具检验检测数据、结果。

预防措施： 建设单位和监理单位应加强对检测机构资质能力的审查工作，同时检测机构在开展检测工作前，应仔细确认其检测资质范围可以覆盖被委托的检测试验项目。检测单位如为满足工程需要，对检测资质参数附表进行扩项认证的，应在进场检测前完成。

典型问题2： 检测单位未按规定办理资质证书信息变更。

案例： ①某工程检测单位资质认定证书上的公司名称与其检测报告上的公司名称不一致。②某检测单位未向资质认定部门申请办理资质范围内的检测方法变更手续，现场已按新方法开展检测工作。

规定要求：《检验检测机构资质认定管理办法》（总局令第163号）第十二条，对检验检测机构应当向资质认定部门申请办理变更手续的规定如下：①机构名称、地址、法人性质发生变更的；②法定代表人、最高管理者、技术负责人、检验检测报告授权签字人发生变更的；③资质认定检验检测项目取消的；④检验检测标准或者检验检测方法发生变更的；⑤依法需要办理变更的其他事项。检验检测机构申请增加资质认定检验检测项目或者发生变更的事项影响其符合资质认定条件和要求的，依照本办法第十条规定的程序实施。

预防措施： 检测公司名称发生变化或在标准、试验方法更新后，对未发生实质性变化的应向发证机关进行变更，对于发生实质性变化的应向发证机关申请增项，并及时将变更文件或扩增项文件向监理单位履行报审手续。

第二章 建筑工程

随着社会的不断发展，工程建设管理水平得到了进一步提高，同时也对火力发电工程建设的施工质量提出了更高的要求。通过对一些在建工程和投运工程的质量监督检查发现，在施工质量上存在着一些典型质量问题，使得部分工程的质量无法得到保证，影响工程的使用功能和耐久性。对于施工过程中产生的各种质量问题，如何正确地分析其产生的原因，进而采取有效的防治措施，是提高电力工程质量管理必须解决的问题。本章通过对部分施工现场发生频次较高的建筑工程实体质量问题进行分类分析，以供相关的工程参建单位借鉴，以期达到减少工程质量通病、保障工程质量的目的。

第一节 工程测量

工程测量是工程建设施工中不可缺少的环节，为工程建设提供必要的测量数据，是保障工程建设质量的关键。电力工程建设测量，主要包括工程控制网建立、施工测量控制、变形测量等内容，是保证工程施工质量的基础。工程测量存在的常见问题：厂区控制网、高程控制网和定位基准点管理不规范，沉降观测报告内容不完整等。发生上述问题的原因主要是各参建单位对工程测量工作重视程度不够，需要对相关专业技术人员加强培训。目前，工程测量常用的技术规范主要包括 GB 50026—2007《工程测量规范》、DL/T 5445—2010《电力工程施工测量技术规范》、DL/T 5001—2014《火力发电厂工程测量技术规程》和 JGJ 8—2016《建筑变形测量规范》等。

一、测绘人员资格

在工程测量过程中，测绘人员应具有相应的执业资格，并且具备优秀的业务能力，以及能熟练地操作和准确地掌握设备情况、测区的交通以及通视条件，能够根据工作量的大小和工程的实际情况制订测量方案，布设测量控制点。目前，测绘人员执业资格管理规定执行《测绘作业证管理规定》(国测法字〔2004〕5 号)。

典型问题： 厂区施工控制网测量单位或沉降观测单位缺少测绘人员作业证书。

规定要求：《测绘作业证管理规定》(国测法字〔2004〕5 号) 第二条规定：测绘外业作业人员和需要持测绘作业证的其他人员（以下简称测绘人员）应当领取测绘作业证。进行外业测绘活动时应当持有测绘作业证。

预防措施：《测绘作业证管理规定》规定从事外业的人员必须持作业证，此类人员在进入施工现场前应对人员的资格证书进行报审。

二、测量控制网

测量控制网是按一定技术要求由许多个测量控制点构成的、用以获取点相互校核和独立使用的平面坐标或高程的网，主要包括平面控制网和高程控制网，能够有效地控制某区域施工对象的三维位置（平面位置和高程）。测量控制网是施工放样、质量验收、建（构）筑物沉降观测以及将来建筑物改建、扩建的依据。在测量控制网管理过程中，常见问题主要包括测量控制网等未办理交接、控制网管理单位未定期复测等问题。

典型问题1：厂区平面控制网、高程控制网和定位基准点无交接记录。

规定要求：DL/T 5445—2010《电力工程施工测量技术规范》第8.3.13条规定：厂区平面控制测量结束后，应向业主或监理现场交桩。

预防措施：建设单位在开工前应委托有测绘资质的单位对施工现场测设平面控制网，在施工单位进入现场后及时将数据移交。

典型问题2：缺少厂区平面控制网定期测量记录。

规定要求：DL/T 5445—2010《电力工程施工测量技术规范》第8.3.12条第2款规定：在施工期间，应每隔3～6个月对厂区平面控制网稳定性检测一次；对于软土地基或有特殊要求的，可根据需要，适当增加检测次数。

预防措施：厂区控制网管理单位应定期对控制点进行复测，复测结果与原数据进行比对、确认后应书面通知相关控制网使用单位。

三、沉降观测

沉降观测是根据设计要求对建（构）筑物设置的观测点与固定（永久性水准点）的测点进行观测，用来测量建（构）筑物在某一时间段内受荷载或环境因素作用下产生竖向变形量的测量的沉降量，是通过分析建（构）筑物沉降变形速率及最大差异沉降量，判断建（构）筑物结构是否安全使用的基础数据。根据现行规范，重要建（构）筑物、动力设备基础以及箱罐基础等均需要设置沉降观测点。在沉降观测过程中，常见的问题主要包括沉降观测基准点的水准精度不满足要求、建（构）筑物未按规定设置沉降观测点以及沉降观测报告内容不符合要求等问题。

典型问题1：火力发电厂工程沉降观测单位提供的水准基准点高程精度为三等水准，不满足沉降观测精度的要求，在进行沉降观测前未对基准点进行检测及分析。

规定要求：DL/T 5445—2010《电力工程施工测量技术规范》第11.1.2条规定：变形测量的等级、精度要求应符合二等水准，主要适用范围是火力发电厂主厂房（包括汽轮发电机基础、锅炉构架基础）主控制楼或网络控制楼、通信楼、220kV以上屋内配电装置楼、高度大于100m烟囱、跨度大于30m干煤棚及其他厂房建筑；冷却塔、空冷平台、山谷一级灰坝、脱硫场地；变电所主控制楼、220kV以上屋内配电装置楼、GIS设备及支架，换流站阀厅；二级基坑。

预防措施：大型火力发电厂沉降观测要求精度为二等水准，测绘单位应具备相应资质，测绘精度应满足相应要求。

典型问题 2：沉降观测曲线缺少荷载曲线，沉降量记录数值异常未分析原因，观测仪器精度达不到实测值精度，观测后未出具结论性意见。

规定要求：JGJ 8—2016《建筑变形测量规范》中第 7.1.7 条规定：对沉降观测应提交的成果资料：监测点布置图；观测成果表；时间 – 荷载 – 沉降量曲线；等沉降曲线。第 8.1.4 条建筑变形测量技术报告结构应清晰，重点应突出，结论应明确，并应包括下列内容，其中第 4 款规定：变形测量过程中出现的异常、预警及其他特殊情况。

预防措施：每次测量完成后测绘单位应向委托单位提供测量成果，在成果中应有具体的数据、直观的图形以及意见和结论。

典型问题 3：沉降观测点无保护、污染严重（见图 2–1–1）。

图 2–1–1　某建筑物的沉降观测点污染严重

规定要求：JGJ 8—2016《建筑变形测量规范》中第 7.1.3 条第 3 款规定，沉降监测点的标志可根据待测建筑的结构类型和墙体材料等情况进行选择，并应符合下列规定：标志应美观，易于保护。

预防措施：在安装沉降观测点时，应采取可靠的保护措施，以避免在测量使用过程中出现损坏。

四、测量仪器管理

测量仪器是保证测量数据成果有效的基础，施工单位或沉降观测单位应按照有关规定定期将测量所使用的仪器和相关设备进行定期校验和检定，以保证测量数据的真实可靠性。

典型问题：现场使用的测量仪器缺少检定证书。

规定要求：DL/T 5445—2010《电力工程施工测量技术规范》第 4.0.3 条规定：施工测量所使用的仪器和相关设备应定期检定，并在检定的有效期内使用。测量所使用的软件，应通过鉴定或验证。

预防措施：施工单位和沉降观测单位进入现场后应及时对所使用的测量、检查仪器进行检定，并将检定报告报监理单位审核。

第二节　桩基工程

桩基工程作为重要的隐蔽验收工程，其施工质量直接关系着整个建（构）筑的安全稳定性。目前，火力发电工程中常见的桩基类型为钢管桩、钢筋混凝土预制桩、灌注桩和PHC管桩，以及砂石桩、水泥土搅拌桩、灰土挤密桩、水泥粉煤灰碎石（CFG）桩（复合地基用于处理地基土为欠固结土、膨胀土、湿陷性黄土、可液化土等特殊性土时）等。在施工过程中，常见问题主要有桩基工程施工记录内容不全、桩基检测试验项目不全以及混凝土试块留置数量不足等。目前，桩基工程施工常用的技术规范见表2-2-1。

表2-2-1　　桩基工程常用的技术规范

序号	技术规范
1	GB 50007—2011《建筑地基基础设计规范》
2	GB 50202—2018《建筑地基基础工程施工质量验收规范》
3	DL/T 5024—2005《电力工程地基处理技术规程》
4	JGJ 94—2008《建筑桩基技术规范》
5	JGJ 106—2014《建筑基桩检测技术规范》
6	DL/T 5493—2014《电力工程基桩检测技术规程》
7	GB 50164—2011《混凝土质量控制标准》

一、桩基施工

桩基型式按制作工艺分为预制桩和灌注桩，其中，灌注桩是火力发电工程中常见的地基处理类型。根据成孔的工艺方式不同，混凝土灌注桩施工程序均较为复杂，存在多种因素对成桩质量的影响。对施工全过程的施工技术参数有较为详细、真实的记录，才能保证桩基的施工质量受控。泥浆护壁成孔灌注桩施工工艺流程包括场地平整、桩位放线、开挖浆池和浆沟、埋设护筒、钻机就位、孔位校正、成孔、泥浆循环、清除废浆、泥浆渣、第一次清孔、质量验收、下钢筋笼和钢导管、第二次清孔、浇筑混凝土以及成桩等。由于施工人员对技术规范理解不到位，或者对桩基施工过程过于枯燥没有耐心，因此存在桩基施工记录中主要质量控制参数记录不全，不能真实地反映成桩的质量等问题。

典型问题1：桩基工程施工记录中主要质量控制参数不全，隐蔽验收记录内容不全。

案例1：桩基隐蔽记录和地基验槽记录中未注明桩基数量、桩基承载力等信息，无剖面图；缺少基底动力触探检测记录（见图2-2-1、图2-2-2）。

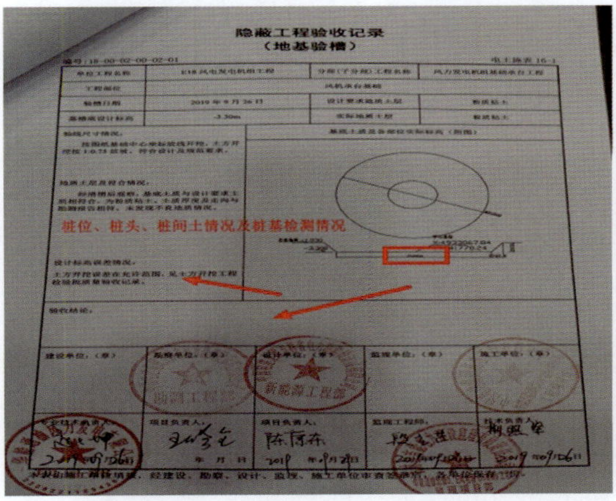

图 2-2-1 地基验槽记录内容不全

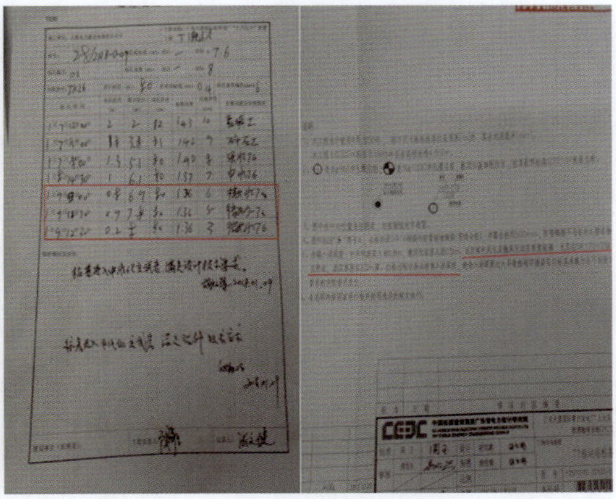

图 2-2-2 灌注桩施工记录中主要质量控制参数不全

规定要求：GB 50202—2018《建筑地基基础工程施工质量验收规范》附录 A.4 第 A.4.1 条规定：设计计算中考虑桩筏基础、低桩承台等桩间土共同作用时，应在开挖清理至设计标高后对桩间土进行检验。A.4.2 规定：对人工挖孔桩应在桩孔清理完毕后，对桩端持力层进行检验，对大直径挖孔桩，应逐孔检验孔底的岩土情况。A.4.3 规定：在试桩和桩基施工过程中，应根据岩土工程勘察报告对出现的异常情况，桩端岩土层的起伏变化及桩周岩土层的分布进行判别。

预防措施：地基工程隐蔽验收时，应对隐蔽验收项中的各主要质量要素按相关规范要求进行检查和填写。

案例 2：灌注桩施工记录中主要质量控制参数不全，未进行孔径、孔深、垂直度、沉渣厚度的检测。

规定要求：DL/T 5024—2005《电力工程地基处理技术规程》第 14.1.15 条规定：灌注桩成桩过程中，应进行成孔质量检测，包括孔径、孔斜、孔深、沉渣厚度等，成孔质量检测不得少于总桩数的 10%。

预防措施：灌注桩成孔施工应按《电力建设土建工程施工及试验验收标准表式 第 1 部分施工》中电土施表 3-16、表 3-18、表 3-19、表 3-20 的内容进行检测和填写，监理工程师应按规范要求的内容进行验收。

典型问题 2：桩端嵌入承台的长度不足，桩头疏松。桩顶纵向主筋锚入承台内的长度不足，或基桩锚筋弯折或缺失（见图 2-2-3）。

规定要求：JGJ 94—2008《建筑桩基技术规范》第 4.2.4 条规定，桩与承台的连接构造应符合下列规定：①桩嵌入承台内的长度对中等直径桩不宜小于 50mm；对大直径桩不宜小于 100mm。②混凝土桩的桩顶纵向主筋应锚入承台内，其锚入长度不宜小于 35 倍纵向主筋直径。对于抗拔桩，桩顶纵向主筋的锚固长度应按现行国家标准 GB 50010—2010《混凝土结构设计规范》确定。

图 2-2-3　钢筋锚固长度不足

预防措施： 截桩时应测量桩顶标高，保证留足桩顶嵌入承台的长度符合设计要求。对于灌注桩桩顶疏松部分应全部凿除后用高标号混凝土进行接桩处理。桩顶锚入基础的钢筋数量和长度符合规范要求。

典型问题 3： 灌注桩基混凝土试块留置数量不足（见图 2-2-4）。

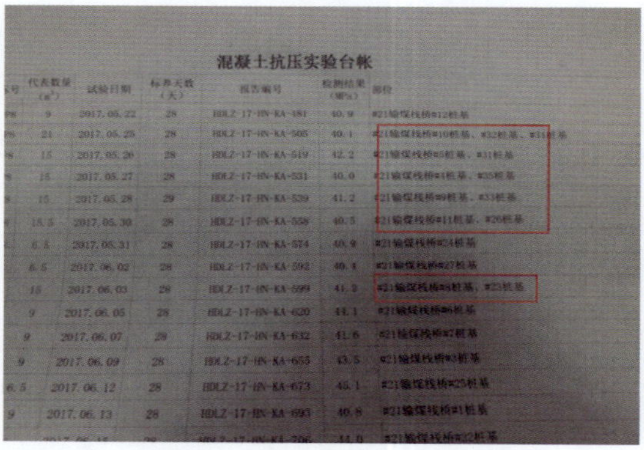

混凝土抗压实验台帐

代表数量（m^3）	试验日期	标养天数（天）	报告编号	检测结果（MPa）	部位
9	2017.05.22	28	HDLZ-17-HN-KA-481	40.9	#21输煤栈桥#12桩基
21	2017.05.25	28	HDLZ-17-HN-KA-505	40.1	#21输煤栈桥#10桩基、#32桩基、#[illegible]桩基
15	2017.05.26	28	HDLZ-17-HN-KA-519	42.2	#21输煤栈桥#5桩基、#31桩基
15	2017.05.27	28	HDLZ-17-HN-KA-531	40.0	#21输煤栈桥#4桩基、#35桩基
15	2017.05.28	29	HDLZ-17-HN-KA-539	41.2	#21输煤栈桥#9桩基、#33桩基
15.5	2017.05.30	28	HDLZ-17-HN-KA-558	40.5	#21输煤栈桥#11桩基、#26桩基
6.5	2017.05.31	28	HDLZ-17-HN-KA-574	40.9	#21输煤栈桥#24桩基
6.5	2017.06.02	28	HDLZ-17-HN-KA-592	40.4	#21输煤栈桥#27桩基
15	2017.06.03	28	HDLZ-17-HN-KA-599	[illegible]	#21输煤栈桥#8桩基、#23桩基
9	2017.06.05	28	HDLZ-17-HN-KA-620	44.1	#21输煤栈桥#6桩基
9	2017.06.07	28	HDLZ-17-HN-KA-632	41.6	#21输煤栈桥#7桩基
9	2017.06.09	28	HDLZ-17-HN-KA-655	43.5	#21输煤栈桥#3桩基
6.5	2017.06.12	28	HDLZ-17-HN-KA-673	45.1	#21输煤栈桥#25桩基
9	2017.06.13	28	HDLZ-17-HN-KA-693	40.8	#21输煤栈桥#1桩基

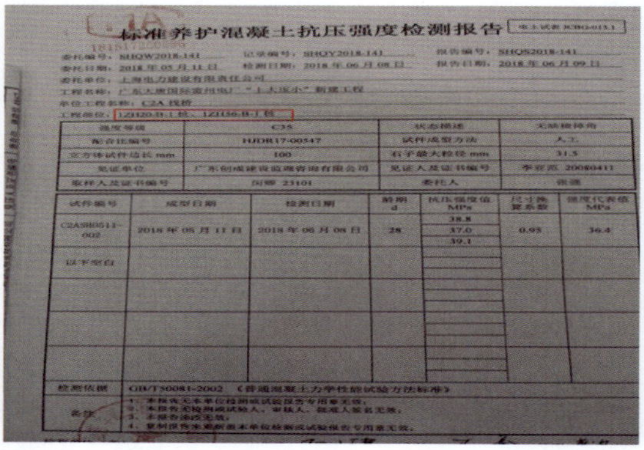

标准养护混凝土抗压强度检测报告

委托编号：SHQW2018-141　记录编号：SHQY2018-141　报告编号：SHQS2018-141

委托日期：2018年05月11日　检测日期：2018年06月08日　报告日期：2018年06月09日

委托单位：上海电力建设有限责任公司

强度等级	C35	状态描述	[illegible]
配合比编号	HJDR17-00547	试件成型方法	人工
立方体试件边长 mm	100	石子最大粒径 mm	31.5

试件编号	成型日期	检测日期	龄期 d	抗压强度值 MPa	尺寸换算系数	强度代表值 MPa
C2ASH0511-002	2018年05月11日	2018年06月08日	28	38.8 37.0 39.1	0.95	36.4
以下空白						

检测依据　GB/T50081-2002《普通混凝土力学性能试验方法标准》

图 2-2-4　灌注桩基混凝土试块留置数量不足

规定要求： GB 50202—2018《建筑地基基础工程施工质量验收规范》第 5.1.3 条规定：灌注桩混凝土强度检验的试件应在施工现场随机抽取。来自同一搅拌站的混凝土，每浇筑 $50m^3$ 必须至少留置 1 组试件；当混凝土浇筑量不足 $50m^3$ 时，每连续浇筑 12h 必须至少留置 1 组试件。对于单柱单桩，每根桩应至少留置 1 组试件。

预防措施： 施工单位技术人员应加强对现行规范的学习，施工方案编制引用依据必须正确；在检验检测计划编制时应按规范要求并结合施工图纸确定试件的留置数量，同时应向取样人员做好交底工作；施工过程中监理工程师应加强督促检查。

二、桩基检测

桩基检测可分为施工前为设计提供依据的试验桩检测和施工后为验收提供依据的工程桩检测。不论是哪种检测其内容均为桩基承载力和桩身完整性。常见的问题主要包括没有进行试桩检测和工程检测、桩基检测方法不正确、桩基检测数量不足、受检桩基混凝土强度不足、桩基休止时间不足、桩基检测报告内容不符合要求、桩基低应变图形分析不当等问题。

典型问题：桩基检测试验项目不全，桩基检测报告内容不全，混凝土试块留置数量不足。

案例 1：灌注桩桩基施工前未按要求进行试验钻孔（见图 2-2-5）。

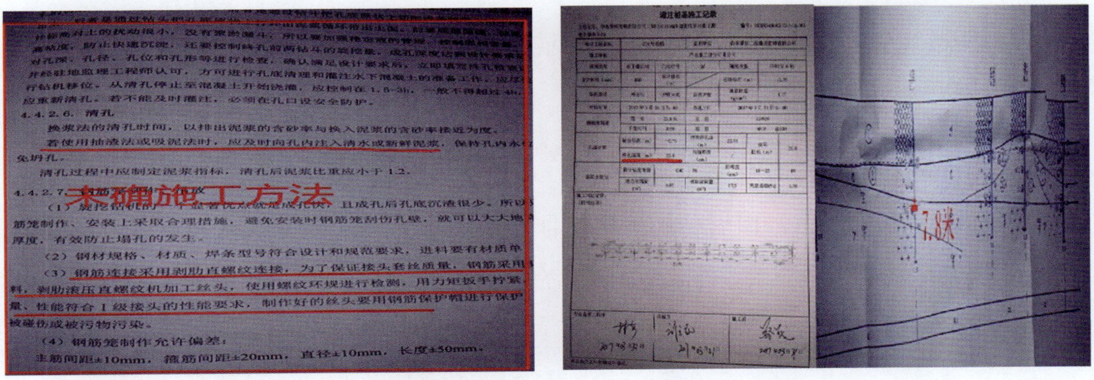

图 2-2-5　灌注桩桩基施工前未按要求进行试验钻孔

规定要求：JGJ 94—2008《建筑桩基施工技术规范》第 6.2.8 规定：桩在施工前，宜进行试成孔。DL/T 5024—2005《电力工程地基处理技术规程》第 5.0.10 条规定：地基处理正式施工前，宜进行试验性施工，在确认施工技术条件满足设计要求后，才能进行地基处理的正式施工。

预防措施：钻孔灌注桩施工前应按设计要求选择合适的成孔机械和成孔、护壁等施工工艺进行成孔试验，以确保证灌注桩的成孔质量。

案例 2：进行静载荷试验的桩基未按要求进行桩基竖向、水平承载力检测。

规定要求：JGJ 94—2008《建筑桩基技术规范》第 9.4.3 条规定，有下列情况之一的桩基工程，应采用静荷载试验对工程桩单桩竖向承载力进行检测，检测数量应根据桩基设计等级、本工程施工前取得试验数据的可靠性因素，可按现行行业标准 JGJ 106—2014《建筑基桩检测技术规范》确定：①工程施工前已进行单桩静载试验，但施工过程变更了工艺参数或施工质量出现异常时；②施工前工程未按本规范第 5.3.1 条规定进行单桩静载试验的工程；③地质条件复杂、桩的施工质量可靠性低；④采用新桩型或新工艺。第 9.4.6 条规定：对专用抗拔桩和对水平承载力有特殊要求的桩基工程，应进行单桩抗拔静载试验和水平静载试验检测。

预防措施：在委托桩基检测前应按设计要求委托桩基的检测试验项目，并要求桩基检测单位编制试桩检测大纲，核查桩基检测项目是否满足设计要求。

案例 3：基桩低应变法、高应变法检测报告中缺少单位工程基础、结构形式、地基条件等内容；基桩高应变法检测报告中仪器设备中缺少导向装置和重锤的形状与重量的信息。

规定要求：JGJ 106—2014《建筑基桩检测技术规范》第3.5.3条规定：检测报告应包含下列内容：①委托方名称，工程名称、地点，建设、勘察、设计、监理和施工单位，基础、结构形式和层数。设计要求、检测目的、检测依据、检测数量、检测日期；②地基条件描述；③受检桩的桩型、尺寸、桩号、桩位、桩顶标高和相关施工记录；④检测方法，检测仪器、检测过程叙述；⑤受检桩的检测数据，实测与计算分析曲线、表格和汇总结果；⑥与检测内容相应的检测结论。

第9.2.3条规定：高应变检测专用锤击设备应具有稳定的导向装置，重锤应形状对称，高径（宽）比不得小于1。

第9.2.5条规定：采用高应变法进行承载力检测时锤的重量与单桩竖向抗压承载力特征值的比值不得小于0.02。

预防措施：桩基检测监理应到场进行见证检测过程并应认真审核检测单位提供的试桩报告，报告内容及审批手续要齐全，检测结论要明确。

第三节　混凝土工程

混凝土工程质量是建（构）筑物质量的重要组成部分，在结构安全、可靠度和耐久性方面起着至关重要的作用。混凝土工程的施工过程包括混凝土的制备、浇筑和养护等，其施工质量的好坏，直接关系到整个建（构）筑物的结构安全和使用寿命。在施工过程中，由于混凝土原材料管理不规范、混凝土浇筑过程中技术参数控制不严格以及特殊混凝土未按规定检测等。发生上述问题的原因主要是施工单位对混凝土作业过程中精细化管理不严格，未按照“施工样板”相关技术规范要求控制施工技术参数，需要建设单位、监理单位和施工单位技术人员加强过程质量管控。目前，混凝土工程施工常用的技术规范见表2-3-1。

表2-3-1　混凝土工程常用的技术规范

序号	技术规范
1	GB/T 50081—2019《普通混凝土力学性能试验方法标准》
2	GB/T 10171—2016《建筑施工机械与设备 混凝土搅拌站（楼）》
3	GB 50010—2010《混凝土结构设计规范》（2015版）
4	GB 50204—2015《混凝土结构工程施工质量验收规范》
5	GB 50164—2011《混凝土质量控制标准》

续表

序号	技术规范
6	GB 50666—2011《混凝土结构工程施工规范》
7	JGJ 107—2016《钢筋机械连接技术规程》
8	JGJ 18—2012《钢筋焊接及验收规程》
9	GB 50108—2008《地下防水技术规范》
10	GB 50496—2018《大体积混凝土施工标准》
11	JGJ 169—2009《清水混凝土应用技术规程》
12	JGJ/T 193—2009《混凝土耐久性检验评定标准》
13	JGJ 104—2011《建筑工程冬期施工规程》
14	GB 50107—2010《混凝土强度评定标准》
15	JGJ 145—2013《混凝土结构后锚固技术规程》
16	GB 50051—2013《烟囱设计规范》
17	GB 50078—2008《烟囱工程施工及验收规范》
18	GB 50573—2010《双曲线冷却塔施工及质量验收规范》
19	GB 50669—2011《钢筋混凝土筒仓施工及质量验收规范》

一、现场搅拌站

在工程现场设置现场搅拌站是控制施工混凝土质量的重要手段。现场搅拌站存在的常见问题包括混凝土原材料管理不规范、混凝土开盘鉴定记录不完整以及搅拌站计量系统未及时检定等问题，对控制混凝土质量产生重要影响。

（一）混凝土原材料

原材料是组成混凝土的基础，其品质的优劣直接影响到混凝土质量的好坏，因此，加强原材料进场验收以及仓储管理是保证混凝土质量的有效措施。

典型问题 1：现场搅拌站原材料料仓无明显标识（见图 2-3-1）。

图 2-3-1　现场搅拌站料仓无标识

规定要求：GB 50164—2011《混凝土质量

控制标准》第 6.2.3 条规定：水泥应按不同厂家、不同品种和强度等级分批存储，并应采取防潮措施；出现结块的水泥不得用于混凝土工程；水泥出厂超过 3 个月（硫铝酸盐水泥超过 45d），应进行复检，合格者方可使用。第 6.2.5 条规定：矿物掺合料存储时，应有明显标记，不同矿物掺合料以及水泥不得混杂堆放，应防潮防雨，并应符合有关环境保护的规定；矿物掺合料存储期超过 3 个月时，应进行复检，合格者方可使用的规定。

预防措施：施工单位应及时对料仓进行标识，以防止原材料入仓和使用错误。

典型问题 2：搅拌站内砂子堆料场内含有大块泥块等杂物（见图 2-3-2）。

图 2-3-2　砂子堆料场含有杂物

规定要求：GB 50164—2011《混凝土质量控制标准》第 6.2.4 条规定：粗、细骨料堆场应有遮雨设施，并应符合有关环境保护的规定；粗、细骨料庆按不同品种、规格分别堆放，不得混入杂物。

预防措施：加强对混凝土原材料的进场质量验收工作，以及搅拌站砂、石材料堆放、使用的管理。

典型问题 3：混凝土外加剂储存仓中无自动搅拌装置，无法确保外加剂的均匀性。

规定要求：GB/T 10171—2016《建筑施工机械与设备混凝土搅拌站（楼）》第 5.3.6 条规定：外加剂溶液供给设备应耐腐蚀和防沉淀。输送泵的泵送能力应满足实际生产需要。

预防措施：混凝土搅拌前应检查原材料的质量，特别是液体外加剂是否存在沉淀和离析现象。

（二）混凝土生产

混凝土搅拌记录和开盘鉴定记录是控制混凝土质量的重要过程文件，能够清晰反映砂石含水率以及配合比的变化情况。在混凝土生产过程中，常见问题主要有混凝土搅拌记录信息不全以及混凝土开盘鉴定记录缺少检测数据支撑等。

典型问题 1：混凝土搅拌记录缺少根据砂、石含水率调整的信息（见图 2-3-3）。

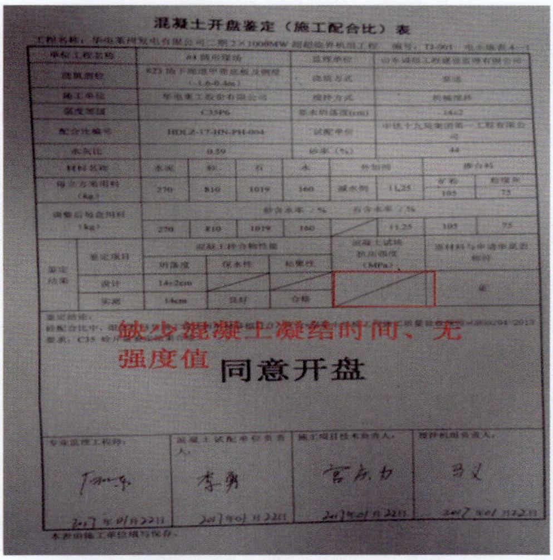

图 2-3-3 混凝土开盘记录缺少砂石含水率信息

规定要求：GB 50164—2011《混凝土质量控制标准》中 6.3.3 条规定：对于原材料计量，应根据粗、细骨料含水率的变化，及时调整、细骨料和拌合用水的称量。

预防措施：在每班组施工前应及时按砂子中的含水量对施工配合比进行调整，调整时需要进行含水量的测定。

典型问题 2：混凝土开盘鉴定记录缺少混凝土抗压强度、凝结时间等相关报告（见图 2-3-4）。

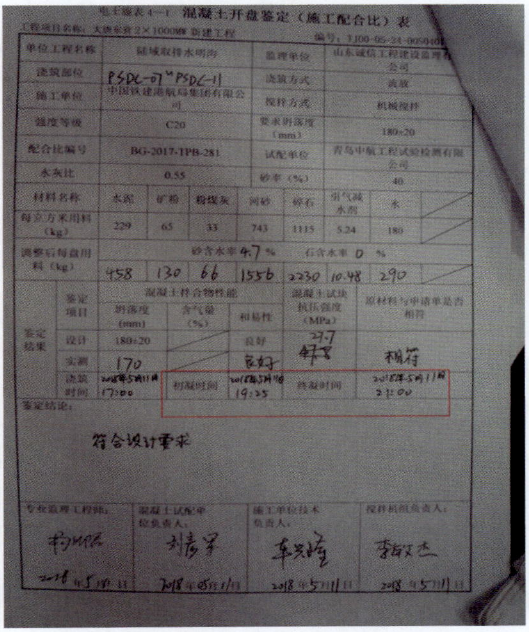

图 2-3-4 混凝土开盘鉴定记录中内容不全

规定要求： GB 50204—2015《混凝土结构工程施工质量验收规范》中第 7.3.4 条规定：首次使用的混凝土配合比应进行开盘鉴定，其原材料、强度、凝结时间、稠度等满足设计配合比的要求。

预防措施： 混凝土开盘鉴定中的内容要齐全，且符合规范规定，对于混凝土的强度值和凝结时间等内容须有资质的检测单位出具相应的检测报告，作为其支撑性资料。

典型问题 3： 工程现场需要有抗冻要求的混凝土时，混凝土开盘鉴定记录中缺少含气量检测数据（见图 2-3-5）。

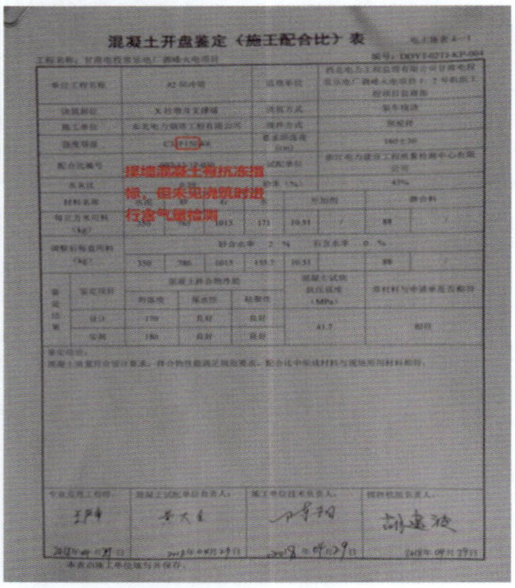

图 2-3-5　有抗冻要求的混凝土未进行含气量检测

规定要求： GB 50204—2015《混凝土结构工程施工质量验收规范》第 7.3.7 条规定：混凝土有抗冻要求时，应在施工现场进行混凝土含气量检验，其检验结果应符合国家现行有关标准的规定和设计要求。

预防措施： 混凝土含气量是控制混凝土抗冻融性能的重要指标，如果混凝土的含气量达不到标准的要求，极可能造成混凝土抗冻融性能不符合设计要求，因此在浇筑有抗冻要求的混凝土时应对混凝土的含气量进行控制。

典型问题 4： 混凝土试块成型室无温控设备和环境监测记录（见图 2-3-6）。

规定要求： GB/T 50081—2019《普通混凝土力学性能试验方法标准》第 4.4.1 条第 1 款规定：试件成型抹面后应立即用塑料薄膜覆盖表面，或采取其他保持试件表面湿度的方法。第 2 款规定：试件成型后应在温度为 20 ± 5℃、相对湿度大于 50% 的室内静置 1~2d，试件静置期间应避免受到振动和冲击，静置后编号标记、拆模，当试件有严重缺陷时，应按废弃处理。第 3 款规定：试件拆模后应立即放入温度为 20 ± 2℃，相对温度为 95% 以上的标准养护室中养护，或在温度为 20 ± 2℃的不流动氢氧化钙饱和溶液中养护。标准养护室内的试件应放在支架上，彼此间隔 10~20mm，试件表面应保持潮湿，但不得用水直接冲淋试件。

图 2-3-6 混凝土成型室无温控设备和环境监测记录

预防措施：混凝土标准养护试块成型后，对温度、湿度有具体的规定要求，因此在现场需设置专门的成型室且有温度、湿度控制设施，在使用期间对温度、湿度进行记录，为混凝土标准试块在规定的温度、湿度中硬化提供依据。

（三）搅拌站计量系统

搅拌站计量系统是现场搅拌站混凝土生产必不可少的一个环节，按规定对计量系统进行检定和校验是保证混凝土质量的重要措施。

典型问题：现场搅拌站缺少计量系统检定证书或者未配置自校用的标准砝码（图 2-3-7）。

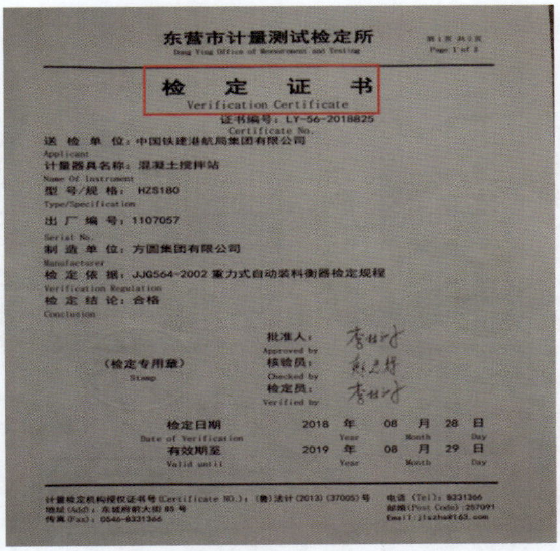

东营市计量测试检定所

检 定 证 书
Verification Certificate

证书编号：LY-56-2018825
Certificate No.

送检单位：中国铁建港航局集团有限公司
Applicant

计量器具名称：混凝土搅拌站
Name Of Instrument

型号/规格：HZS180
Type/Specification

出厂编号：1107057
Serial No.

制造单位：方圆集团有限公司
Manufacturer

检定依据：JJG564-2002 重力式自动装料衡器检定规程
Verification Regulation

检定结论：合格
Conclusion

（检定专用章）
Stamp

批准人：
Approved by
核验员：
Checked by
检定员：
Verified by

检定日期 2018 年 08 月 28 日
Date of Verification Year Month Day
有效期至 2019 年 08 月 29 日
Valid until Year Month Day

计量检定机构授权证书号(Certificate NO.)：(鲁)法计(2013)(37005)号
地址(Add)：东城府前大街 85 号
传真(Fax)：0546-8331366
电话(Tel)：8331366
邮编(Post Code)：257091

图 2-3-7 计量检定证书已提供

规定要求：GB 50164—2011《混凝土质量控制标准》第 6.3.1 条规定：原材料计量宜采用电子计量设备。计量设备的精度应符合现行国家标准 GB 10171—2016《建筑施工机械与设备混凝土搅拌站（楼）》的有关规定，应具有法定计量部门签发的有效检定证书，并应定期校验。混凝土生产单位每月应自检 1 次；每一工作班开始前，应对计量设备进行零点校准。

GB/T 10171—2016《建筑施工机械与设备混凝土搅拌站（楼）》附录 A.4.3 规定：试验用标准砝码的最小量值应根据混凝土搅拌站（楼）的各种功能的配料秤的大小决定。当检定最大称量值大于 1000kg 时，允许用其他恒定载荷替代标准砝码，但至少有 1000kg 或最大称量值 50% 的标准砝码（取二者的大值）。

预防措施：搅拌站开盘前应对计量系统进行检定，并确认检定的数据在所使用的范围内，以保证混凝土按配合比规定的数据进行搅拌。搅拌楼计量系统应按每月进行一次自校，自校需要使用规定的砝码，以保证每次自校结果的准确。砝码应专门存放，防止生锈和腐蚀。

二、混凝土施工

混凝土施工包括模板支设、拆除；钢筋加工、安装；混凝土生产、浇筑、成型等工艺过程，是火力发电工程施工中的重要内容，其施工质量直接关系着建（构）筑的结构安全。在混凝土工程施工过程中，常见问题有钢筋直螺纹接头加工及安装不规范、混凝土施工控制不规范以及特殊混凝土未按规定检测等。

（一）钢筋加工及安装

在钢筋混凝土结构中，钢筋可分为受压钢筋、受拉钢筋、架立钢筋、分布钢筋、箍筋等。按规定加工及安装钢筋是保证混凝土施工质量的重要措施。

典型问题 1：有抗震设防要求的钢筋箍筋的末端弯折角度小于 135°，平直段长度不足（见图 2-3-8）。

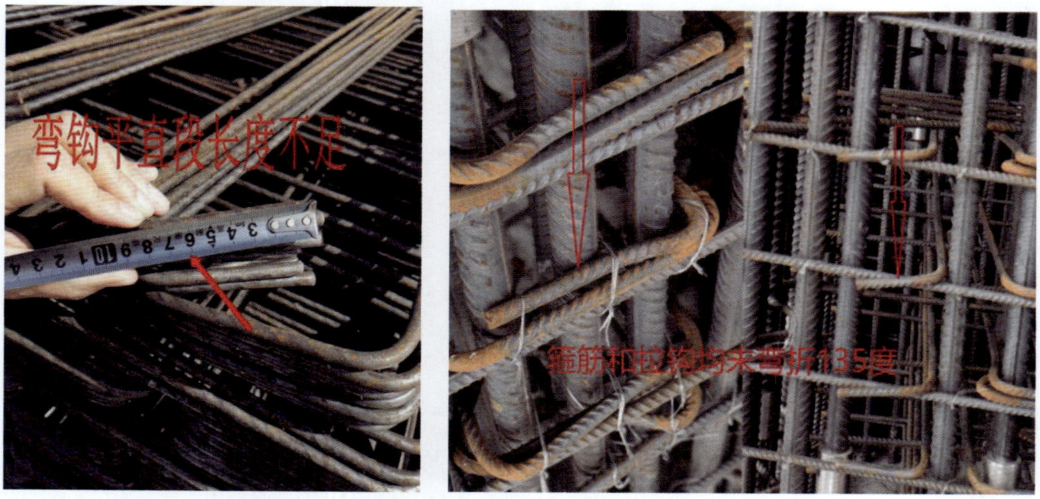

图 2-3-8　钢筋制作不符合要求

规定要求：GB 50204—2015《混凝土结构工程施工质量验收规范》第 5.3.3 条规定：箍

筋、拉筋的末端应按设计要求作弯钩，并应符合下列规定：对一般结构构件，箍筋弯钩的弯折角度不应小于 90° ，弯折后平直段长度不应小于箍筋直径的 5 倍；对有抗震设防要求或设计有专门要求的结构构件，箍筋弯钩的弯折角度不应小于 135° ，弯折后平直段长度不应小于箍筋直径的 10 倍。

预防措施：施工技术交底要明确工艺要求，现场管理人员对钢筋制作和安装加强检查，专业监理工程师严格验收。

典型问题 2：钢筋接头形式不符合设计要求，常见问题有钢筋搭接长度不足，同一连接区段接头面积百分率超标；钢筋接头设在箍筋加密区内（尤其是框架柱截面尺寸较大时，长边尺寸范围内接头未避开）（见图 2–3–9、图 2–3–10）。

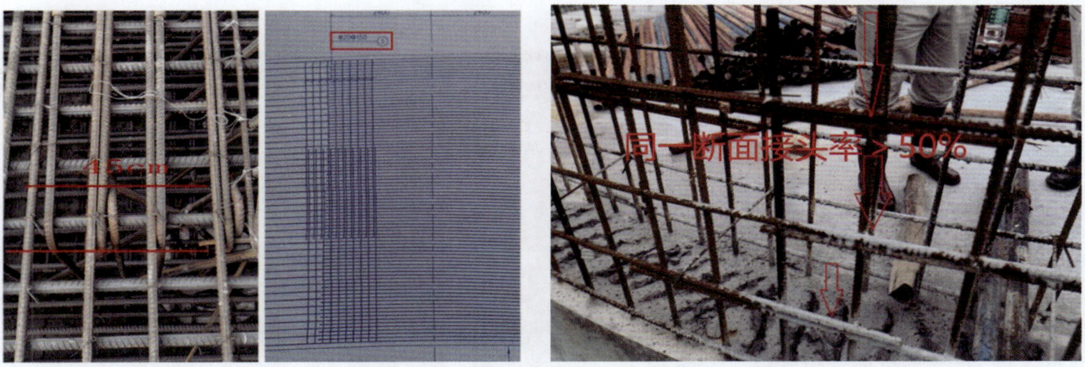

图 2–3–9　钢筋接头不符合要求

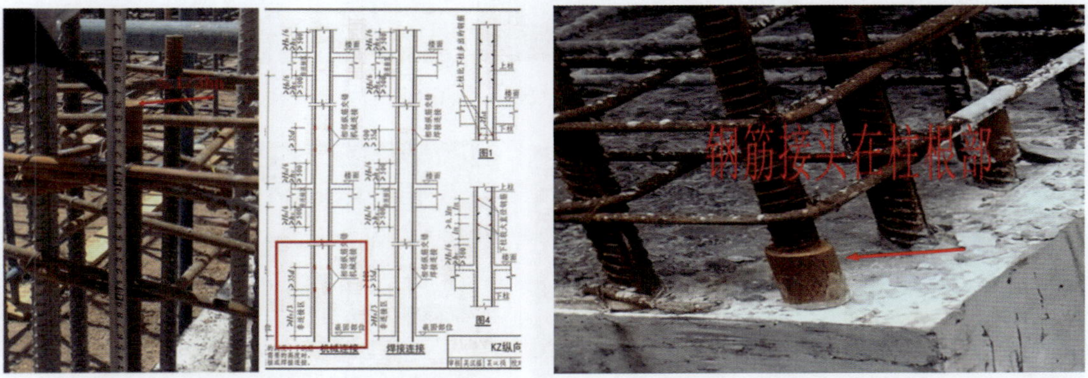

图 2–3–10　钢筋接头设在箍筋加密区内

规定要求：GB 50204—2015《混凝土结构工程施工质量验收规范》第 5.4.7 条当纵向受力钢筋采用绑扎搭接接头时，接头的设置应符合下列规定：第 1 款，接头的横向净间距不应小于钢筋的直径，且不应小于 25mm；第 2 款，同一连接区段内，纵向受拉钢筋接头面积的百分率应符合设计要求；当设计无具体要求时应符合下列规定：①梁类、板类及墙类构件，不宜超过 25%；基础筏板，不宜超过 50%。②柱类构件，不宜超过 50%。③当工程中确有必要增大接头面积百分率时，对梁类构件，不应大于50%。

GB 50666—2011《混凝土结构工程施工规范》第5.4.1条规定：钢筋接头宜设置在受力较小处，有抗震设防要求的结构中，梁端、柱端箍筋加密区范围内不宜设置钢筋接头，且不应进行钢筋搭接。同一纵向受力钢筋不应设置两个或两个以上接头，接头末端至钢筋弯起点的距离，不应小于钢筋直径的10倍。

预防措施：在技术交底时应明确工程的关键点，钢筋放样及下料时应考虑钢筋搭接接头位置，钢筋结扎应相互错开，同时避开箍筋加密区。

典型问题3：钢筋直螺纹丝头加工制作不规范。常见问题有钢筋直螺纹丝头加工未切割平直，丝头长度不足或过长，丝头加工时未用通规和止规检查；机械连接套筒安装后露出丝扣超过2p或未露丝（见图2-3-11、图2-3-12）。

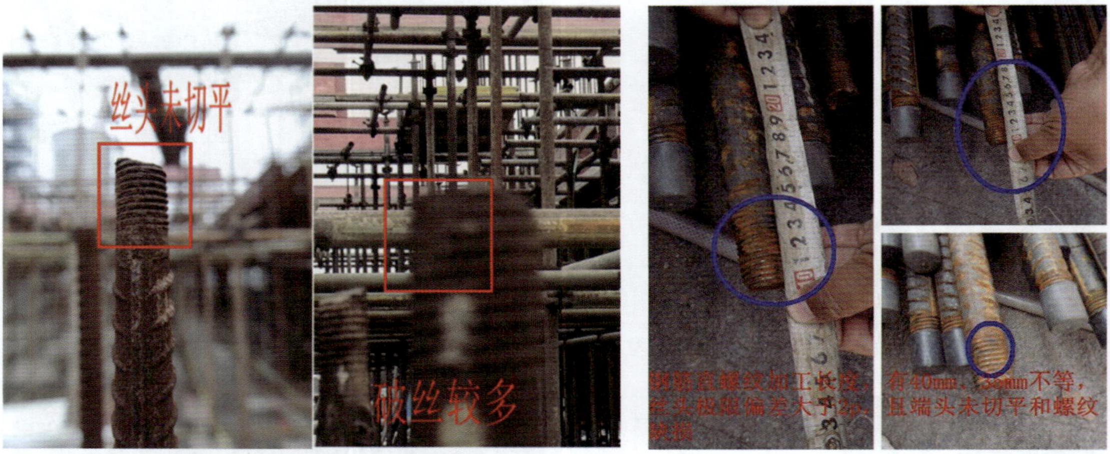

图2-3-11　钢筋直螺纹丝头加工不符合要求

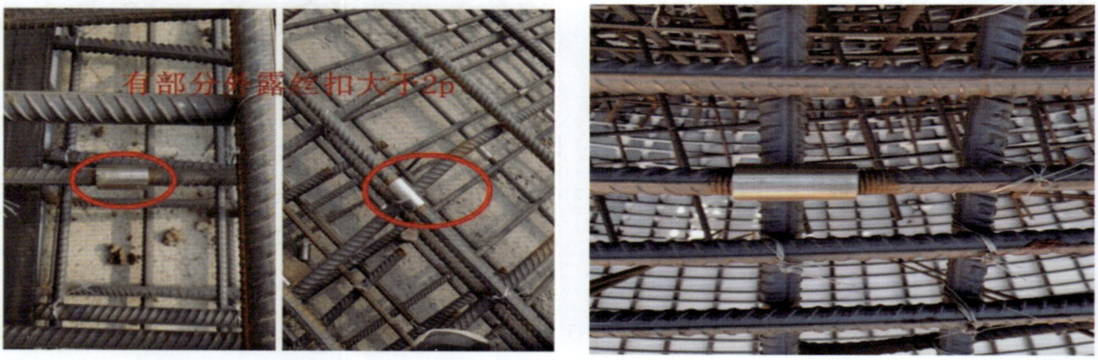

图2-3-12　钢筋直螺纹接头安装不符合要求

规定要求：JGJ 107—2016《钢筋机械连接技术规程》第6.2.1条直螺纹丝头加工应符合下列规定：第1款，钢筋端部应采用带锯、砂轮锯或带圆弧形刀片的专用钢筋切断机切平；第 3 款，钢筋丝头长度应满足产品设计要求，极限偏差应为 0~2.0p；第 4 款，钢筋丝头宜满足 6f 精度要求，应采用专用直合理性纹量规检验。通规应能顺利旋入并达到要求的拧入长度，止规旋入不得超过 3p，各规格的自检数量不应少于 10%，检验合格率不应小于 95%。

JGJ 107—2016《钢筋机械连接技术规程》第 6.3.1 条第 1 款规定：安装接头时可用管钳扳手拧紧，钢筋丝头应在套筒中央位置相互顶紧，标准型、正反丝型异径型接通头安装后的单侧外露螺纹不宜超过 2p，对无法顶紧的其他直螺纹接头，应附加锁紧螺母、顶紧凸台等措施紧固。

预防措施：对钢筋直螺纹丝头加工人员培训时应明确技术要点，丝头加工前端部必平整，直螺纹接头安装时应检查二侧拧进的深度需相同，施工单位及监理单位应加强对接头丝扣的质量检查。

典型问题 4：模板隔离剂污染钢筋。

规定要求：GB 50204—2015《混凝土结构工程施工质量验收规范》第 4.2.6 条规定：隔离剂的品种和涂刷方法应符合施工方案的要求。隔离剂不得影响结构性能及装饰施工。不得沾污钢筋、预应力筋、预埋件和混凝土接搓处；不得对环境造成污染。

预防措施：在模板安装前应进行模板清理并涂刷隔离剂，不宜在模板安装后再涂刷隔离剂。

（二）混凝土结构缺陷

按照缺陷产生部位以及对结构的影响，混凝土结构缺陷可分为外部质量缺陷、内部质量缺陷、混凝土结构裂缝、混凝土结构使用功能止水缺陷等，其中混凝土结构外部质量缺陷是最为常见的。

典型问题 1：现浇混凝土结构常见缺陷有：楼板开裂渗漏、板底露筋；框架柱脚烂根，柱混凝土不密实；框架梁底混凝土不密实，梁底钢筋保护层偏小；混凝土结构表面裂纹多，接槎不平整等（见图 2-3-13、图 2-3-14）。

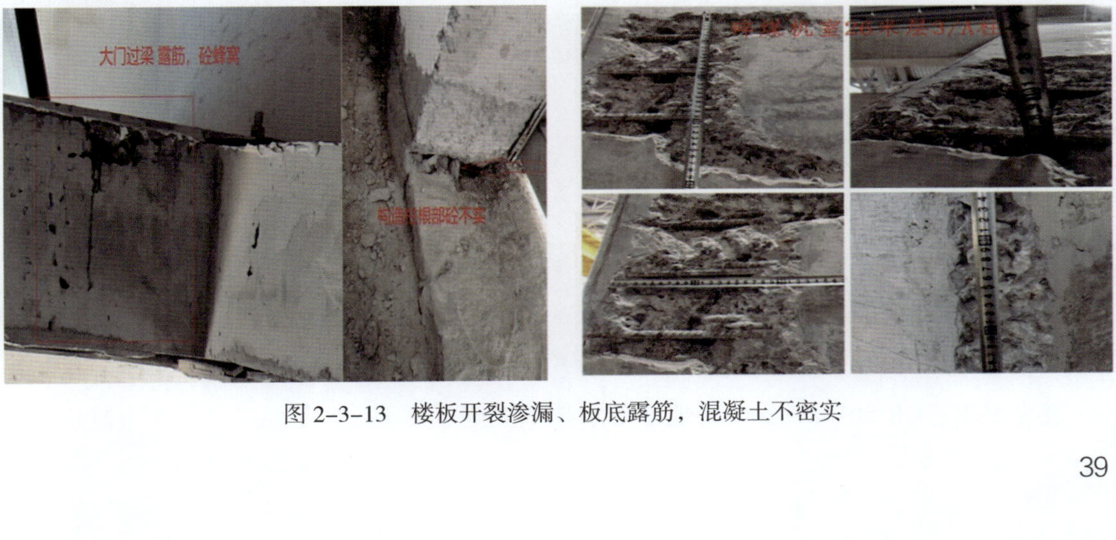

图 2-3-13　楼板开裂渗漏、板底露筋，混凝土不密实

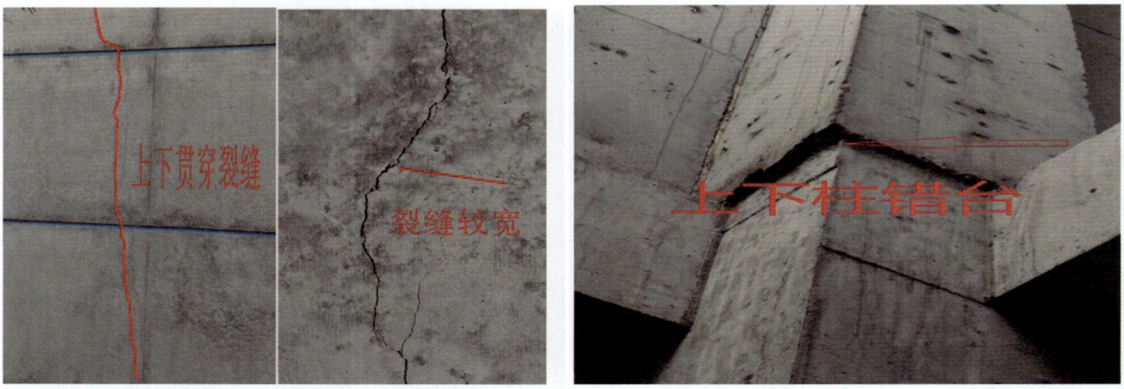

图 2-3-14　混凝土结构裂纹多，接槎不平整

规定要求：GB 50204—2015《混凝土结构工程施工质量验收规范》第 8.1.2 条规定：现浇结构的外观质量缺陷应由监理单位、施工单位等各方根据其对结构性能和使用功能影响的严重程度按表 8.1.2 确定。第 8.2.1 条规定：现浇结构的外观质量不应有严重缺陷。对已经出现的严重缺陷，应由施工单位提出技术处理方案，并经监理单位认可后进行处理；对裂缝、连接部位出现的严重缺陷及其他影响结构安全的严重缺陷，技术处理方案尚应经设计单位认可。对经处理的部位应重新验收。

预防措施：混凝土模板安装时，应做好固定和密封，同时加强对模板的验收；同时采用专用钢筋保护层垫块，在施工过程中防止垫块损坏及移位确保梁底钢筋保护层厚度。加强对混凝土振捣工的培训，做好混凝土的振捣。

混凝土拆模后应及时进行检查，对存在的缺陷施工单位不应擅自修补，经监理工程师确认后形成记录，并确定修补措施。

典型问题 2：地下结构防水混凝土对拉螺栓未按规范设置堵头，未用防水砂浆修补抹平（见图 2-3-15）。

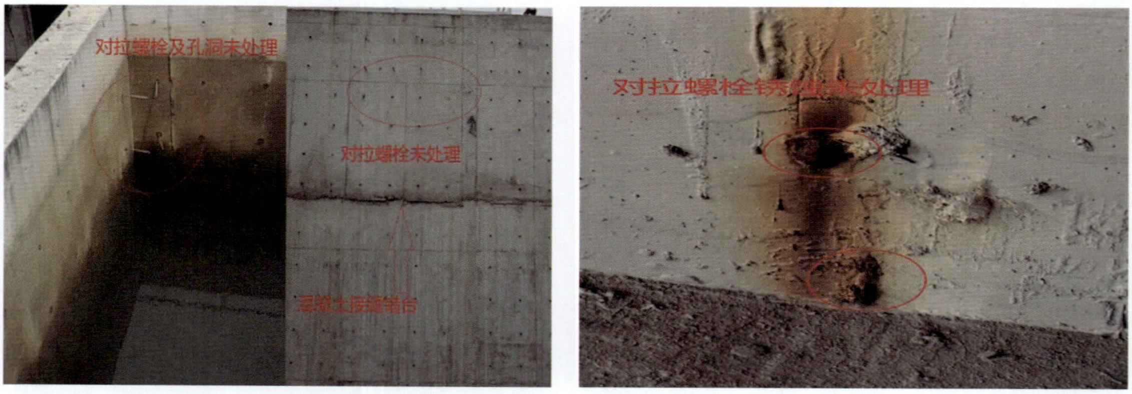

图 2-3-15　对拉螺栓未按规定处理

规定要求：GB 50108—2008《地下防水技术规范》第 4.1.28 条规定：防水混凝土结构

内部设置的各种钢筋或绑扎铁丝，不得接触模板。用于固定模板的螺栓必须穿过混凝土结构时，可采用工具式螺栓或螺栓加堵头。螺栓上应加焊方形止水环。拆模后应将留下的凹槽用密封材料封堵密实，并应用聚合物水泥砂浆抹平。

预防措施：地下水工结构混凝土内部设置对拉螺栓时，在端部应设置倒锥型塑胶堵头，拆模后应及时进行打凿和割除，并进行表面封堵。

典型问题 3：混凝土施工缝处理不规范（图 2-3-16）。

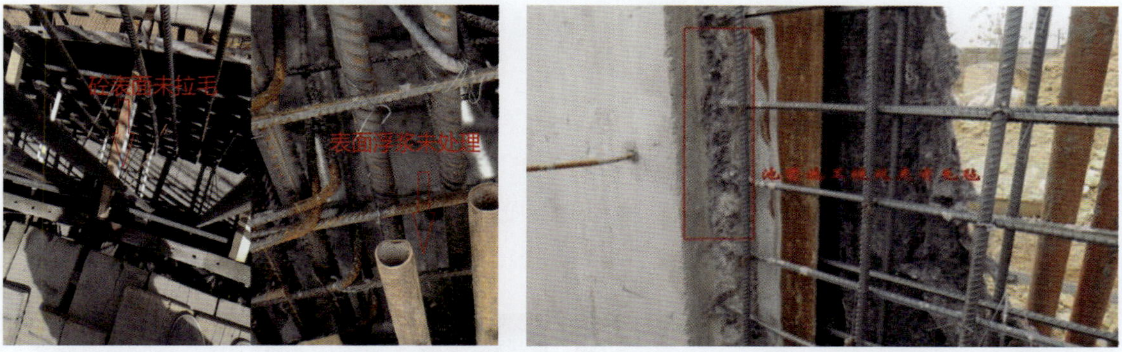

图 2-3-16 混凝土施工缝处理不规范

规定要求：GB 50666—2011《混凝土结构工程施工规范》第 8.6.7 条规定：混凝土浇筑过程中，因特殊原因需临时设置施工缝时，施工缝留设应规整，并宜垂直于构件表面，必要时可采取增加插筋，事后修凿等技术措施。

预防措施：施工缝的留设位置应符合设计要求和施工方案要求；混凝土留置施工缝后，在混凝土达到一定强度时应对接合面的浮浆进行处理并凿毛，施工缝处理后应经过监理工程师检查方可进行下道工序施工。

（三）特种混凝土

特种混凝土是根据工程环境需要对混凝土的性质提出特殊要求的混凝土。在火力发电工程中，常见的特种混凝土包括大体积混凝土、清水混凝土以及耐热混凝土等。特种混凝土必须采取特殊的工艺方法和措施才能保证其工艺质量，不注重施工过程的控制就达不到预期的质量效果。

典型问题 1：大体积混凝土施工温控指标控制不规范。常见问题有大体积混凝土降温速率过快，超过 2℃/d，未采取有效措施；大体积混凝土测温记录与实际不符，比如混凝土浇筑第二天混凝土处于升温阶段，而测量温度一直在下降（见图 2-3-17、图 2-3-18）。

规定要求：GB 50496—2018《大体积混凝土施工标准》第 3.0.4 条对大体积混凝土施工温控指标规定如下：第 1 款，混凝土浇筑体在入模温度基础上的温升值不宜大于 50℃；第 3 款，混凝土浇筑体降温速率不宜大于 2℃/d。第 6.0.7 条规定：发现监测结果异常时应及时报警，并采取相应的措施。

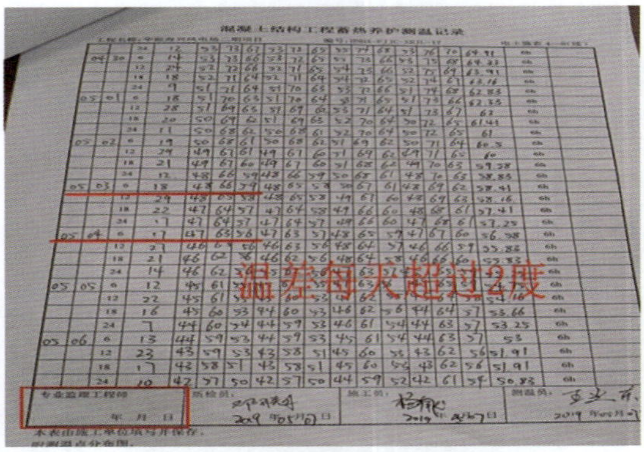

图 2–3–17　大体积混凝土降温速率过快

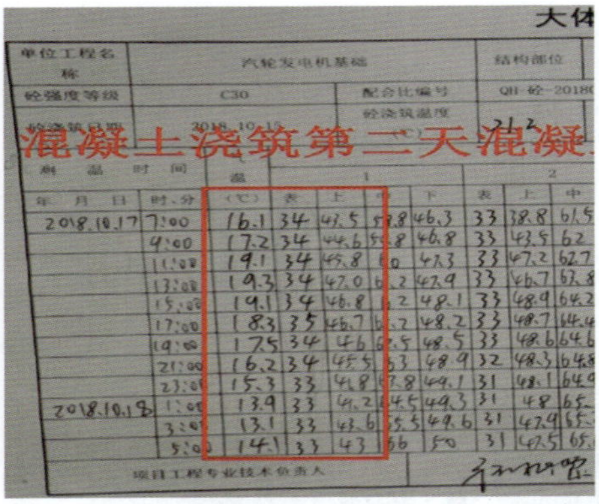

图 2–3–18　大体积混凝土测温记录与实际不符

预防措施：施工单位应制定大体积混凝土施工的温度控制措施，现场按施工方案配备养护物资，并根据大体积混凝土实测温度变化加强保温措施。

典型问题 2：清水混凝土色差明显，冷缝较多，底部不密实（见图 2–3–19）。

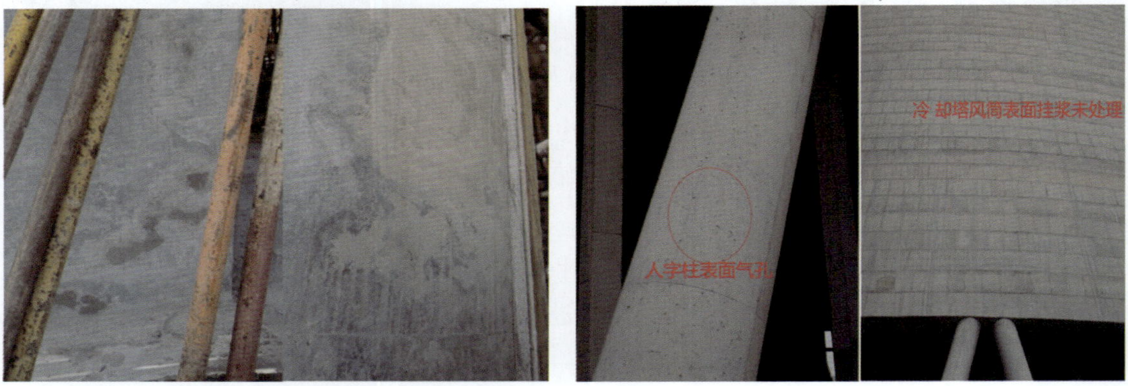

图 2–3–19　清水混凝土色差明显

规定要求：JGJ 169—2009《清水混凝土应用技术规程》第 11.3.1 条表 11.3.1 清水混凝土外观质量与检验方法中规定，普通清水混凝土：无明显色差；少量修补痕迹；汽泡分散；裂缝宽度小于 0.2mm；无明显漏浆、流趟及冲刷痕迹。

预防措施：施工单位制定清水混凝土施工方案时，应对配合比及原材料、模板等提出专项要求，同时加强混凝土施工过程的质量控制。

典型问题 3：耐热混凝土未做耐热性能试验。

规定要求：JGJ/T 193—2009《混凝土耐久性检验评定标准》第 2.0.1 条规定：混凝土耐久性评定的项目可包括抗冻性能、抗水渗透性能、抗硫酸盐侵蚀性能、抗氯离子渗透性能、抗碳化性能和早期抗裂性能。当混凝土需要进行耐久性检验评定时，检验评定的项目及其等级或限值应根据设计要求确定。

预防措施：按设计要求采购的耐热混凝土，进场后应对质量证明文件进行验收，并取样检测相关参数，合格后方可用于工程。

（四）混凝土试块管理

混凝土试块直接反映是验证、评价建（构）筑物主体混凝土结构的质量，是建（构）筑物施工质量验收的重要依据和第一手资料。严格按相关规定要求制作、养护、检测混凝土试块，是保证建（构）筑物结构安全性能的重要措施。

典型问题 1：现场未按规定留置混凝土试块，试块标识不全等。

案例 1：现场同条件养护试块标识不全，防护不到位，未与结构实体同条件养护（见图 2–3–20、图 2–3–21）。

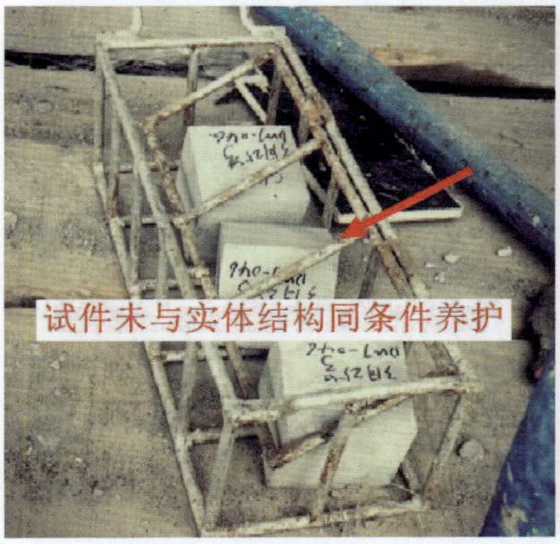

图 2–3–20 现场同条件养护试块未与实体结构同条件养护

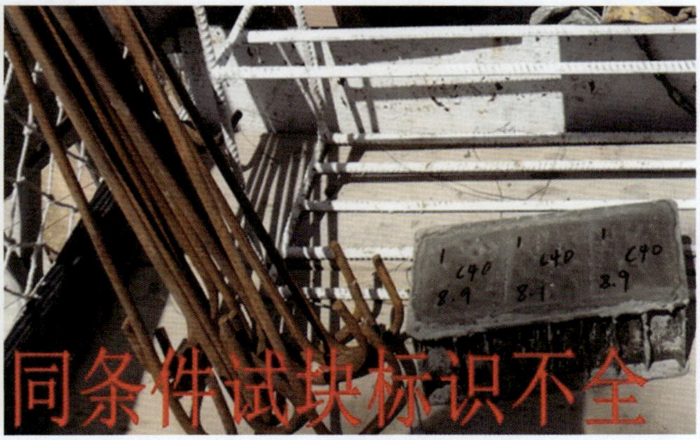

图 2–3–21 现场同条件养护试块标识不全

规定要求：GB 50666—2011《混凝土结构工程施工规范》第 8.5.9 条规定：同条件养护试块的养护应与实体结构部位养护条件相同，并应妥善保管。

预防措施：施工单位应制定工程检测试验计划报监理、建设单位批准，明确工程实体检测的位置和方法。

案例 2：冬期施工未留置混凝土受冻临界强度试块。

规定要求：JGJ 104—2011《建筑工程冬期施工规程》第 6.1.1 条规定：混凝土抗压试件的留置除应按国家现行标准 GB 50204—2015《混凝土结构工程施工质量验收规范》规定进行外，尚应增设不少于 2 组同条件养护试件。

案例 3：未留置梁、板底模混凝土拆模强度同条件试块。

规定要求：GB 50666—2011《混凝土结构工程施工规范》第 4.5.2 条规定：底模及支架应在混凝土强度达到设计要求后再拆除；当设计无具体要求时，同条件养护的混凝土立方体试件抗压强度应符合表 4.5.2 的规定。

预防措施：施工单位应制定工程检测检验计划报监理、建设单位批准，明确工程实体检测的位置和方法。

典型问题 2：混凝土强度评定方法错误，均方差值小于 2.5N/mm^2 时，未按 2.5 取值，且检验批中试块评定周期超过 3 个月（见图 2–3–22）。

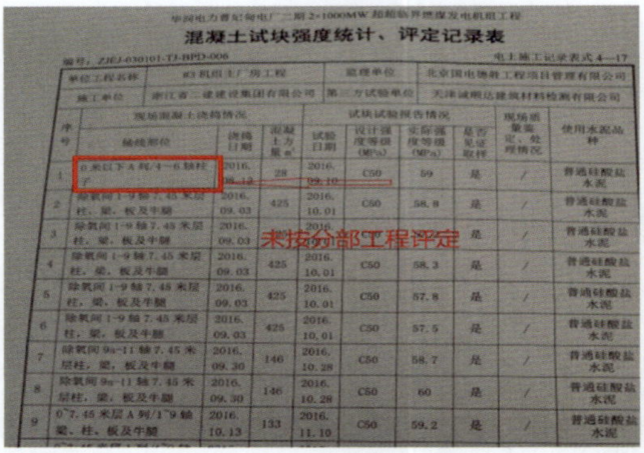

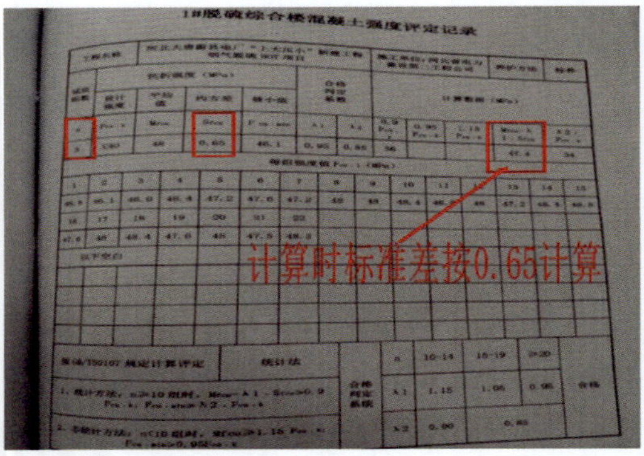

图 2–3–22　混凝土强度评定方法错误

规定要求： GB 50107—2010《混凝土强度评定标准》第 5.1.3 条规定：当样本容量不少于 10 组时其强度同时满足式（2–1）要求：

$$m_{f_{cu}} \geqslant f_{cu,k} + \lambda_1 \cdot S_{f_{cu}}$$
$$f_{cu,min} \geqslant \lambda_2 \cdot f_{cu,k} \qquad (2\text{–}1)$$

同一检验批混凝土方方体抗压强度的标准差应按式（2–2）计算：

$$S_{f_{cu}} = \sqrt{\frac{\sum_{i=1}^{n} f_{cu,i}^2 - n m_{f_{cu}}^2}{n-1}} \qquad (2\text{–}2)$$

式中：$S_{f_{cu}}$——同一检验批混凝土方方体抗压强度的标准差（N/mm^2）精确到 0.01（N/mm^2）；当同一检验批混凝土强度的标准差 $S_{f_{cu}}$ 计算值小于 $2.5N/mm^2$ 时，应取 $2.5N/mm^2$。GB 50204—2015《混凝土结构工程施工质量验收规范》第 7.1.1 条规定：混凝土强度应按国家现行标准 GB 50107—2010《混凝土强度评定标准》的规定分批检验评定。划入同一检验批的混凝土施工，其施工持续时间不宜超过三个月。

预防措施： 工程技术人员应加深对规范的学习和理解。

第四节　钢结构工程

钢结构工程具有施工周期短、抗震性能好、安全裕度高等特点，适合不同气候条件和大气环境。目前，在火力发电工程中，主厂房、烟道支架、综合管架以及煤场封闭结构等普遍采用钢结构，甚至近年来，有的发电工程的冷却塔也已经采用了钢结构。在钢结构安装过程中，常见问题有高强度螺栓未按规定复检、钢结构焊缝超声波探伤比例不符合规定、钢结构防火涂料未组织进场验收以及钢网架未进行变形观测等。目前，钢结构工程常用的技术规范见表 2–4–1。

表 2-4-1　　钢结构工程常用的主要技术规范

序号	技术规范
1	GB 50017—2017《钢结构设计规范》
2	GB 50205—2020《钢结构工程施工质量验收标准》
3	GB/T 16939—2016《钢网架螺栓球节点用高强度螺栓》
4	JGJ 82—2011《钢结构高强度螺栓连接技术规程》
5	GB/T 11345—2013《焊缝无损检测超声波检测技术检测等级和评定》
6	GB 50661—2011《钢结构焊接规范》
7	GB 50755—2012《钢结构工程施工规范》
8	CECS 24—90《钢结构防火涂料应用技术规范》
9	GB 14907—2018《钢结构防火涂料》
10	JGJ 7—2010《空间网格结构技术规程》
11	GB 4053.1—2009《固定式钢梯及平台安全要求　第 1 部分：钢直梯》

一、高强度螺栓

采用高强度螺栓连接是钢结构工程安装的重要方式。高强度螺栓进场后要按批次进行取样送复检，待检测合格后方可用于现场施工。高强度螺栓的复检项目主要包括连接摩擦面的抗滑移系数和连接副的紧固轴力、楔负载等检测试验项目。

典型问题 1：缺少高强度螺栓连接副的进场复验报告、高强度螺栓连接摩擦面抗滑移系数检测报告或提供的检测报告存在错误（见图 2-4-1）。

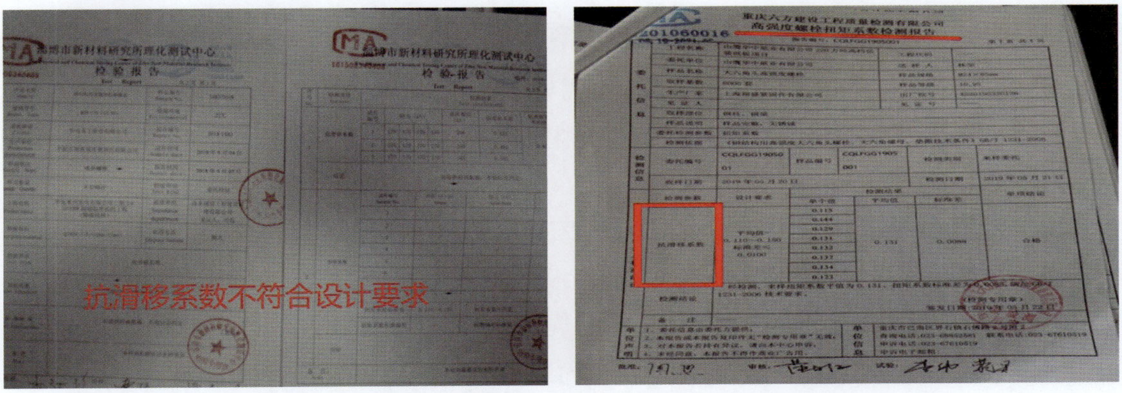

图 2-4-1　高强度螺栓进场复验报告存在错误

规定要求：GB 50205—2020《钢结构工程施工质量验收标准》第 6.3.1 条规定：钢结构制作和安装单位应按本规范附录 B 的规定分别进行高强螺栓连接摩擦面的抗滑移试验和复验。现场处理的构件摩擦面应单独进行摩擦面抗滑移试验，其结果应符合设计要求。

预防措施： 在制定检测试验计划时，应将高强度螺栓包括摩擦板抗滑移系数检测列入计划，螺栓到场后按批次进行见证取样复试，并对检测结果是否符合设计要求进行确认。

典型问题 2： 高强度螺栓连接副未检测楔负载和螺母保证载荷项目（见图 2–4–2）。

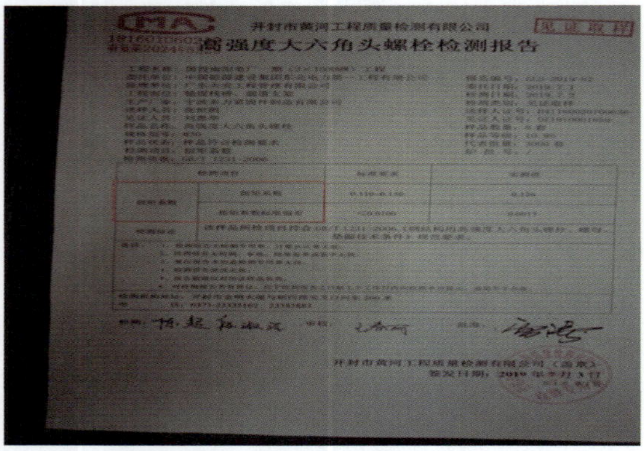

图 2–4–2　高强度螺栓连接副进场复验检测项目不全

规定要求： JGJ 82—2011《钢结构高强度螺栓连接技术规程》第 6.3.1 条规定：高强度大六角头螺栓连接副应进行扭矩、螺栓楔负载、螺母保证载荷检验。其检验方法和结果应符合现行国家标准 GB/T 1231《钢结构用高强度大六角头螺栓、大六角螺母、垫圈技术条件》规定。高强度大六角头螺栓连接副扭矩系数的平均值及标准差应符合表 6.3.1 的要求。第 6.3.2 条规定：扭剪型高强度螺栓连接副应进行紧固轴力、螺栓楔负载、螺母保证载荷检验。检验方法和结果应符合现行国家标准 GB/T 3632—2008《钢结构用扭剪型高强度螺栓连接副》规定。扭剪型高强度螺栓连接副的紧固轴力平均值及标准偏差应符合表 6.3.2 的要求。

预防措施： 在进行技术交底时，应将检测产品与检测项目一并进行，同时现场取样人员与见证人员不仅要熟悉检测的产品，而且需要熟悉检测的参数。

典型问题 3： 钢网架螺栓球节点高强度螺栓杆进场后材料试件机械性能和螺栓实物机械性能未检测。

规定要求： GB/T 16939—2016《钢网架螺栓球节点用高强度螺栓》第 6.2 条规定：螺栓材料试件机械性能材料经热处理（工艺与螺栓实物相同）后，按 GB/T 228.1 的规定制成拉力试件并进行拉力试验。其结果应符合表 4 的规定。第 6.3 条螺栓实物机械性能：6.3.1 拉力载荷，螺栓应进行拉力载荷试验，其值应符合表 5 的规定。6.3.2 硬度，螺纹规格为 M39–M64X 的螺栓可用硬度试验代替拉力载荷试验。常规硬度值为 M32–37HRC，如对试验有争议时，应进行芯部硬度试验，其硬度值应不低于 28HRC。如对硬度试验有争议时，应进行螺栓实物的拉力载荷试验，并以此为仲裁试验。拉力载荷值应符合表 5 的规定。6.3.3 脱碳层，脱碳层应符合 GB/T 3098.1 的规定。

预防措施： 在钢网架材料进场施工前，施工单位应对厂家提供的螺栓球及螺杆的材质、螺栓的力学性能检测试验报告进行检查，必要时进行抽样复查。

典型问题 4： 高强度螺栓安装常见问题有钢结构同一节点上高强度螺栓穿入方向不一致；高强度螺栓未及时终拧；高强度螺栓紧固后外露丝扣超标；高强度螺栓终拧后，节点未及时防腐处理（见图 2–4–3~ 图 2–4–5）。

图 2–4–3　高强度螺栓未及时终拧

图 2–4–4　高强螺栓紧固后未露出丝扣

图 2–4–5　节点未防腐处理

规定要求： JGJ 82—2011《钢结构高强度螺栓连接技术规程》第 6.4.7 条规定：高强度螺栓的安装应在结构构件中心位置调整后进行，其穿入方向应以施工方便为准，并力求一致。高强度螺栓连接副组装时螺母带圆台面的一侧应朝向垫圈有倒角的一侧。对于大六角头高强度螺栓连接副组装时，螺栓头下垫圈有倒角的一侧应朝向螺栓头。

GB 50205—2020《钢结构工程施工质量验收标准》第 6.3.6 条规定：高强度螺栓连接副终拧后，螺栓丝扣外露应为 2~3 扣，其中允许 10% 的螺栓丝扣外露 1 扣或 4 扣。

预防措施： 在施工交底时应要求施工人员在满足施工条件的情况下，尽可能将高强螺栓的穿入方向一致。施工前应核对钢结构安装部位及应使用的螺栓规格，防止错用。螺栓拧紧时应对称有序紧固，防止漏拧。

二、钢结构焊接

焊接是钢结构现场加工制作和安装采用的重要施工工艺。在钢结构焊接施工中，常见问题主要是钢结构焊接工艺未进行评定、焊缝外观质量存在缺陷以及未按规定比例进行焊缝检测等。

典型问题 1： 钢结构焊接未进行焊接工艺评定，钢结构焊缝成形差，常见问题有焊钉根部焊脚不均匀、焊脚立面局部未熔合等缺陷（见图 2–4–6）。

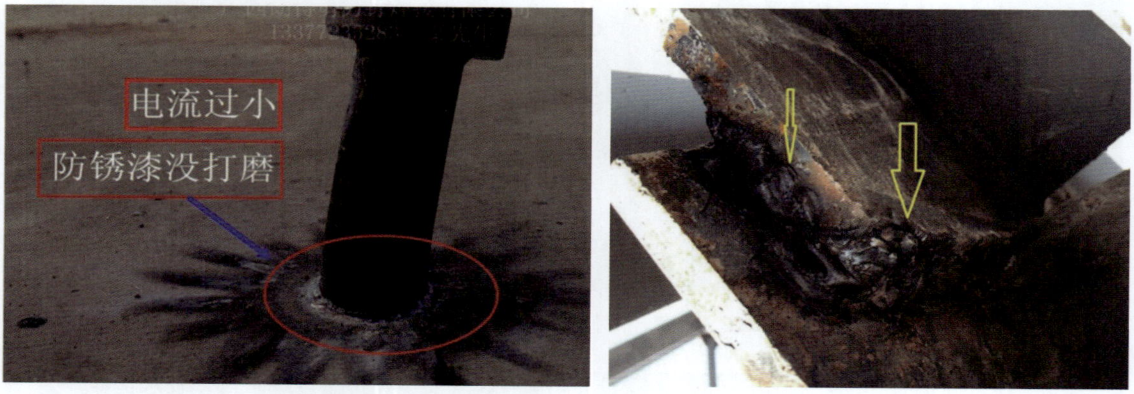

图 2–4–6　钢结构焊缝存在未熔合缺陷

规定要求： GB 50661—2011《钢结构焊接规范》第 6.1.1 条规定：除符合本规范 6.6 节规定的免于评定条件外，施工单位首次采用的材料、焊接材料、焊接方法、接头形式、焊接位置、焊后热处理制度以及焊接工艺参数、预热和后热措施等各种参数的组合条件，应在钢结构构件制作与安装施工之前进行焊接工艺评定。

GB 50205—2020《钢结构工程施工质量验收规范》第 5.2.3 条规定：施工单位应按现行国家标准 GB 50661—2011《钢结构焊接规范》的规定进行焊接工艺评定，根据评定报告确定焊接工艺，编写焊接工艺规程并进行全过程质量控制。

预防措施： 监理单位应督促施工单位在钢结构制作或安装前进行焊接工艺评定，并编制工艺评定手册报监理审核后实施。焊钉焊接工作，必须由经过焊钉焊接培训考试合格的焊工担任。焊接工艺参数受设备和焊钉的影响较大，具体施工时应根据所使用的焊钉机使用说明和焊接工艺评定来确定。

典型问题 2： 钢结构焊缝超声探伤比例不足。

规定要求： GB 50205—2020《钢结构工程施工质量验收规范》第 5.2.4 条规定：设计要求的一、二级焊缝应进行内部缺陷的无损检验，一、二级焊缝的质量等级和检测要求应符合表 5.2.4 的规定。

预防措施： 施工单位编制检测试验计划时，应根据设计图纸要求确定焊缝质量等级和焊缝检测比例，如果焊缝质量等级为二级，需根据施工方案确定制作焊缝与安装焊缝，确定焊缝的基数是长度或条数，待钢构件到施工现场或在安装后及时委托进行检测。

典型问题3：钢结构无损检测报告无资质认定标志，无焊缝的数量、被检焊缝所处的位置和检测长度等信息（见图 2–4–7）。

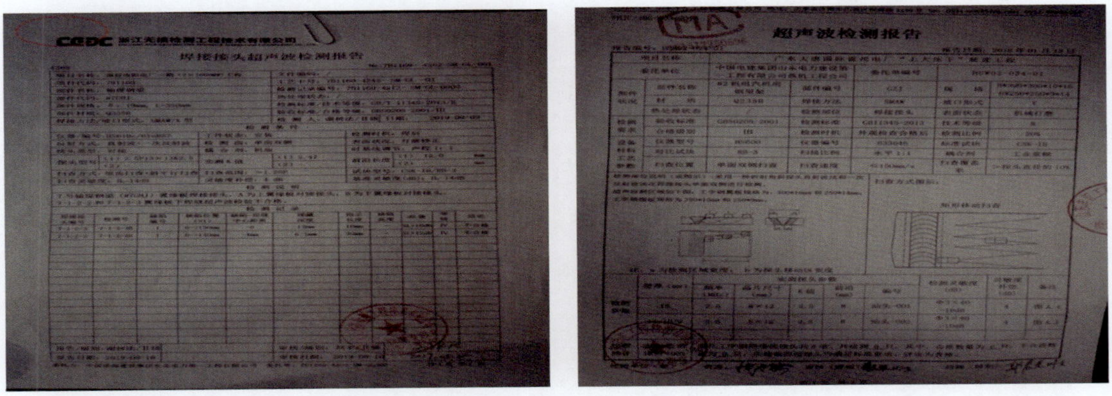

图 2–4–7　钢结构无损检测报告内容不全

规定要求：GB/T 11345—2013《焊缝无损检测超声波检测技术、检测等级和评定》第 13 条对检测报告内容进行了明确规定，至少应包括以下信息：被检对象特征（材料和产品门类；尺寸；被检焊缝 / 焊接接头所处位置；几何结构草图（如需）；焊接工艺，技术协议和热处理状态；制造状态；表面状态；被检对象温度）；合同要求，例如工艺、导则、和特殊协议等；检测地点和检测日期；检测机构标识和检测人员资格认证信息；超声检测仪制造商、机型和编号（如要求）。

探头制造商、类型、标称频率、晶片尺寸、实际折射角度和编号（如要求）；参考试块编号，附带草图（如需）；耦合剂；检测等级和引用的书面检测工艺规程；检测范围；探头移动区位置；参考点和所用的坐标系详情（参见 12.4）；探头放置部位，参考附录 A 或草图示意；时基线范围；灵敏度设定方法和所用值（参考等级的增益设定和传输修正值）；参考等级；母材检测结果；验收等级标准；与本标准或合同要求的偏离；显示坐标（参见 12.4），给出相关检测探头及其位置；最大回波幅度（参见 12.5.2），如要求，给出显示的类型和尺寸；显示长度（参见 12.5.3）；按规定的验收等级给出评价结果；引用本标准。

预防措施：检测委托应选择信誉度好、检测水平高、质量体系运行正常、出具的检测报告符合规范的检测单位，检测报告严格实行三级审核制度，施工单位取回报告后应由专业人员对其进行审核，报告内容不符合规范要求的应退回检测单位。

三、钢结构防火及防腐涂料

钢结构防火及防腐涂料是保证钢结构工程使用功能的重要防护措施，尤其是防火涂料，其重要性不言而喻。在施工中，常见问题主要是防火涂料未按规定组织进场复检、防腐涂料涂层厚度未进行验收以及钢结构焊缝未及时防腐等。

典型问题1：钢结构防火涂料无型式检验报告、出厂检验报告、进场复试报告，或未检测耐火性能等关键指标（见图 2-4-8）。

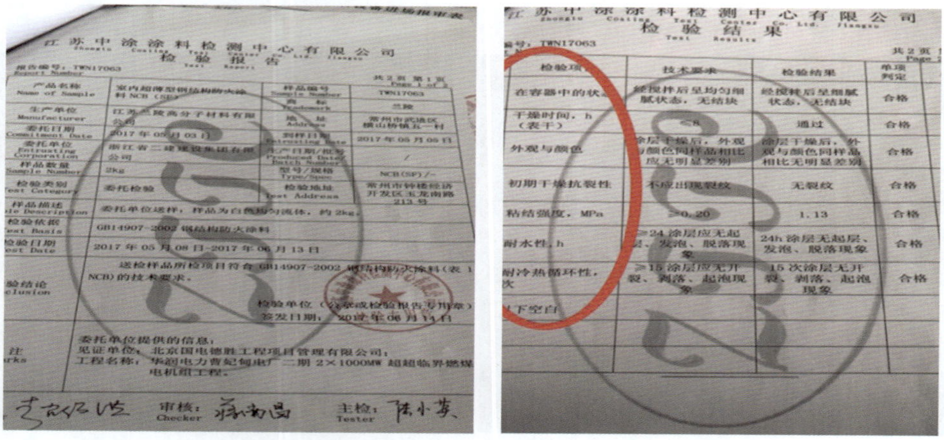

江苏中涂涂料检测中心有限公司
检验报告
Test Report

报告编号：TWN17063
共2页 第1页

产品名称 Name of Sample	室内超薄型钢结构防火涂料 NCB（SB）	样品编号 Sample Number	TWN17063
生产单位 Manufacturer	江苏兰陵高分子材料有限公司	商标 Trademark	兰陵
		地址 Address	常州市武进区横山桥镇五一村
委托日期 Commitment Date	2017 年 05 月 03 日	到样日期 Entrusting Date	2017 年 05 月 05 日
委托单位 Entrusting Corporation	浙江省二建建设集团有限公司	生产日期/批号 Produced Date/Batch Number	/
样品数量 Sample Number	2kg	型号/规格 Type/Spec	NCB(SP)/-
检验类别 Test Category	委托检验	检验地址 Test Address	常州市钟楼经济开发区玉龙南路 213 号
样品描述 Sample Description	委托单位送样，样品为白色均匀流体，约 2kg。		
检验依据 Test Basis	GB14907-2002 钢结构防火涂料		
检验日期 Test Date	2017 年 05 月 08 日-2017 年 06 月 13 日		
检验结论 Conclusion	送检样品所检项目符合 GB14907-2002 钢结构防火涂料（表 1 NCB）的技术要求。 检验单位（公章或检验报告专用章） 签发日期：2017 年 06 月 14 日		
备注 Remarks	委托单位提供的信息： 见证单位：北京国电德胜工程项目管理有限公司； 工程名称：华润电力曹妃甸电厂二期 2×1000MW 超超临界燃煤电机组工程。		

审核：Checker　主检：Tester

江苏中涂涂料检测中心有限公司
检验结果
Test Results

编号：TWN17063
共2页

检验项目	技术要求	检验结果	单项判定
在容器中的状态	经搅拌后呈均匀细腻状态，无结块	经搅拌后呈细腻状态，无结块	合格
干燥时间，h（表干）	≤8	通过	合格
外观与颜色	涂层干燥后，外观与颜色同样品相比应无明显差别	涂层干燥后，外观与颜色同样品相比无明显差别	合格
初期干燥抗裂性	不应出现裂纹	无裂纹	合格
粘结强度，MPa	≥0.20	1.13	合格
耐水性，h	≥24 涂层应无起层、发泡、脱落现象	24h 涂层无起层、发泡、脱落现象	合格
耐冷热循环性，次	≥15 涂层应无开裂、剥落、起泡现象	15 次涂层无开裂、剥落、起泡现象	合格
以下空白			

图 2-4-8　钢结构防火涂料检测报告内容不全

规定要求： T/CECS 24—2020《钢结构防火涂料应用技术规程》中第 4.2.1 条规定：钢结构防火涂料进入施工现场后，应核验进场材料产品合格证、产品说明书、检验报告等技术文件；建设单位或监理方可根据工程需要，组织现场见证取样，抽取的样品应送至具备检测资质的省级及以上质检机构进行检验；第 4.2.4 条：进场检验宜选择国家标准 GB 14907—2018《钢结构防火涂料》规定的对防火涂料质量构成重大影响的 A 类缺陷的部分项目进行检验，涂料的技术指标应符合国家标准 GB 14907—2018《钢结构防火涂料》的有关规定；规模较大的工程项目必须做进场检验。

GB 14907—2018《钢结构防火涂料》第 7.1.1 条对出厂检验项目提出明确规定。出厂检验项目分为常规项目和抽查项目二类。常规项目至少应包括：在容器中的状态、干燥时间、初期干燥抗裂性和 pH 值，且应按批检验。抽检项目应至少包括：干密度、隔热效率偏差、耐水性、耐酸性、耐碱性，且应在每季度或每生产 500t（P 类）1000t（F 类）产品（先到为准）之内至少进行一次检验。

GB 14907—2018《钢结构防火涂料》第 7.1.2 条型式检验规定：型式检验为 5.1.5、5.2 规定的全部项目。有下列情形之一，产品应进行型式检验：新产品投产或老产品转厂生产时试制定型鉴定；正式生产后，产品的配方、原材料、工艺有较大的改变时；产品停产一年以上恢复生产时；出厂检验结果与上次型式检验结果有较大的差异时；发生重大质量事故整改后；质量监督机构依法提出要求时。

预防措施： 钢结构防火涂料进入施工现场后（使用前）应检查其出厂检验报告、型式检验报告、出厂合格证等质保资料以及进厂复试检测报告；对于耐火极限需要审核该批防火涂料是否经过有资质的检测单位检测且合格；施工前应进行试涂，以确定涂刷遍数，保证漆膜厚度符合产品说明书和试验检测的要求。

典型问题 2： 钢结构防腐涂料施工记录中未记录防腐涂刷遍数及涂刷厚度检测。

规定要求： GB 50205—2020《钢结构工程施工质量验收标准》第 13.2.3 条规定：防腐涂料、涂装遍数、涂层厚度均应满足设计文件、涂料产品标准的要求。当设计对涂层厚度无要求时，涂层干漆膜总厚度：室外不应小于 150μm，室内不应小于 125μm。

预防措施： 施工技术资料应由施工单位技术人员编写，监理工程师在进行钢结构防腐施工验收时应检查防腐施工记录并进行防腐层厚度的（抽测）检测。

典型问题 3： 钢结构连接焊缝处未防腐处理（见图 2–4–9）。

图 2–4–9　钢结构连接焊缝处未防腐处理

规定要求： GB 50205—2020《钢结构工程施工质量验收标准》第 13.2.7 条规定：涂层应均匀，无明显皱皮、流坠、针眼和气泡等。

预防措施： 施工单位需要按设计要求对钢构件外露部分进行防腐处理，监理工程师在验收时应对焊缝或经过处理的部位加强检查验收。

四、钢结构制作安装

在火力发电工程中，钢结构安装工程涉及的范围比较广，常见钢结构制作、安装问题主要有钢材未按规定复验、未按规定进行变形观测、围护结构观感质量较差以及钢直梯安装不符合要求等。

典型问题 1： 主厂房钢屋架等要求复验的钢材未组织入场复验（见图 2–4–10）。

规定要求： GB 50205—2020《钢结构工程施工质量验收标准》第 4.2.2 条规定，对属于下列情况之一的钢材，应进行抽样复验，其复验结果应符合现行国家产品标准和设计要求：进口钢材；钢材混批；板厚大于 40mm，且设计有 Z 向性能要求的厚板；建筑结构安全等级为一级大跨度钢结构中主要受力构件采用的钢材；设计要求复验的钢材；对质量有疑义的钢材。

预防措施： 施工单位应按设计要求和规范规定组织钢材进场复验，并确认检测报告有效；监理工程师在审核施工单位材料报审时应按相关规范规定核查进场复验报告。

典型问题 2： 钢网架无变形观测记录或记录内容不完整（见图 2–4–11）。

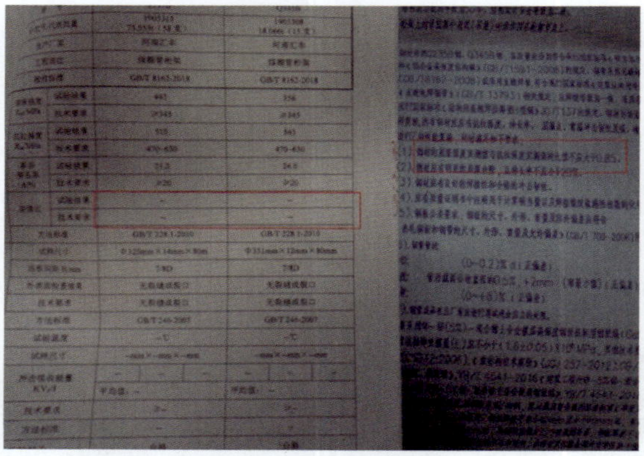

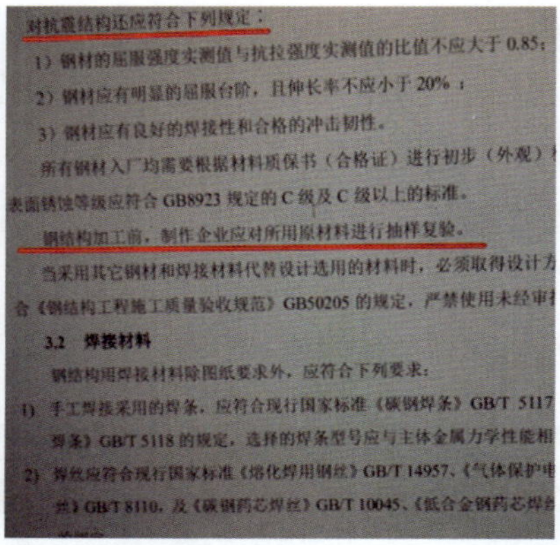

图 2-4-10　钢材未按要求组织进场复验

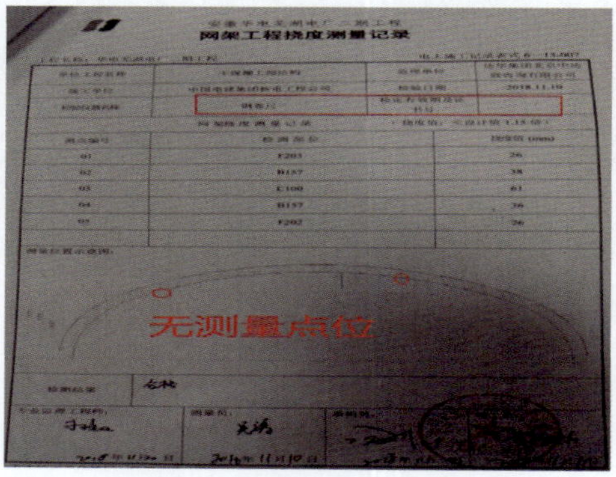

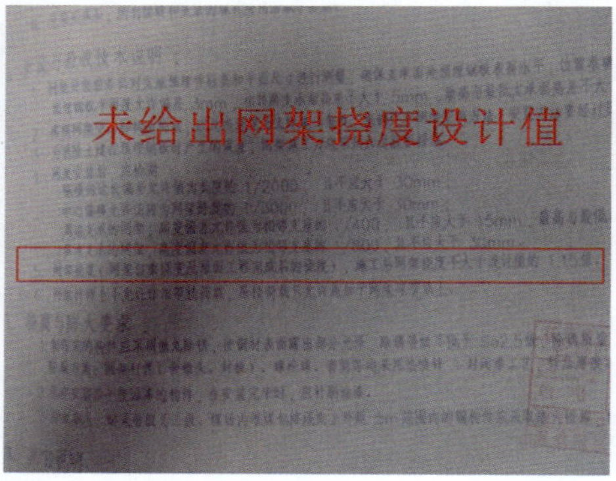

图 2-4-11　钢网架无变形观测记录不完整

规定要求：GB 50205—2020《钢结构工程施工质量验收标准》第 11.3.1 条规定：钢网架、网壳结构总拼完成后及屋面工程完成后应分别测量其挠度值，且所测的挠度值不应超过相应荷载条件下扰度计算值的 1.15 倍。

预防措施：钢网架安装完成验收时，应按要求进行网架的变形检测，观测记录中观测位置和方法应明确。

典型问题 3：干煤棚、圆形煤场网架支撑节点与基础中心偏差超标（见图 2-4-12）。

规定要求：JGJ 7—2010《空间网格结构技术规程》中第 6.11.2 条规定：交工验收时，应检查空间网格结构的各边长度、支座的中心偏移和高度偏差，各允许偏差应符合下列规定：各边长度的允许偏差应为边长的 1/2000，且不应大于 40mm；支座中心偏移的允许偏差应为偏移方向空间网格结构边长（或跨度）的 1/3000，且不应大于 30mm。

周边支承的空间网格结构，相邻支座高差的允许偏差应为相邻间距的 1/400，且不大于 15mm；对多点支承的空间网格结构，相邻支座高差的允许偏差应为相邻间距的 1/800，且不应大于 30mm；支座最大高差的允许偏差不应大于 30mm。

图 2-4-12 煤场网架支撑节点与基础中心偏差超标

预防措施：基础移交网架安装时应进行基础尺寸偏差的测量；网架安装方案交底时明确网架安装的方法与顺序；施工过程中及时进行误差校正，避免安装误差积累。

典型问题 4：墙面压型金属板变形，包边板不严密，不顺直，底边不齐（见图 2-4-13）。

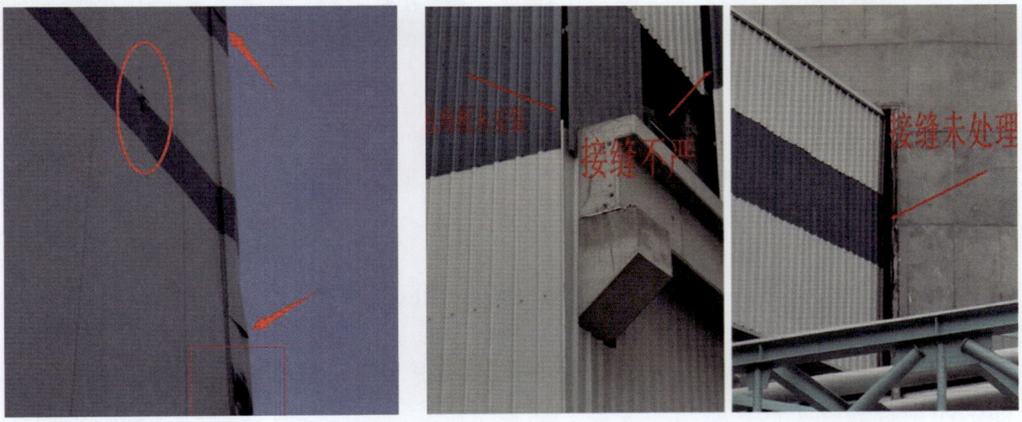

图 2-4-13 压型金属板未按规定安装

规定要求：GB 50205—2020《钢结构工程施工质量验收标准》第 13.3.1 条规定：压型金属板、泛水板和包角板等应固定可靠、牢固，防腐材料涂刷和密封材料敷设应完好，连接件数量、间距应符合设计要求和国家现行有关标准规定。

预防措施：彩板的包角、泛水节点板设计要合理；节点板安装前对节点处的支撑安装进行修整处理；节点板安装固定牢固、接缝严密。

典型问题 5：主厂房围护结构檩条拉杆未紧固，镀锌檩条与檩托采用焊接固定，与设计不符（见图 2-4-14、图 2-4-15）。

规定要求：DL 5190.1—2012《电力建设施工技术规范 第 1 部分：土建结构工程》第 10.4.9 条规定，檩条施工时，要根据图纸设计的尺寸规格从下向上依次焊接，保证檩条的水平度和平整度在允许偏差范围内。檩条安装应符合下列规定：①与檩条托板连接的埋件的数量和位置应满足安装檩条所需，再经检验合格后，方可进行檩条托板的安装，若需补埋件，则应采取相应措施。②檩条托板均应双面角焊，沿长度方向满焊，当托板长度大于300mm 时，应增加一支撑板。③檩条安装应吊线，确保水平位置上下统一，使檩条内外侧面在同一垂直平面内。④拉杆的设置、拉条的连接应符合设计图纸要求。⑤镀锌檩条应采用螺栓连接。

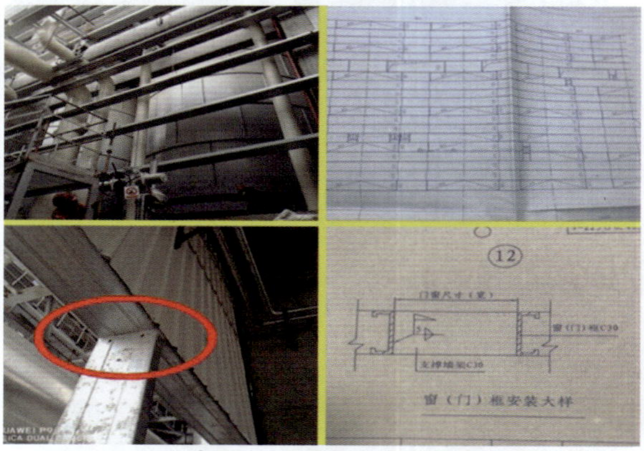

图 2-4-14　檩条檩托采用焊接方式固定

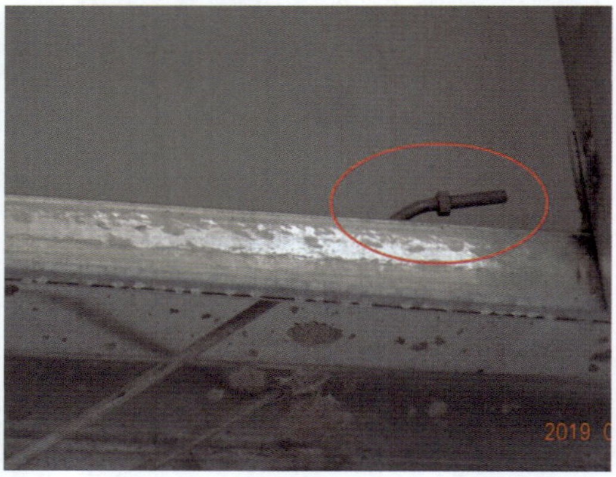

图 2-4-15　檩条拉杆螺栓未紧固

预防措施：围护结构施工前应编制施工方案并报审，施工单位应严格按方案进行施工；檩条安装前应检查檩托板安装的位置是否正确、固定可靠。

第五节　砌体及屋面工程

砌体结构工程和屋面工程是建筑物施工的重要组成围护结构。砌体结构工程是指在建筑工程中使用普通黏土砖、承重黏土空心砖、蒸压灰砂砖、粉煤灰砖、各种中小型砌块和石材等材料进行砌筑的工程。屋面工程主要指由防水、保温、隔热等构造层所组成的房屋顶部的设计和施工。建筑地面包括建筑物底层地面和楼（层地）面。在砌体结构和屋面工程施工过程中，由于施工作业人员事前策划不到位，中间过程未按规范施工，导致屋面渗漏、墙体开裂和地面裂缝等典型质量问题经常发生。这需要施工单位进一步加强过程质量控制，提升施工作业人员的专业水平，为建筑物后续装饰装修打下坚实的基础。目前，砌体结构及屋面工程常用的技术规范见表 2-5-1。

表 2-5-1　砌体结构及屋面工程常用的主要技术规范

序号	技术规范
1	GB 50203—2011《砌体结构工程施工质量验收规范》

续表

序号	技术规范
2	GB 50003—2011《砌体结构设计规范》
3	GB 50924—2014《砌体结构工程施工规范》
4	GB 50209—2010《建筑地面工程施工质量验收规范》
5	GB 50345—2012《屋面工程技术规范》
6	GB 50207—2012《屋面工程质量验收规范》
7	GB 50352—2019《民用建筑设计通则》

一、砌体结构工程

在火力发电工程中，墙体围护一般采用填充墙加设圈梁和构造柱结构。砌体材料主要采用烧结空心砖、蒸压加气混凝土砌块、蒸压粉煤灰砖以及烧结普通砖等。在砌体工程施工中，常见问题主要有未按规定设置混凝土过梁、构造柱；墙体砌筑工艺不规范、墙体拉结筋设置不规范以及砌体砂浆试块留置数量不足等。

（一）墙体砌筑

墙体砌筑工艺流程主要包括砌筑作业准备、砌块润湿、砂浆搅拌、砌墙体以及工程验收等。在砌筑作业准备阶段，按规定进行组砌放样和做好施工技术交底是保证砌体结构质量的基础。

典型问题 1： 加气混凝土砌块砌筑时砌筑面未喷水湿润。

规定要求： GB 50924—2014《砌体结构工程施工规范》第 10.1.4 条规定：采用普通砂浆砌筑填充墙时，烧结空心砖、吸水率较大的轻骨料混凝土小型空心砌块应提前 1~2d 浇水湿润；蒸压加气混凝土砌块采用专用砂浆或普通砂浆砌筑时，应在砌筑当天对砌块砌筑面浇水湿润。块体湿润程度宜符合下列规定：烧结空心砖的相对含水率宜为 60%~70%；吸水率较大的轻骨料混凝土小型空心砌块、蒸压加气混凝土砌块的相对含水率宜为 40%~50%。

预防措施： 加气混凝土砌块砌筑时应提前一天适当浇水湿润，填充墙砌筑完成后应适当洒水进行保湿养护。

典型问题 2： 墙体砌筑工艺不规范，常见问题有混凝土框架梁底处填充墙未挤紧以及填充墙混砌时砌块错缝长度小于 1/3 砌块长度（见图 2-5-1、图 2-5-2）。

规定要求： GB 50203—2011《砌体结构工程施工质量验收规范》第 9.1.8 条规定：蒸压加气混凝土砌块和轻骨料混凝土小型空心砌块不应于其他块体混砌，不同强度等级的同类砌块也不得混砌。第 9.3.4 条规定：砌筑填充墙时应错缝搭砌，蒸压加气混凝土砌块搭砌长度不应小于砌块的 1/3；轻骨料混凝土小型空心砌块搭砌长度不应小于 90mm；竖向通缝不应大于 2 皮。第 5.1.8 条规定：240mm 厚承重墙的每一层墙的最上一皮砖，砖砌体的阶台水平面上及挑出层的外皮砖，应整砖丁砌。

图 2-5-1　结构梁底或板底与填充墙间隙未挤紧

图 2-5-2　砌块错缝长度不符合要求

预防措施：填充墙组砌前应对施工人员进行技术交底，明确组砌方式，必要时应绘制组砌放样图，因错缝搭砌或尺寸的要求需要加工蒸压加气混凝土砌块时，应考虑加工位置符合规范规定。

梁底或板底与填充墙之间的间隙应等填充墙砌筑完成后用倒砖挤紧或膨胀混凝土灌实。

典型问题 3：在厨房、卫生间、浴室等处采用轻骨料混凝土小型空心砌块，蒸压加气混凝土砌块砌筑墙体时，墙底部未设高度 150mm 的混凝土坎台（见图 2-5-3、图 2-5-4）。

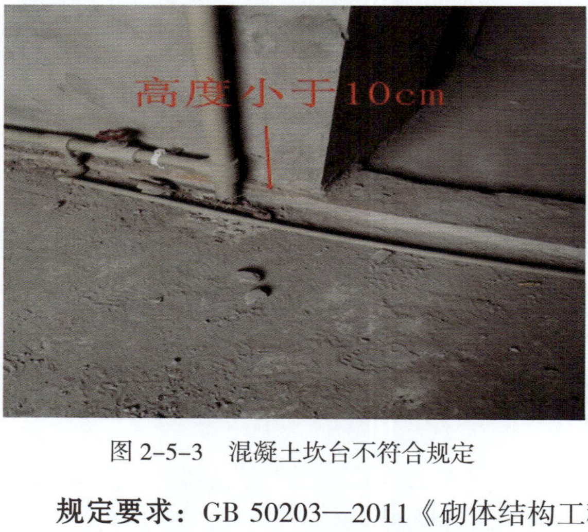

图 2-5-3　混凝土坎台不符合规定

图 2-5-4　卫生间砌体缺少混凝土挡水坎

规定要求：GB 50203—2011《砌体结构工程施工质量验收规范》第 9.1.6 条规定：在厨房、卫生间、浴室等处采用轻骨料混凝土小型空心砌块、蒸压加气混凝土砌块砌筑墙体时，墙底部宜现浇混凝土坎台，其高度宜为 150mm。

预防措施：施工单位在施工方案编制时遇到厨房、卫生间、浴室应考虑在墙底部设高度 150mm 的混凝土坎台，在技术交底时应重点提出；监理工程师在对楼层模板验收时应关注厨房、卫生间、浴室等处的混凝土浇筑标高线及这些部位是否有吊模。

典型问题 4：砌筑墙体灰缝厚度超标，砂浆开裂；墙体组砌灰缝不饱满、不均匀，竖向灰缝存在透明缝、瞎缝、假缝（见图 2-5-5、图 2-5-6）。

图 2-5-5 砌筑墙体灰缝开裂

图 2-5-6 墙体竖缝存在透明缝

规定要求：GB 50203—2011《砌体结构工程施工质量验收规范》第 5.1.12 条规定：竖向灰缝不应出现瞎缝、透明缝和假缝。第 9.3.5 条规定：填充墙的水平灰缝厚度和竖向灰缝宽度应正确，烧结空心砖、轻骨料混凝土小型空心砌块砌体的灰缝应为 8~12mm；蒸压加气混凝土砌块砌体当采用水泥砂浆、水泥混合砂浆或蒸压加气混凝土砌块砌筑砂浆时，水平灰缝厚度和竖向灰缝宽度不应超过 15mm；当蒸压加气混凝土砌块砌体采用蒸压加气混凝土砌块粘结砂浆时，水平灰缝厚度和竖向灰缝宽度宜为 3~4mm。

GB 50924—2014《砌体结构工程施工规范》第 6.1.1 条规定：砖砌体的灰缝应横平竖直，厚薄均匀。水平灰缝厚度和竖向灰缝宽度宜为 10mm，但不应小于 8mm，且不应大于 12mm。

预防措施：砌筑时应控制砌块的含水量；砂浆的品种必须符合设计要求；设置皮数杆，控制砂浆的铺设厚度；对砌体进行适当的保湿养护。施工技术人员和监理工程师应加强墙体砌筑施工过程的检查，发现问题及时纠正。

（二）二次结构

构造柱及圈（过）梁是填充墙围护结构中二次结构的重要施工内容，其施工质量直接关系到砌筑墙体的使用安全。常见问题主要是施工单位未按规定设置构造柱和过梁以及拉结筋设置不规范等。

典型问题 1：构造柱截面尺寸不符合设计要求，混凝土振捣不密实，上端未伸至梁底或端部用砂浆填塞，顶端未植筋；砌体端部未设置构造柱（见图 2-5-7、图 2-5-8）。

规定要求：GB 50003—2011《砌体结构设计规范》第 10.2.5 条对多层砖砌体房屋构造柱规定如下：①构造柱的最小截面可为 180mm × 240mm（墙厚 190mm 时可为 180mm × 190mm）；构造柱纵向钢筋宜采用 4Φ12，箍筋直径可采用 6mm，间距不宜大于

250mm；且在柱上、下端适当加密；当 6、7 度超过六层、8 度超过五层和 9 度时，构造柱纵向钢筋宜采用 4Φ14，箍筋间距不应大于 200mm；房屋四角的构造柱应适当加大截面及配筋；②构造与圈梁连接处，构造柱的纵筋应在圈梁纵筋内侧穿过，保证构造柱纵筋上下贯通；③构造柱可不单独设置基础，但应深入室外地面下 500mm，或与埋深小于 500mm 的基础圈梁相连。

图 2-5-7　构造柱同一根钢筋直径不同

图 2-5-8　构造柱顶部不密实

预防措施：砌体结构端部应设立构造柱，设计人员应予以考虑；对于框架梁与构造柱上部节点处未预留钢筋，后期应采用植筋处理，施工前应做好交底工作；监理工程师加强施工过程的检查。

典型问题 2：构造柱未设马牙槎，或马牙槎先进后退，高度超过 300mm（见图 2-5-9）。

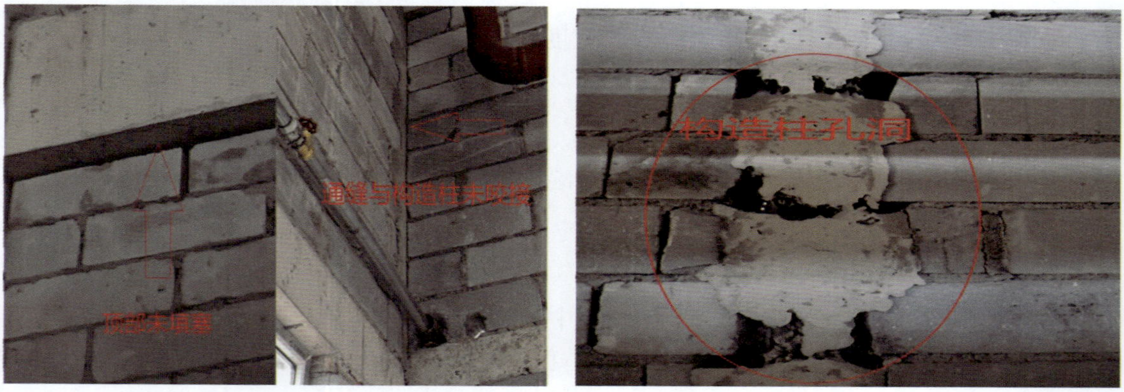

图 2-5-9　构造柱未设马牙槎

规定要求：GB 50924—2014《砌体结构工程施工规范》第 6.1.2 条规定：与构造柱相邻部位砌体应砌成马牙搓，马牙搓应先退后进，每个马牙搓沿高度方向的尺寸不宜超过 300mm，凹凸尺寸宜为 60mm。砌筑时，砌体与构造柱间应沿墙高每 500mm 设拉结钢筋，钢筋数量及伸入墙内长度应满足设计要求。

预防措施： 在组砌放样时对墙体所需预留的构造柱位置事先要有处理方案，并向施工人员进行交底。

典型问题 3： 当有洞口的填充墙末端至门窗洞口边距离小于 240mm 时，未采用钢筋混凝土门窗框（见图 2–5–10）。

图 2–5–10　未按规定采用钢筋混凝土门窗框

规定要求： GB 50003—2011《砌体结构设计规范》第 6.3.4 条规定，填充墙与框架的连接，可根据设计要求采用脱开或不脱开的方法。有抗震设防要求时宜采用填充墙与框架脱开的方法。当填充墙与框架采用不脱开的方法时，宜符合下列规定：当填充墙有洞口时，宜在窗洞口的上端或下端，门洞口的上端设置钢筋混凝土带，钢筋混凝土带应与过梁的混凝土同时浇筑，其过梁的断面和配筋由设计确定。钢筋混凝土带的混凝土强度等级不小于 C20。当有洞口的填充墙尽端至门窗洞口边距离小于 240mm 时，宜采用钢筋混凝土门窗框。

预防措施： 在施工图会检或施工过程中，若发现此类问题需联系设计人员按规范要求出具设计变更通知。

典型问题 4： 墙体中超过 300mm 的宽洞口未设置钢筋混凝土过梁（见图 2–5–11）。

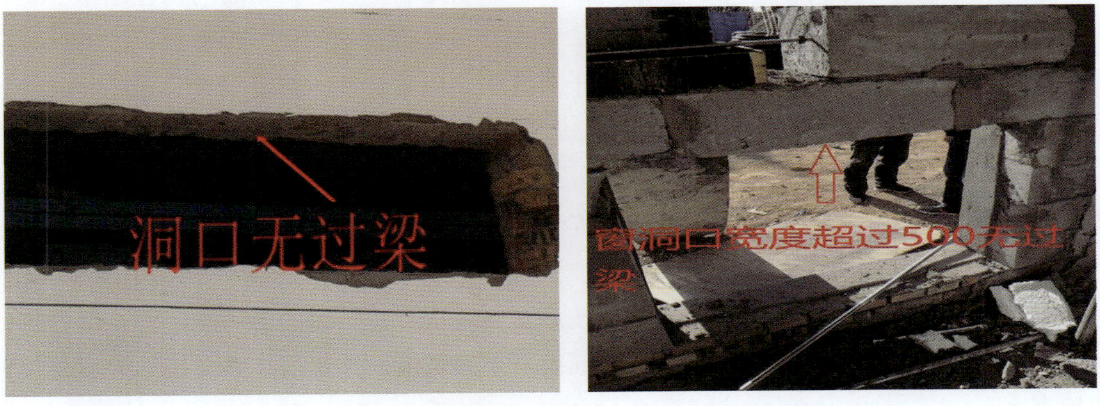

图 2–5–11　超过 300mm 的洞口未设置混凝土过梁

规定要求：GB 50203—2011《砌体结构工程施工质量验收规范》第 3.0.11 条规定：设计要求的洞口、管道、沟槽应于砌筑时正确的留出或预埋，未经设计同意，不得打凿墙体和在墙体上开凿水平沟槽。宽度超过 300mm 的洞口上部，应设置钢筋混凝土过梁。不应在截面长边小于 500mm 的承重墙体，独立柱内埋设管线。

预防措施：在组砌放样时对墙体的所需预留的洞口事先要有策划方案，并在技术交底时向施工人员交代清楚。

典型问题 5：墙体拉结筋设置不规范，常见问题有墙体拉结筋位置与砌体灰缝位置不吻合，拉结筋需弯折后置于灰缝中，竖向位置偏差超过一皮砖；拉结筋锚固长度不足（见图 2-5-12）。

图 2-5-12 墙体拉结筋锚固不符合要求

规定要求：GB 50203—2011《砌体结构工程施工质量验收规范》第 8.2.3 条第 2 款规定：预留拉结钢筋的规格、尺寸、数量及位置正确，拉结钢筋应沿墙高每隔 500mm 设 2Φ6，伸入墙内不宜小于 600mm，钢筋的竖向移位不应超过 100mm，且竖向移位每一构造柱不得超过 2 处。第 9.2.2 条规定：填充墙体应与主体结构可靠连接，其连接构造应符合设计要求，未经设计同意，不得随意改变连接构造方法。每一填充墙与柱的拉结筋的位置超过一皮块体高度的数量不得多于一处。同时，第 9.3.3 条规定：填充墙留置的拉结筋或网片的位置应与块体皮数相符合。拉结钢筋或网片应置于灰缝中，埋置长度应符合设计要求，竖向位置偏差不应超过 1 皮高度。

GB 50003—2011《砌体结构设计规范》第 8.2.9 条对组合砖墙的材料和构造规定如下：砖砌体与构造柱的连接应砌成马牙槎，并应沿墙高每隔 500mm 设 2 根直径 6mm 的接结钢筋，且每边伸入墙内不宜小于 600mm。

预防措施：施工单位技术人员在进行技术交底时应将拉结钢筋的间隔、伸长墙内长度向施工人员明确交底；施工过程中，拉结筋统一下料长度，砌筑前加强对拉结筋放置位置的检查。

典型问题 6：后植筋拉拔试验样本数量不足，植筋不牢固（见图 2-5-13）。

图 2-5-13 后植筋不牢固

规定要求：GB 50203—2011《砌体结构工程施工质量验收规范》第 9.2.3 条规定：填充墙与承重墙、柱、梁的连接钢筋，当采用化学植筋的连接方式时，应进行实体检测。锚固钢筋拉拔试验的轴向受拉非破坏承载力检验值为 6.0kN，抽检钢筋在检验值作用下应基材无裂缝，钢筋无滑移宏观裂损现象；持荷 2min 期间荷载值降低不大于 5%。检验批验收可按本规范表 B.0.1 通过正常检验一次、二次抽样判定。填充墙砌体植筋锚固力检测记录可按本规范表 C.0.1 填写。

预防措施：施工单位技术人员在编制砌体结构施工方案时应将后植筋作为关键工序，在技术交底时重点强调，力求一次性做好。在后植筋检测时应编制实体检测方案，在方案中明确样本容量和抽检数量同时要考虑抽查的均匀性。监理工程师应对后置筋的位置、观感质量和现场拉拔试验进行隐蔽前的检查验收。

（三）砂浆试块

砂浆试块是为了检验砌体砂浆强度等级，需要按不同的强度等级、砂浆种类留置一定数量的试件。砂浆试块数量不足、种类不齐是施工现场经常存在的问题，影响了对墙体围护结构验收时的评定。砂浆试块尺寸一般都是固定的，主要是边长为 70.7mm 的立方体，按标准条件在（20 ± 2）℃温度、相对湿度为 90% 以上的条件下养护至 28d 的抗压强度值确定砂浆强度等级。

典型问题：砌体砂浆试块留置数量不足，砂浆强度未评定。

规定要求：GB 50203—2011《砌体结构工程施工质量验收规范》第 4.0.12 条对砌筑砂浆试块强度验收时其强度合格标准规定如下：同一验收批砂浆试块强度平均值应大于或等于设计强度等级值的 1.10 倍；同一验收批砂浆试块抗压强度的最小一组平均值应大于或等于设计强度等级值的 85%。同时在本条备注中明确：砌筑砂浆的检验批，同一类型、强度等级的砂浆试块不应少于 3 组；同一验收批砂浆只有 1 组或 2 组试块时，每组试块抗压强度平均值应大于或等于设计强度等级值的 1.10 倍；对于建筑结构的安全等级为一级或设计使用年限为 50 年及以上的房屋，同一验收批砂浆试块的数量不得少于 3 组；砂浆强度应以标准养护，28d

龄期的试块抗压强度为准；制作砂浆试块的砂浆稠度应与配合比设计一致。

预防措施：在编制检验检测计划时应确定砌筑砂浆试块留置数量，取样人员根据检验检测计划取样。施工技术人员和监理工程师均应关注砂浆试块的制作与养护，砌体工程验收时应及时进行砂浆强度的评定，否则不予验收。

二、楼地面、屋面工程

在楼地面、屋面工程施工过程中，常见问题主要包括未按规定设置变形沉降缝（伸缩缝）、屋面渗漏以及屋面细部构造施工不规范等。上述问题主要是由施工过程质量把控不严，现场作业人员的技术交底流于形式，对细部施工工艺针对性不强造成的。

（一）地（屋）面裂缝

地面裂缝和屋面裂缝是土建工程施工过程中常见的质量缺陷，产生的原因主要是设计配筋不合理、温度收缩裂缝、不均匀沉降引起的裂缝以及施工操作过程中施工缝二次浇捣引起的裂缝等。

典型问题 1：设备基础、框架柱等与周围建筑地面邻接处，未设置沉降缝，地面开裂（见图 2-5-14、图 2-5-15）。

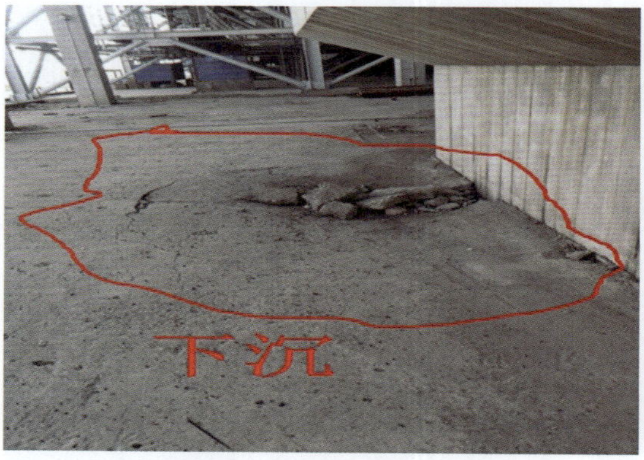

图 2-5-14　地面下沉

图 2-5-15　混凝土地坪未与框架柱隔离

规定要求：GB 50209—2010《建筑地面工程施工质量验收规范》第 3.0.16 条规定：建筑地面的变形缝应按设计要求设置，并应符合下列规定：①建筑地面的沉降缝、伸缝、缩缝和防震缝，应与结构相应缝的位置一致，且应贯通建筑地面的各构造层；②沉降缝和抗震缝的宽度应符合设计要求，缝内清理干净，以柔性密封材料填嵌后用板封盖，并应与面层齐平。

预防措施：地面室内外回填土应分层回填，控制回填厚度，每层回填土的密实度均要达到设计要求的压实系数。地坪的基础和面层按设计要求或规范规定设置分仓缝或变形缝。

典型问题 2：室外散水未设置伸缩缝，且与建筑物的变形缝未用柔性材料填嵌，散水开裂下沉（见图 2-5-16、图 2-5-17）。

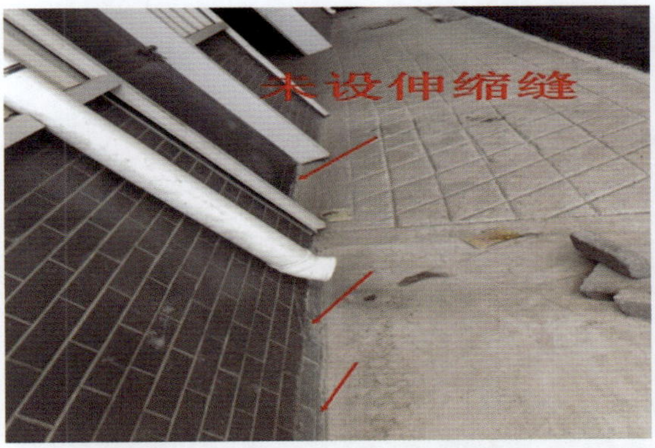

图 2-5-16　室外散水未设置伸缩缝

图 2-5-17　室外散水开裂

规定要求：GB 50209—2010《建筑地面工程施工质量验收规范》第 3.0.15 条规定：水泥混凝土散水、明沟设置伸、缩缝，其延长米间距不得大于 10m，对日晒强烈且昼夜温差超过 15℃的地区，其延长米的间距宜为 4~6m。水泥混凝土散水、明沟和台阶等与建筑物连接处及房屋转角处应设缝处理。上述缝的宽度应为 15~20mm，缝内应嵌填柔性密封材料。

预防措施：室外回填土必须分层夯实；伸缩缝之间长度不超过 10m；散水与建筑物墙体之间设变形缝，缝内应嵌填柔性密封材料。

典型问题 3：屋面砂浆保护层分仓缝大于 $1m^2$，墙边未设伸缩缝（见图 2-5-18）。

图 2-5-18　屋面保护层开裂

规定要求：GB 50345—2012《屋面工程技术规范》第 4.7.3 条规定：采用水泥砂浆做保护层时，表面应抹平压光，并应设表面分格缝、分格面积宜为 $1m^2$。第 4.7.6 条规定：块体材料、水泥砂浆、细石混凝土保护层与女儿墙或山墙之间，应预留宽度为 30mm 的缝隙，缝内宜填塞聚苯乙烯泡沫塑料，并应用密封材料嵌填。

预防措施：施工前应进行技术交底，加强施工过程中的检查监督。

（二）屋（地）面防水层

屋面渗漏是建筑房屋使用过程中经常发生的典型质量缺陷，渗漏不但影响建筑物的正常使用功能，破坏建筑物装饰装修效果，还会侵蚀建筑物的主体结构，缩短建筑物的使用寿命。

典型问题 1：卫生间蓄水试验未做，或未按要求进行防水层与面层的二次蓄水试验，地面未进行防滑试验（见图 2-5-19）。

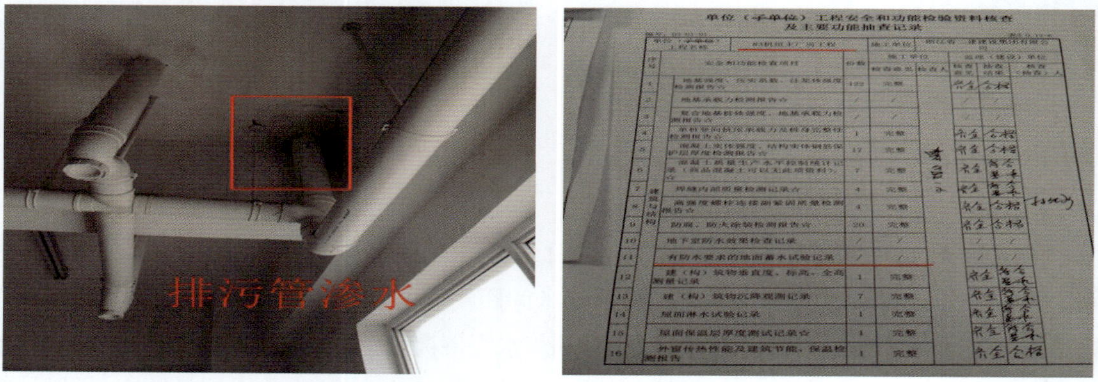

单位（子单位）工程安全和功能检验资料核查及主要功能抽查记录

序号	项目	安全和功能检查项目	份数	施工单位检查意见	检查人	监理（建设）单位核查意见	抽查结果	核查（抽查）人
1	建筑与结构	地基强度、压实系数、注浆体强度检测报告	122	完整				
2		地基承载力检测报告	/	/		/	/	
3		复合地基桩体强度、地基承载力检测报告	/	/		/	/	
4		单桩竖向抗压承载力及桩身完整性检测报告	1	完整				
5		混凝土实体强度、结构实体钢筋保护层厚度检测报告	17	完整				
6		混凝土质量生产水平控制统计记录（商品混凝土可以无此项资料）	7	完整				
7		焊缝内部质量检测记录	4	完整				
8		高强度螺栓连接副紧固质量检测报告	4	完整				
9		防腐、防火涂装检测报告	20	完整				
10		地下室防水效果检查记录	/	/		/	/	
11		有防水要求的地面蓄水试验记录	/	/		/	/	
12		建（构）筑物垂直度、标高、全高测量记录	1	完整				
13		建（构）筑物沉降观测记录	7	完整				
14		屋面淋水试验记录	1	完整				
15		屋面保温层厚度测试记录	1	完整				
16		外窗传热性能及建筑节能、保温检测报告	1	完整				

图 2-5-19　卫生间蓄水试验不符合规定

规定要求：GB 50209—2010《建筑地面工程施工质量验收规范》第 3.0.5 条规定：厕浴间和有防滑要求的建筑地面应符合设计防滑要求。第 3.0.24 条第 3 款对蓄水试验检验方法规定如下：检查防水隔离层应采用蓄水方法，蓄水深度最浅处不得小于 10mm，蓄水时间不得少于 24h；检查有防水要求的建筑地面的面层应采用泼水方法。

JGJ/T 331—2014《建筑地面工程防滑技术规程》第 9.2.1 条规定：对室内外各类地面工程防滑性能应进行现场检验，检验方法应符合表 9.2.1 的规定。

预防措施：在编制检测试验计划时应将蓄水试验、防滑试验作为质量控制点，施工过程中监理工程师应按计划及时进行检查，并应将检查情况记录在隐蔽工程记录中。

典型问题 2：屋面渗漏（见图 2-5-20）。

图 2-5-20　屋面渗漏

规定要求：GB 50207—2012《屋面工程质量验收规范》第 3.0.12 条规定：屋面防水工

程完工后，应进行观感质量检查和雨后观察或淋水、蓄水试验，不得有渗漏和积水现象。

预防措施：屋面找坡进行验收时，屋面不应有积水处；屋面细部构造要按照设计要求施工，特别是防水层的搭接与粘贴要牢固；加强屋面防水层保护，避免破坏。

典型问题 3：屋面细部构造施工不规范，常见问题有上人屋面女儿墙高度不足、上人屋面排水通气管高度不足 2m、屋面防水卷材泛水高度不足 250mm，凸出屋面的支墩处空鼓、脱落，卷材收头脱胶、屋面落水口未设篦子，周边 500mm 范围坡度不足 5%（见图 2–5–21）。

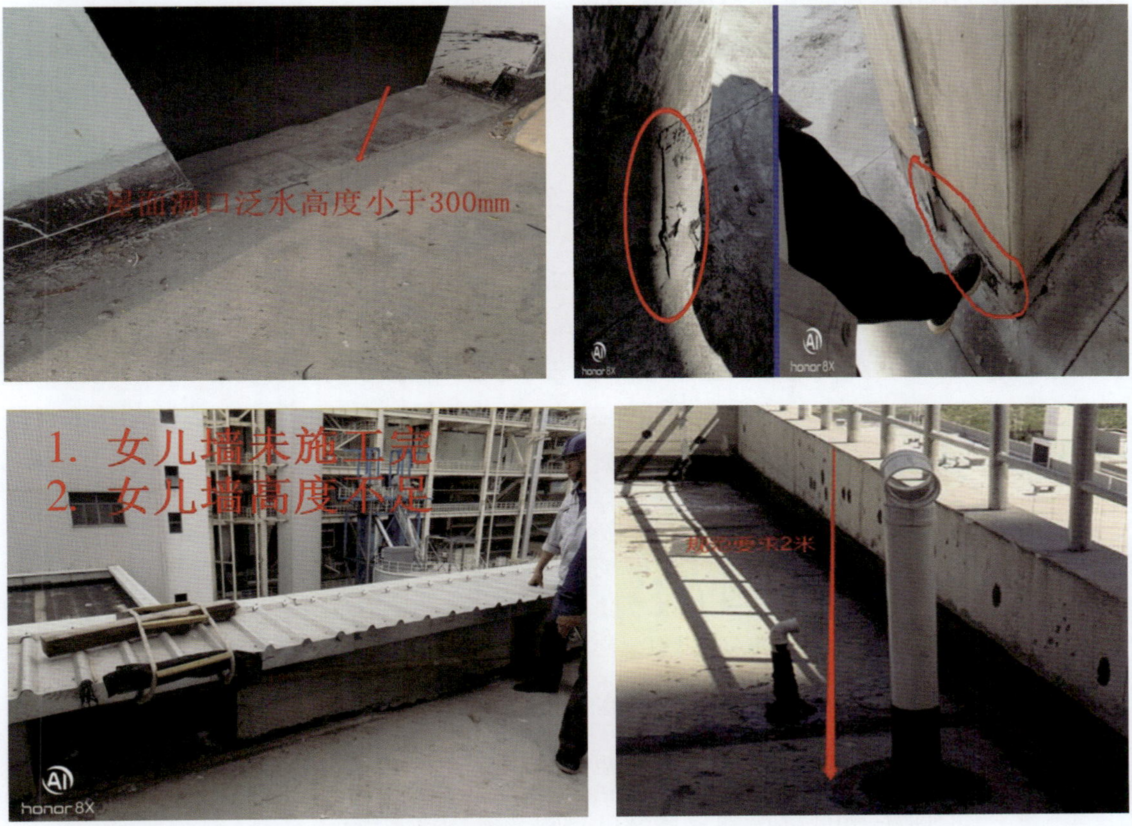

图 2–5–21　屋面细部构造施工不规范

规定要求：GB 50352—2019《民用建筑设计通则》第 6.7.3 条规定：阳台、外廊、室内迴廊、内天井、上人屋面及室外楼梯等临空处应设置防护栏杆，并应符合下列规定：①当临空高度在 24.0m 以下时，栏杆高度不应低于 1.05m，当临空高度在 24.0m 及以上时，栏杆高度不应低于 1.1m，上人屋面和交通、商业、旅馆、医院、学校等建筑临开敞中庭的栏杆高度不应低于 1.2m；②栏杆高度应从所在楼地面或屋面至栏杆扶手顶面垂直高度计算，当底面有宽度大于或等于 0.22m，且高度低于或等于 0.45m 的可踏部位时，应从可踏部位顶面算起。

GB 50242—2002《建筑给水排水及采暖工程施工质量验收规范》第 5.2.10 条排水通气管不得与风道或烟道连接，且应符合下列规定：在经常有人停留的平屋顶上，通气管应高出屋面 2m，并应根据防雷要求设置防雷装置。

GB 50345—2012《屋面工程技术规范》第 4.11.14 对女儿墙的防水构造规定如下：女儿墙泛水处的防水层应增设附加层，附加层在平面和立面的宽度均不应小于 250mm。第 4.11.16 条对重力式排水的落水口防水构造规定如下：①水落口杯应牢固地固定在承重结构上，其埋设标高应根据附加层厚度及排水坡度加大的尺寸确定；②落水口周围直径 500mm 范围内，坡度不应小于 5%，防水层下应增设涂膜附加层。

预防措施：施工单位技术人员在编制施工方案时应将屋面施工细节在方案中重点描述，方案可操作性要强；屋面细部构造应分层次验收，施工过程中监理工程师应进行旁站检查。

第六节　建筑装饰装修

建筑装饰装修是为了保护建筑物的主体结构、完善建筑物的使用功能和美化建筑物，采用装饰装修材料或饰物，对建筑物的内外表面及空间进行的各种处理过程。在建筑装饰装修施工过程中，常见问题主要包括门窗未按规定送样检测、门窗安装不牢固、室内吊顶污染、建筑物外墙渗水以及建筑物外墙瓷砖脱落等。目前，建筑装饰装修常用的技术规范见表 2-6-1。

表 2-6-1　　建筑装饰装修常用的技术规范

序号	技术规范
1	GB 50016—2014《建筑防火设计规范》
2	GB 50210—2018《建筑装饰装修工程质量验收标准》
3	JGJ 103—2008《塑料门窗工程技术规程》
4	GB 50877—2014《防火卷帘、防火门、防火窗施工及验收规范》
5	JGJ/T 205—2010《建筑门窗工程检测技术规程》
6	JGJ/T 235—2011《建筑外墙防水工程技术规范》
7	JGJ/T 235—2011《建筑外墙防水工程技术规程》
8	JGJ 126—2015《外墙饰面砖工程施工及验收规范》

一、门窗工程

在火力发电工程中，门窗种类主要包括金属门窗和特种门。其中金属门窗包括钢门窗、铝合金门窗和涂色镀锌钢板门窗等，特种门包括防火门、自动门、全玻门和旋转门等。

（一）门窗性能检测

建筑外门窗性能检测项目主要包括气密性能、水密性能以及抗风压性能、保温性能等，其中抗风压性能是最重要指标。

典型问题 1：缺少外门窗的气密性能、水密性能、抗风压性能、保温性能检测报告（见图 2-6-1）。

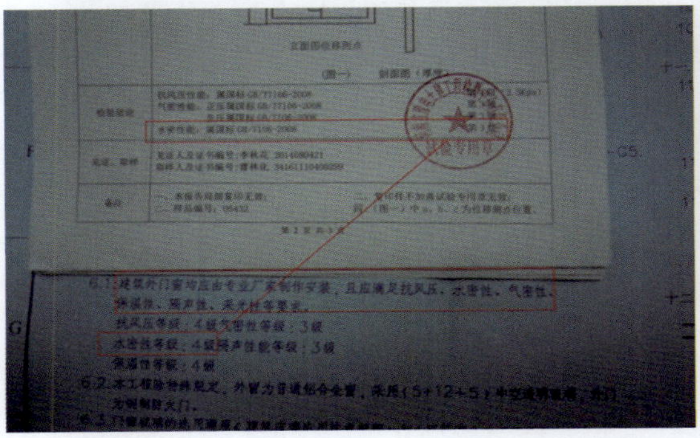
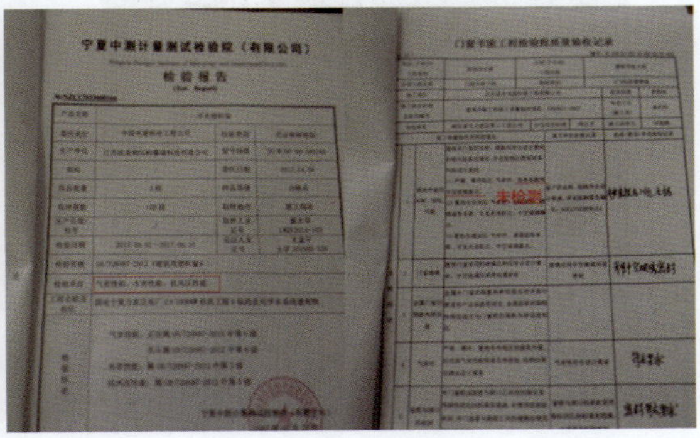

图 2-6-1　缺少外门窗检测报告

规定要求：JGJ/T 205—2010《建筑门窗工程检测技术规程》第 4.6.3 条规定：建筑外门窗产品的气密性能、水密性能、抗风压性能的检验应符合现行国家标准 GB/T 7106—2019《建筑外门窗气密、水密、抗风压性能分级及检测方法》的规定。第 4.6.4 条规定：建筑外门窗产品的保温性能的检验应符合国家现行标准 GB/T 8484—2008《建筑外门窗保温性能分级及检测方法》的规定。

GB 50210—2018《建筑装饰装修工程质量验收标准》第 6.1.3 条对门窗工程的复验材料及其性能指标规定如下：①人造木板门的甲醛释放量；②建筑外窗的气密性能、水密性能和抗风压性能。

预防措施：施工单位在编制检验检测计划时应将建筑节能的检测项目包含在内；监理工程师应对施工单位报审的门窗质保资料认真审核，确保检测试验资料齐全、有效。

典型问题 2：防火门未载明产品名称、型号、规格、耐火性能和商标、制造商名称和厂址、出厂日期及产品生产批号、执行标准等信息的永久标牌，无消防身份证标识。

规定要求：GB 50877—2014《防火卷帘、防火门、防火窗施工及验收规范》第 4.3.2 条规定：每樘防火门均应在其明显部位设置永久性标牌，并应标明立品名称、型号、规格、耐火性能及商标、生产单位（制造商）名称和厂址、出厂日期及产品生产批号、执行标准等。

预防措施：监理工程师在防火门验收时应检查防火门上的永久性标识牌。

（二）门窗安装

门窗安装是建筑装饰装修中比较重要的施工项目，其安装质量直接影响建筑物的使用功能。

典型问题 1：门窗预留洞口尺寸与门窗尺寸不匹配，门窗框与墙体间隙过大，固定不牢固（见图 2-6-2）。

图 2-6-2　门窗预留洞口尺寸与门窗不匹配

规定要求：GB 50210—2018《建筑装饰装修工程质量验收标准》第 6.1.7 条规定：门窗安装前，应对门窗洞口尺寸及相邻洞口的位置偏差进行检验。同一类型和规格外门窗洞口垂直、水平方向的位置应对齐，位置允许偏差应符合下列规定：①垂直方向的相邻洞口位置允许偏差应为 10mm；全楼高度小于 30m 的垂直方向洞口位置允许偏差应为 15mm，全楼高度不小于 30m 的垂直方向洞口位置允许偏差应为 20mm；②水平方向的相邻洞口位置允许偏差应为 10mm；全楼长度小于 30m 的水平方向洞口位置允许偏差应为 15mm，全楼长度不小于 30m 的水平方向洞口位置允许偏差应为 20mm。

预防措施：门窗订制前应核定尺寸，门窗洞口按设计的门窗尺寸要求预留；门窗安装前应先对预留洞口尺寸进行检查，如尺寸偏差较大，应对洞口处理后再安装门、窗。

典型问题 2：防火门闭门器未安装或损坏，门框未填充水泥浆（见图 2-6-3）。

图 2-6-3　防火门闭门器损坏

规定要求：GB 50877—2014《防火卷帘、防火门、防火窗施工及验收规范》第 5.3.2 条规定：常闭防火门应安装闭门器等，双扇和多扇防火门应安装顺序器。第 5.3.6 条规定：防火门门框与门扇、门扇与门扇的缝隙处嵌装的防火密封件应牢固、完好。第 5.3.8 规定：钢质防火门门框内应填充水泥砂浆。门框与墙体应用预埋钢件或膨胀螺栓等连接牢固，其固定点间距不宜大于 600mm。

预防措施：施工单位在自检时和监理工程师在工程质量验收时应仔细检查门窗安装质量及附件的齐全与功能的完善。

典型问题 3：钢大门（如 A 排钢大门或卷帘门）安装不牢固，变形脱落（见图 2-6-4）。

图 2-6-4　钢大门安装不牢固

规定要求：GB 50210—2018《建筑装饰装修工程质量验收标准》第 6.3.2 条规定：金属门窗框和附框的安装应牢固。预埋件及锚固件的数量、位置、埋设方式、与框的连接方式应符合设计要求。

预防措施：钢大门安装前首先检查门框预埋件与门框连接牢固，保证门框不变形；门扇安装铰链位置正确，开启灵活，框与扇之间缝隙均匀。

典型问题 4：推拉窗安装常见问题有推拉窗开启不灵活、窗框用射钉固定、窗扇变形，无防撞块、未安装防脱落装置等（见图 2-6-5）。

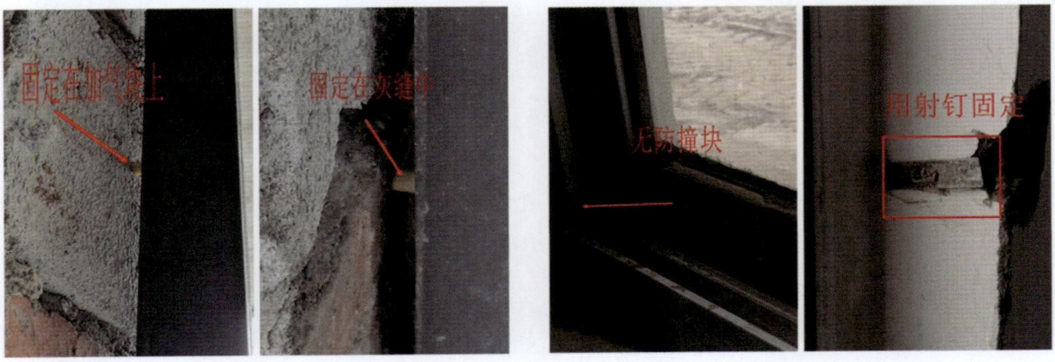

图 2-6-5　推拉窗安装不规范

规定要求： JGJ 103—2008《塑料门窗工程技术规程》第 6.2.8 条规定：建筑外窗的安装必须牢固可靠，在砖砌体上安装时，严禁用射钉枪固定。第 6.2.19 条规定：推拉门窗扇必须有防脱落装置。第 6.2.20 条规定：推拉窗安装后框扇应无可视变形，门扇关闭应严密，开关应灵活。窗扇与窗框上下搭接量的实测值（导轨顶部装滑轨时，应减去滑轨高度）均不应小于 6mm。门扇与门框上下搭接量的实测值（导轨顶部装滑轨时，应减去滑轨高度）均不应小于 8mm。

GB 50210—2018《建筑装饰装修工程质量验收标准》第 6.1.11 条规定：建筑外门窗安装必须牢固。在砌体上安装门窗严禁采用射钉固定。第 6.1.12 条规定：推拉门窗扇必须安装牢固，必须安装防脱落装置。

预防措施： 施工单位在自检时和监理工程师在工程质量验收时应认真检查门窗安装质量及附件是否齐全。

典型问题 5： 金属窗未设置泄水孔，窗框四周未打密封胶（见图 2-6-6、图 2-6-7）。

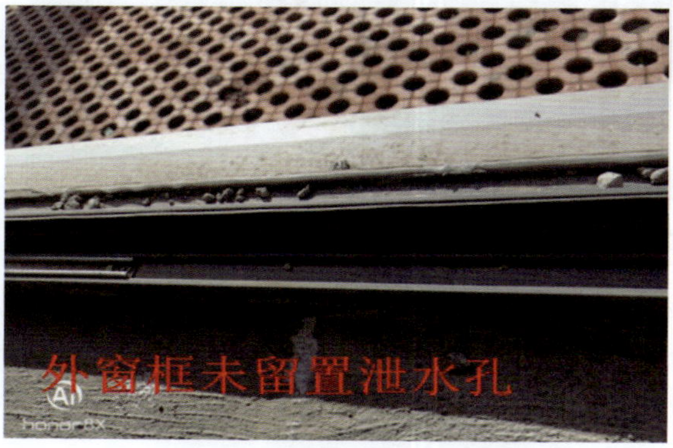

图 2-6-6　金属窗未设置泄水孔

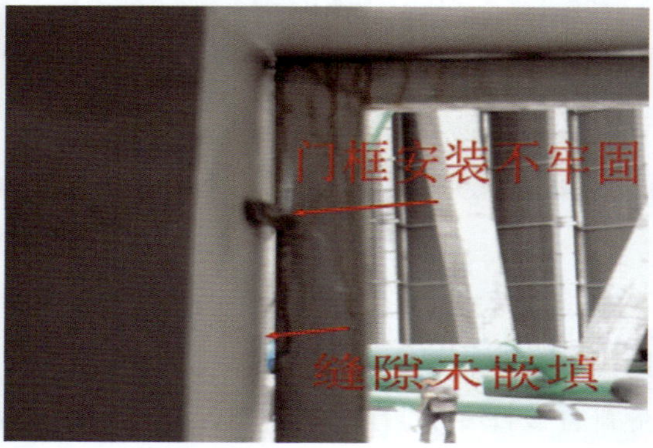

图 2-6-7　窗框四周缝隙未填充

规定要求： GB 50210—2018《建筑装饰装修工程质量验收标准》第 6.3.9 条规定：排水孔应畅通，位置和数量应符合设计要求。第 6.4.4 条规定：窗框与洞口之间的伸缩缝内应采用聚氨酯发泡胶填充，发泡胶填充应均匀、密实。发泡胶成型后不宜切割。表面应采用密封胶密封。密封胶应粘结牢固，表面应光滑、顺直、无裂纹。

预防措施： 施工单位技术人员在技术交底时应将排水孔等施工细节重点强调；施工单位在自检时和监理在工程质量验收时应仔细检查门窗安装质量及附件的齐全与功能的完善。

二、建筑外墙装修

建筑外墙装修主要包括抹灰层、涂刷、外墙涂料涂刷以及外墙瓷砖粘贴等内容，常见问题主要包括外墙涂料开裂、外墙瓷砖脱落以及外墙渗漏等。

典型问题 1： 墙体抹灰层起壳开裂。

规定要求： GB 50210—2018《建筑装饰装修工程质量验收标准》第 4.2.4 条规定：抹灰层与基层之间及各抹灰层之间应粘结牢固，抹灰层应无脱层和空鼓，面层应无爆灰和裂缝。

预防措施：抹灰基层应清除杂物，不应有浮灰；抹灰层厚度应控制在 25~35mm，砂浆抹灰层应按三遍抹至设计厚度；外墙粉刷砂浆宜加抗裂纤维。

典型问题 2：建筑物外墙渗水（见图 2–6–8）。

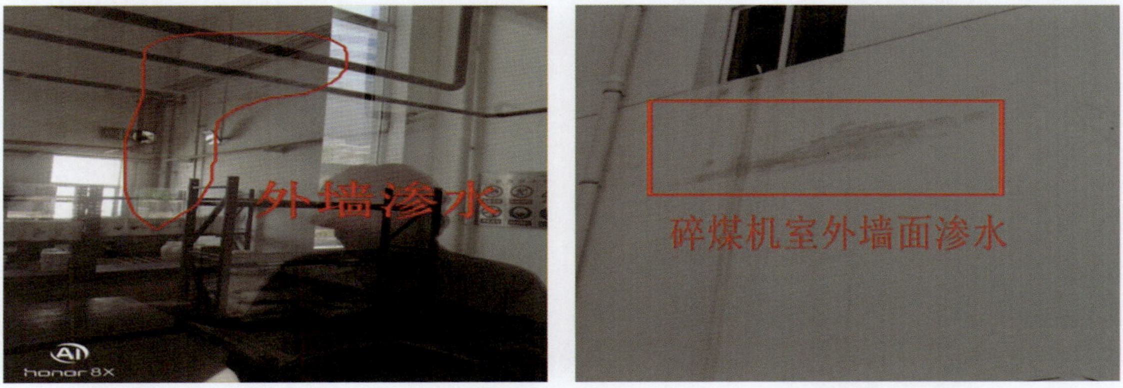

图 2–6–8 建筑物外墙渗水

规定要求：JGJ/T 235—2011《建筑外墙防水工程技术规范》第 3.0.1 条规定：建筑外墙防水应具有阻止雨水、雪水侵入墙体的基本功能，并应具有抗冻融、耐高低温、承受风荷载等功能。

预防措施：外墙粉刷前墙面孔洞封堵应严实；墙面基层不同材料相交部位的抹灰层应采用金属网或玻璃纤维网格布进行加强，加强网应超过相交部位不少于 100mm；墙面突出部位或有防水要求的部位应进行防水构造处理后再进行面层粉刷。

典型问题 3：建筑物外墙涂料起皮及产生裂缝（见图 2–6–9）。

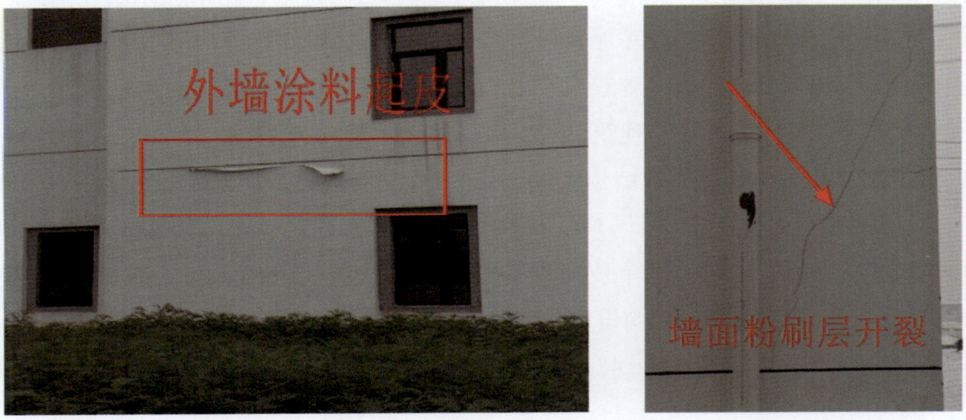

图 2–6–9 建筑物外墙涂料起皮及裂缝

规定要求：GB 50210—2018《建筑装饰装修工程质量验收规范》第 12.3.3 条规定：溶剂型涂料涂饰工程应涂饰均匀、粘结牢固，不得漏涂、透底、开裂、起皮和反锈。

预防措施：在涂饰前应在混凝土或砂浆基层上涂刷抗碱封闭底漆；墙面面层涂料应具

有较好的柔性，上下层涂料的收缩性、坚硬性、膨胀性应一致；分层涂刷，控制涂层厚度。

典型问题 4： 建筑物外墙瓷砖粘接不牢固，脱落（见图 2–6–10）。

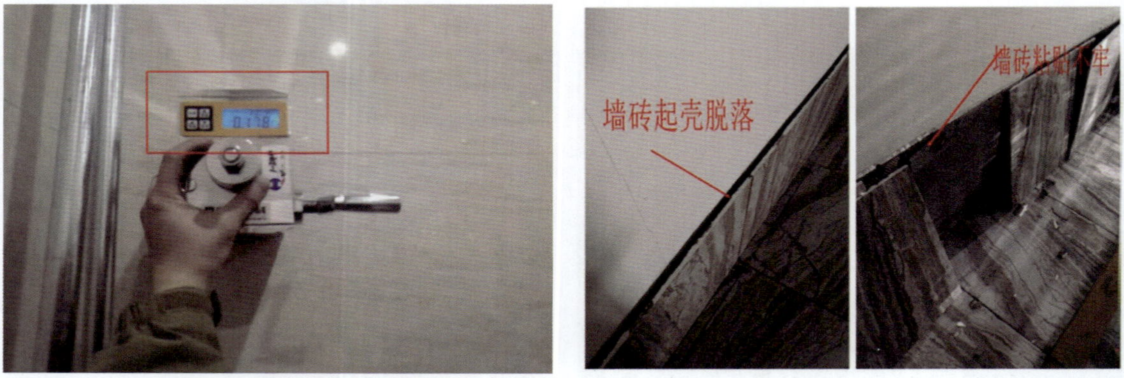

图 2–6–10　外墙瓷砖粘接不牢固

规定要求： GB 50210—2018《建筑装饰装修工程质量验收标准》第 10.3.4 条规定：外墙饰面砖粘贴应牢固。

预防措施： ①基层砂浆的粘结强度应符合设计要求；②面砖在粘贴前在净水中浸泡 2 小时，取出晾干后使用；③面砖粘贴时背后应满铺贴接砂浆。

三、室内装修

室内装修主要包括：吊顶、墙体涂刷、地面装饰、木作造型以及油漆等。常见问题主要包括装饰装修二次设计未经原设计单位确认以及吊顶内设备未组织隐蔽验收等。

典型问题 1： 缺少装饰装修二次设计施工图，或二次设计施工图未经原设计单位确认。

规定要求： GB 50210—2018《建筑装饰装修工程质量验收标准》第 3.1.3 条规定：承担建筑装饰装修工程设计的单位应对建筑物进行了解和实地勘察，设计深度应满足施工要求。由施工单位完成的深化设计应经建筑装饰装修设计单位确认。第 3.1.4 条规定：既有建筑装饰装修工程设计涉及主体和承重结构变动时，必须在施工前委托原结构设计单位或者具有相应资质条件的设计单位提出设计方案，或由检测鉴定方案对建筑结构的安全性进行鉴定。

预防措施： 建设单位、监理单位对现场需进行二次装修的工程应要求施工单位提供装修设计图，并报原设计单位（结构设计）确认。

典型问题 2： 吊顶内管道渗漏水、污染吊顶，吊顶中的埋件、钢筋吊杆或型钢吊杆未防腐处理。

规定要求： GB 50210—2018《建筑装饰装修工程质量验收标准》第 7.1.9 条规定：吊顶工程中的埋件、钢筋吊杆和型钢吊杆应进行防腐处理。第 7.1.10 条规定：安装面板前应完成吊顶内管道和设备的调试及验收。

预防措施： 吊顶安装前应进行隐蔽工程验收，合格后方可进行下道工序施工。

第七节 建筑机电设备安装

建筑机电设备主要包括建筑电气、通风空调系统、给排水系统以及消防系统等。建筑机电设备安装涉及的领域和专业比较广泛，对施工人员的专业技能要求比较全面。由于现阶段各参建单位对建筑机电设备安装的重视程度不够，导致经常发生未按规定组织验收或施工不规范的现象，从而严重影响建筑物的使用功能。目前，建筑机电设备安装常用的技术规范见表 2–7–1。

表 2–7–1 建筑机电设备安装常用的技术规范

序号	技术规范
1	GB 50617—2010《建筑电气照明装置施工与验收规范》
2	GB 50303—2015《建筑电气工程施工质量验收规范》
3	GB 50301—2010《建筑物防雷工程施工与质量验收规范》
4	GB 50242—2002《建筑给水排水及采暖工程施工质量验收规范》
5	GB 50015—2019《建筑给水排水设计规范》
6	GB 50974—2014《消防给水及消火栓系统技术规范》
7	GB 50974—2014《消防给水及消火栓系统技术规范》
8	GB 50263—2007《气体灭火系统施工及验收规范》
9	GB 50261—2005《自动喷水灭火系统施工及验收规范》
10	GB 50243—2016《通风与空调工程施工质量验收规范》
11	GB 50738—2011《通风与空调工程施工规范》
12	GB 50411—2019《建筑节能工程施工质量验收规范》
13	GB 50339—2013《智能建筑工程质量验收规范》

一、建筑电气

建筑电气主要包括建筑供配电、建筑电气照明、建筑防雷与接地、建筑弱电等。在建筑电气施工过程中，常见问题主要包括照明系统未按规定组织验收、建筑照明安装不规范以及照明设施投入不足等。

典型问题 1：建筑照明安装不规范，常见问题有柔性导管与刚性导管、接线盒与灯具间柔性导管与灯具壳体未采用专用接头，工艺不美观；灯具安装不规范，如投光灯朝上安装、荧光灯装在电缆桥架上等，电子设备间的照明灯具安装在配电柜上方等（见图 2-7-1、图 2-7-2）。

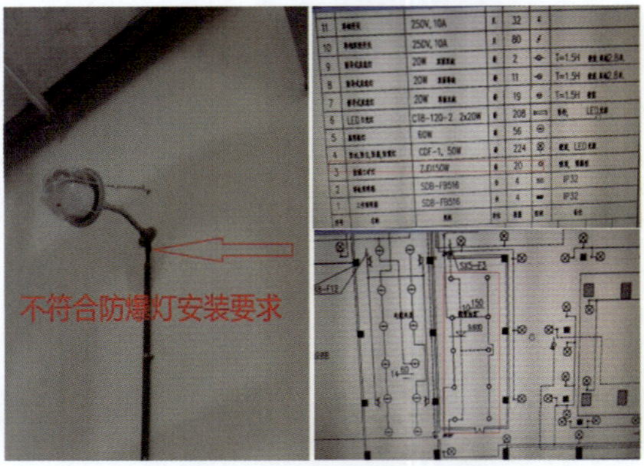

图 2-7-1　电缆导管安装不规范

图 2-7-2　照明灯具安装在设备上方

规定要求：GB 50303—2015《建筑电气工程施工质量验收规范》第 12.2.8 条对可弯曲金属导管及柔性导管敷设规定如下：可弯曲金属导管或柔性导管与刚性导管或电气设备、器具间的连接应采用专用接头；防液型可弯曲金属导管或柔性导管的连接处应密封良好，防液覆盖层应完整无损。第 18.2.4 条规定：高低压配电设备、裸母线及电梯曳引机的正上方不应安装灯具。

预防措施：电气施工作业交底时应对现场施工作业人员提出要求，施工过程中加强检查。

典型问题 2：照明设施的安装数量不符合规定，如循环水泵坑、凝结水泵坑等部位。

规定要求：GB 50303—2015《建筑电气工程施工质量验收规范》第 18.2.4 条规定：对设计有照度测试要求的场所，试运行时应检测照度，并应符合设计要求。

预防措施：电气照明验收时应核对照明灯具安装的位置、数量、照明灯具的型号等是否符合设计要求。

典型问题 3：照明系统未进行满负荷试验。

规定要求：GB 50617—2010《建筑电气照明装置施工与验收规范》第 7.1.2 条规定：公用建筑照明系统通电连续运行时间应为 24h，民用住宅照明系统通电连续运行时间应为 8h。

预防措施：电气分部工程验收时监理工程师应检查电气照明满负荷试运记录。

二、给排水及采暖工程

给排水及采暖工程主要包括室内给水系统、室内排水系统、室内热水供应系统、卫生器具安装以及室内采暖系统等。在给排水及采暖工程施工过程中，常见问题有给排水管道未按规定进行试验、管道支吊架安装不规范以及室外雨水管道未设置膨胀节等。

（一）给排水管道安装

给排水管道安装流程主要包括安装准备、预制加工、干管安装、立管安装、支管安装、卡件固定、封口堵洞以及管道试验等。由于管道安装过程质量把控不严，常发生的问题包括卡件固定不牢固和穿墙管道未设置套管等。

典型问题 1：卫生间下水管道未设置存水弯（见图 2–7–3）。

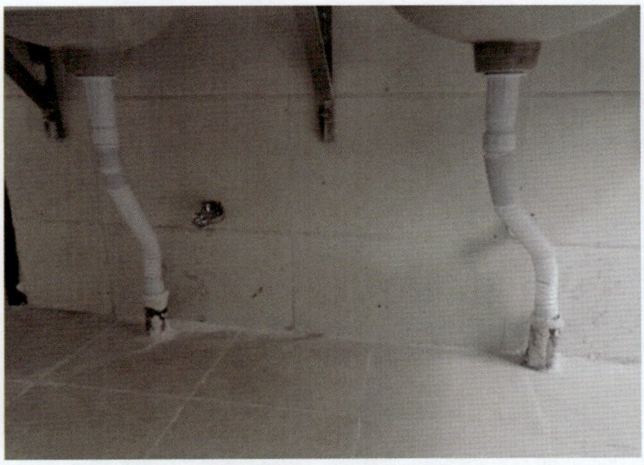

图 2–7–3　卫生间下水管道未设置存水弯

规定要求：GB 50015—2019《建筑给水排水设计规范》第 4.3.10 条规定，下列设施与生活污水管道或其他可能产生有害气体的排水管道连接时，必须在排水口以下设存水弯：①构造内无存水弯的卫生器具或无水封的地漏；②其他设备的排水口或排水沟的排水口。

预防措施：在给排水管道施工图会检时，应核查排水管道设计是否符合规范要求；在排水管道施工时施工人员应严格按设计要求进行管道布置施工。

典型问题 2：管道支吊架安装不规范，常见问题有未设置立管管卡、安装支架设置过少等（见图 2–7–4）。

图 2–7–4　管道支、吊、托架安装间距超标

规定要求：GB 50242—2002《建筑给水排水及采暖工程施工质量验收规范》第 3.3.8 条规定：钢管水平安装的支、吊架间距不应大于表 3.3.8 的规定。第 3.3.9 条规定：采暖、给水及热水供应系统的塑料管及复合管垂直或水平安装的支架间距应符合表 3.3.9 的规定。采用金属制作的管道支架，应在管道与支架间加衬非金属垫或套管。

预防措施：施工交底时应向作业人员明确管道支架的型式、间距要求，施工过程中加强检查与督促。

典型问题 3：管道穿越地面处未设置套管（见图 2-7-5）。

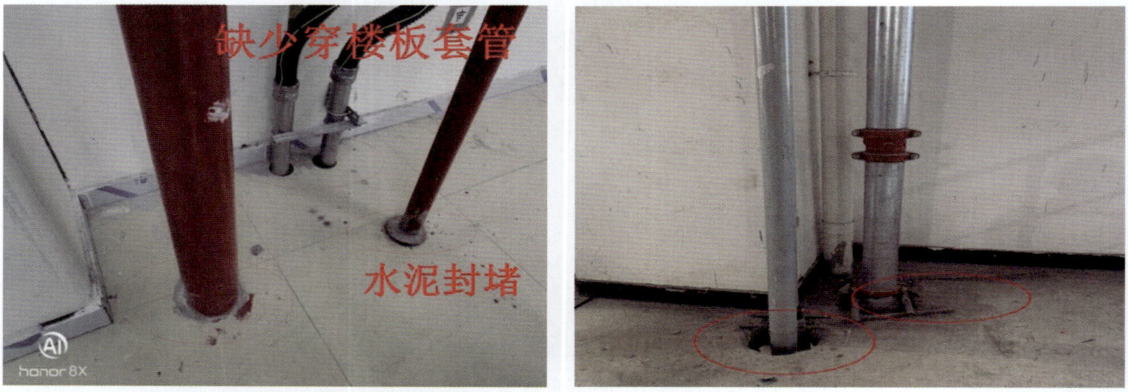

图 2-7-5　管道穿越地面处未设置套管

规定要求：GB 50242—2002《建筑给水排水及采暖工程施工质量验收规范》第 3.3.13 条规定：管道穿过墙壁和楼板，应设置金属或塑料套管。安装在楼板内的套管，其顶部应高出装饰地面 20mm；安装在卫生间及厨房内的套管，其顶部应高出装饰地面 50mm，底部应与楼板底面相平；安装在墙壁内的套管其两端与饰面相平。穿过楼板的套管与管道之间缝隙应用阻燃密实材料和防水油膏填实，端面光滑。穿墙套管与管道之间缝隙宜用阻燃密实材料填实，且端面应光滑。管道的接口不得设在套管内。

预防措施：在混凝土楼板浇筑时核对穿楼层管道的位置以及套管的预埋。管道水压试验后督促施工单位对穿墙（楼层）套管进行密封封堵。

典型问题 4：室外雨水管未设置伸缩节，雨水至地面暗排管未在地面上部设置检查口（见图 2-7-6、图 2-7-7）。

图 2-7-6　雨水管底部未设置检查口

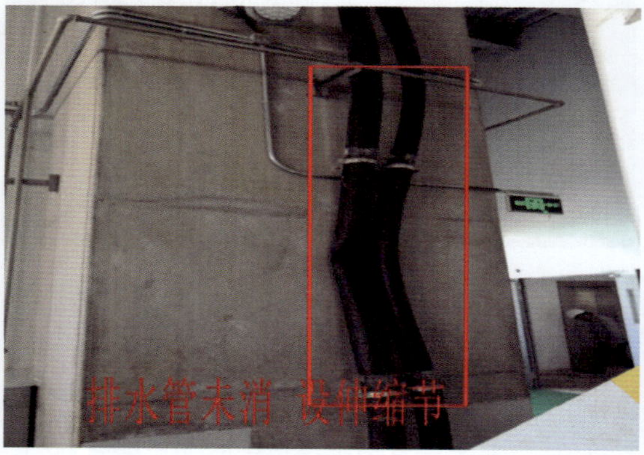

图 2-7-7　排水管未设置伸缩节

规定要求：GB 50242—2002《建筑给水排水及采暖工程施工质量验收规范》第 5.2.4 条规定：排水塑料管必须按设计要求及位置装设伸缩节。如设计无要求时，伸缩节间距不得大于 4m。高层建筑中明设排水塑料管道应按设计要求设置阻火圈或防火套管。

GB 50015—2019《建筑给水排水设计规范》第 5.2.25 条规定：建筑物内设置的雨水管道系统应密闭，有埋地排出管的屋面雨水排出管系，在底层立管上宜设检查口。

预防措施：施工前应按设计要求对施工作业人员进行交底。

（二）给排水管道试验

给排水管道试验主要包括安装阶段的通球试验以及安装完成后的水压试验、严密性试验和满水试验等，隐蔽或埋地的排水管道在隐蔽前必须做灌水试验。

典型问题 1：排水立管及水平管未按规定进行 100% 通球试验。

规定要求：GB 50242—2002《建筑给排水及采暖工程质量验收规范》第 5.2.5 条规定：排水主立管及水平干管管道均应做通球试验，通球球径不小于排水管道管径的 2/3，通球率必须达到 100%。

预防措施：监理工程师应进行排水管道的通球试验的现场见证，并督促施工单位做好通球试验记录。

典型问题 2：未按规定进行给水管道压力试验、卫生洁具满水试验。

案例：采暖管道未进行水压试验，投运后发生渗漏（见图 2–7–8）。

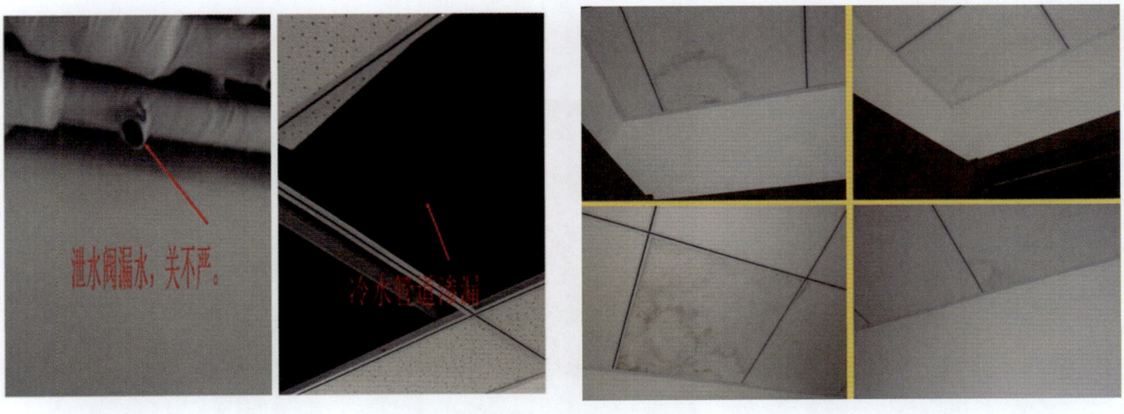

图 2–7–8　采暖管道渗漏

规定要求：GB 50242—2002《建筑给水排水及采暖工程施工质量验收规范》第 3.3.16 条规定：各种承压管道系统和设备应做水压试验，非承压管道系统和设备应做灌水试验。第 8.6.1 条规定：采暖系统安装完毕，管道保温之前应进行水压试验。试验压力应符合设计要求。当设计未注明时，应符合下列规定：①蒸汽、热水采暖系统，应以系统顶点工作压力加 0.1MPa 作水压试验，同时在系统顶点的试验压力不小于 0.3MPa。②高温热水采暖系统，试验压力应为系统顶点工作压力加 0.4MPa。③使用塑料管及复合管的热水采暖系统，应以系统顶点工作压力加 0.2MPa 作水压试验，同时在系统顶点的试验压力不小于 0.4MPa。检验方法：使用钢管及复合管的采暖系统应在试验压力下 10min 内压力降不大于 0.02MPa，降至工作压力后检查，不渗、不漏；使用塑料管的采暖系统应在试验压力下 1h 内压力降不大于 0.05MPa，然后降压至工作压力的 1.15 倍，稳压 2h，压力降不大于 0.03MPa，同时各连接处不渗、不漏。

预防措施：给水管道验收时应对室外管道和室内管道分别进行水压试验，并做好水压试验记录。卫生洁具安装完毕后应进行满水试验，检查接头渗漏情况。采暖管道在安装完成后按要求进行水压试验，并做好记录，方可进行下道工序。

典型问题 3：生产给水管道未进行冲洗、消毒。

规定要求：GB 50242—2002《建筑给水排水及采暖工程施工质量验收规范》第 4.2.3 条规定：生产给水系统管道在交付使用前必须冲洗和消毒，并经有关部门取样检验，符合国家《生活饮用水标准》方可使用。

预防措施：饮用水管道在移交使用前，施工单位应进行冲洗、消毒，并取样化验合格后方可进行验收移交。

三、通风与空调工程

通风工程包括送风、排风、防排烟、除尘以及气力输送系统等，空调工程是舒适性空调、恒温恒湿空调和洁净室内空气净化及空气调节系统的总称。在火力发电工程中，通风与空调工程主要包括建筑物内通风和主厂房内中央空调系统等。

典型问题：轴流风机未加装外罩（见图 2–7–9）。

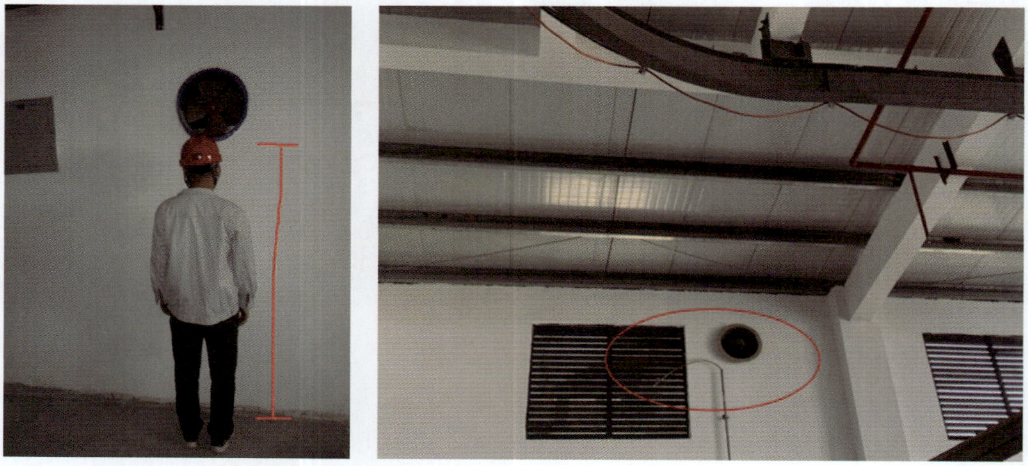

图 2–7–9　轴流风机未加装外罩

规定要求：GB 50243—2016《通风与空调工程施工质量验收规范》第 7.2.2 条规定：通风机传动装置的外露部位以及直通大气的进、出风口，必须装设防腐护罩、防护网或采取其他安全防护措施。

预防措施：在进行通风、空调设备在单机试转和分部试转前，首先应进行设备的安全防护装置检查，确认符合设计要求后方可进行试转。

四、建筑节能工程

建筑节能分部工程是建筑单位工程验收的重要内容，主要包括围护结构节能工程、供暖空调节能工程、配电照明节能工程以及监测控制节能工程等。在建筑节能工程施工过程中，常见问题有墙体保温板未组织进场复验和外窗及外墙未进行节能性能现场实体检验。

典型问题 1：低压配电系统的电缆、电线截面和导体电阻值未进行检测。

规定要求：GB 50411—2019《建筑节能工程施工质量验收规范》第 12.2.3 条规定：低压配电系统使用的电线、电缆进场时，应对其导体电阻值进行复验，复验应为见证取样检验。第 12.3.1 条规定：配电系统选择的导体截面不得低于设计值。

预防措施：电缆进场报审时应由监理进行见证取样试验，试验合格后方可使用。

典型问题 2：墙体（屋面）保温板未组织进场复验；或者复验时检测项目不全，比如未进行燃烧性能检测（见图 2–7–10、图 2–7–11）。

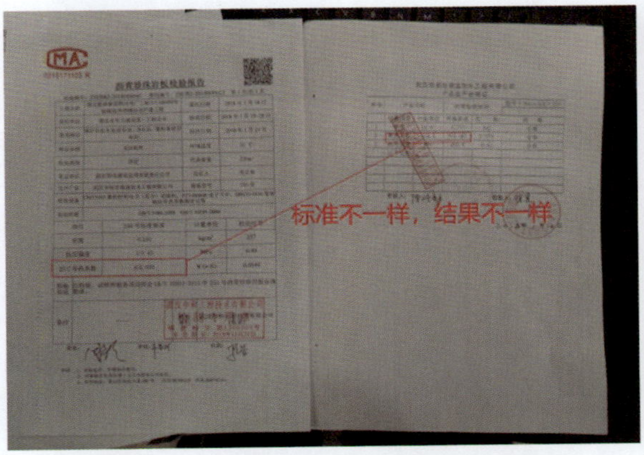

图 2–7–10 保温板检测时采用标准不正确

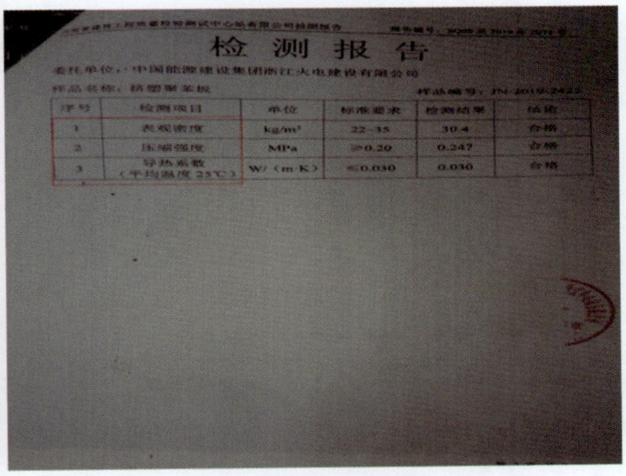

图 2–7–11 未进行燃烧性能检测

规定要求：GB 50411—2019《建筑节能工程施工质量验收规范》第 4.2.2 条第 2 款规定，墙体节能工程使用的材料、产品进场时，应对其下列性能进行复验，复验应为见证取样检验：复合保温板等墙体节能定型产品的传热系数或热阻、单位面积质量、拉伸粘结强度、燃烧性能（不燃材料除外）。第 7.2.2 条第 1 款规定，屋面节能工程使用的材料进场时，应对其下列性能进行复验，复验应为见证取样检验：保温隔热材料的导热系数或热阻、密度、压缩强度或抗压强度、吸水率、燃烧性能（不燃材料除外）。

预防措施：墙体（屋面）保温材料进场后应由监理工程师进行见证取样复验，合格后方可使用；墙体（屋面）保温材料在现场抽样复验时均应进行燃烧性能检测。

典型问题 3：外窗及外墙节能性能未进行工程现场实体检验。

规定要求：GB 50411—2019《建筑节能工程施工质量验收规范》第 17.1.1 条规定：建筑围护结构施工完成后，应对围护结构的外墙节能构造和外窗气密性能进行现场实体检验。

预防措施：监理工程师在审核工程检测检验计划时应审核是否已包含保温节能工程实体检测试验项目，并督促施工单位按计划进行检测试验。

第三章　设备安装工程

设备安装工程是指构成建设项目生产工艺系统的各类设备、管道、线缆及其辅助装置的组合、装配和调试工程。其中，调试工程是指设备（材料）在安装过程中及安装结束移交生产前，按设计和设备（材料）技术文件规定进行调整、整定和一系列试验、试运工作，包括单体调试、分系统调试、整套启动调试和特殊调试等。

第一节　锅炉专业

锅炉专业安装主要涉及锅炉本体、烟风系统、制粉系统、脱硫系统、脱硝系统、除尘系统、灰渣系统和输煤系统等，其安装质量直接影响机组安全稳定运行。本节通过对质量监督检查过程锅炉专业发现的一系列质量问题进行分类分析，供相关人员借鉴。目前，锅炉专业常用的技术规范见表 3-1-1。

表 3-1-1　锅炉专业常用的技术规范

序号	技术规范
1	GB 50205—2020《钢结构工程施工质量验收标准》
2	GB/T 34348—2017《电站锅炉技术条件》
3	JGJ 82—2011《钢结构高强度螺栓连接技术规程》
4	DL 5190.2—2019《电力建设施工技术规范　第 2 部分：锅炉机组》
5	DL 5190.5—2019《电力建设施工技术规范　第 5 部分：管道及系统》
6	DL 5790—2019《火力发电厂烟气净化装置施工技术规范》
7	DL 647—2004《电站锅炉压力容器检验规程》
8	DL/T 612—2017《电力行业锅炉压力容器安全监督规程》
9	DL/T 5210.2—2018《电力建设施工质量验收规程　第 2 部分：锅炉机组》
10	DL/T 5210.6—2019《电力建设施工质量验收规程　第 6 部分：调整试验》
11	DL/T 869—2012《火力发电厂焊接技术规程》

续表

序号	技术规范
12	DL/T 1269—2013《火力发电厂建设工程机组蒸汽吹管导则》
13	DL/T 1113—2009《火力发电厂管道支吊架验收规程》

一、锅炉钢结构

锅炉钢结构是支撑或悬挂受热面的结构部件，是锅炉本体的重要组成部分。在锅炉钢结构安装过程中，常见问题有高强度螺栓安装不规范、锅炉大板梁扰度测量不规范和刚性梁限位装置影响膨胀等。有关高强度螺栓复检方面的典型问题已在第二章中叙述，本章不再涉及。

（一）锅炉钢架

锅炉钢架安装通常按照先炉前后炉后，先炉左后炉右，采用分段安装的方法，即每安装完一层就找正一层，高强度螺栓终紧验收之后再安装上一层钢架。相应的平台、楼梯、栏杆随层安装。安装时先装立柱再安装柱间主梁，形成稳定结构，直至一层主钢架全部吊装完毕，找正验收合格。钢架整体安装找正后，再进行板梁安装。

典型问题 1：锅炉大板梁与炉前次梁的连接焊缝有裂纹（见图 3-1-1）。

图 3-1-1　锅炉大板梁与次梁的连接焊缝有裂纹

规定要求：DL/T 869—2012《火力发电厂焊接技术规程》第 7.1.3 条焊缝表露缺陷应符合表 8 的要求：焊缝根部不允许有裂纹、未熔合。

预防措施：建设单位应按照 DL/T 647—2018《电站锅炉压力容器检验规程》的规定对

大板梁、钢结构、吊杆等锅炉承重部件进行安装前监督检查；施工单位在钢结构安装时，应按规定对钢结构厂家焊缝进行外观检查，发现焊缝缺陷应及时告知建设单位和监理单位，对大板梁等重要承重部件严禁擅自打磨修补处理。

典型问题 2：锅炉钢结构立柱顶紧间隙超过规程规定（见图 3–1–2）。

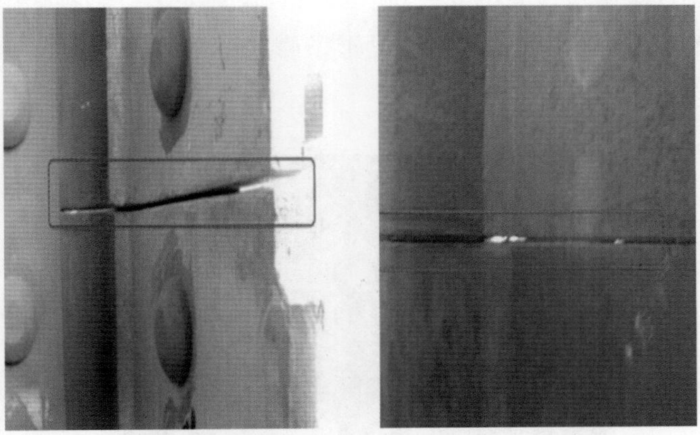

图 3–1–2　锅炉钢结构立柱顶紧间隙超差

规定要求：GB 50205—2020《钢结构工程施工及验收标准》第 10.3.2 条规定：设计要求顶紧的构件或节点、钢柱现场拼接接头接触面不应少于 70% 密贴，且边缘最大间隙不应大于 0.8mm。

预防措施：施工单位应熟悉厂家资料和《钢结构工程施工及验收标准》对钢架立柱顶紧节点接触面的要求，安装前对立柱端面的加工精度进行检查，偏差超标的应及时按规范规定处理。

典型问题 3：缺少锅炉水压试验放水后和整套启动前大板梁挠度测量记录。

规定要求：DL 5190.2—2019《电力建设施工技术规范　第 2 部分：锅炉机组》第 4.3.13 条第 2 款规定：锅炉大板梁在承重前、锅炉水压试验前、锅炉水压试验上水后、水压试验完成放水后、锅炉点火启动前应测量其垂直挠度，测量数据应符合设备技术文件的要求。

预防措施：施工单位应组织专业人员加强《电力建设施工技术规范　第 2 部分：锅炉机组》学习，对施工人员进行专业交底，严格按照规范的阶段要求组织人员进行大板梁挠度测量并做好记录，测量时应有施工单位质检人员和监理工程师参加。

典型问题 4：缺少锅炉钢架立柱 1m 标高处对角线验收记录和第一层立柱安装记录，柱顶对角线记录不符合规范规定。

规定要求：DL/T 5210.2—2018《电力建设施工验收规程　第 2 部分：锅炉机组》表 6.1.4 条关于对角线差规定：检测各立柱间的大对角线及相应的小对角线，用弹簧秤、钢尺测量。

预防措施：施工单位技术人员应熟悉规范规程中对角线差的定义和测量的要求，在钢结构安装时应按照规程规范要求的内容进行检测和记录。

（二）刚性梁

锅炉刚性梁安装一般从上向下进行，先装水平钢性梁，再装立式梁及其他付梁，最后安装刚性梁角部连接。刚性梁安装中常出的问题是焊接或栓接、膨胀间隙不符合设计要求，产生此类问题的主要原因是图纸审核不清。

典型问题 1：刚性梁限位装置的安装位置不符合设计要求，影响膨胀。

案例 1：某工程锅炉折焰角底部刚性梁卡子膨胀间隙不满足图纸 30mm 的要求（见图 3-1-3）。

图 3-1-3　刚性梁卡子膨胀间隙不符合设计要求

案例 2：某工程 6 号锅炉中间混合联箱上部水平刚性梁与垂直刚性梁底的膨胀间隙仅 140mm，不满足设计膨胀 181mm 的要求（见图 3-1-4）。

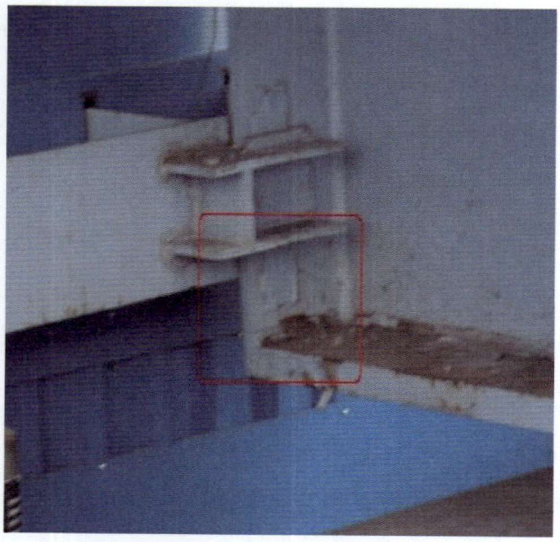

图 3-1-4　刚性梁限位装置的膨胀间隙不符合设计要求

案例 3：某工程 4 号机组右侧水冷壁出口联箱上部垂直刚性梁与限位装置的间隙不符合

图纸要求（23mm）（见图 3-1-5）。

图 3-1-5　垂直刚性梁与限位装置间隙不符合设计要求

案例 4：某工程锅炉燃烧器区域刚性梁螺栓膨胀间距不满足要求（见图 3-1-6）。

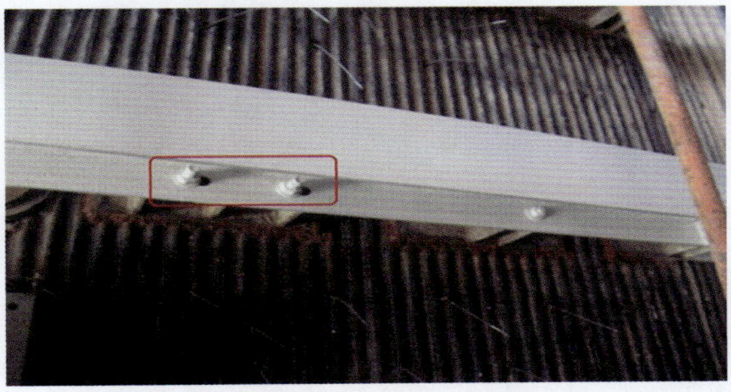

图 3-1-6　刚性梁螺栓膨胀间距不符合设计要求

案例 5：某工程 1 号锅炉运转层平台四角刚性梁导向装置处膨胀间隙过小（见图 3-1-7）。

图 3-1-7　锅炉运转层刚性梁导向装置处膨胀间隙过小

案例 6：某工程锅炉水冷壁校平装置的连接螺栓膨胀间隙不足（见图 3–1–8）。

图 3–1–8　水冷壁校平装置的连接螺栓无法膨胀

规定要求：DL 5190.2—2019《电力建设施工技术规范　第 2 部分：锅炉机组》第 5.3.4 条规定：刚性梁与受热面之间、刚性梁之间的校平装置应连接正确、牢固，且能自由膨胀。

预防措施：施工单位技术人员应熟悉图纸，掌握锅炉各部位的膨胀量和膨胀方向，在刚性梁及附件安装时按照图纸设计尺寸，结合该部位的锅炉膨胀量和膨胀方向进行定位；验收时，监理工程师应对易发生膨胀受阻的部位进行重点检查。

典型问题 2：刚性梁与受热面未按规定连接。

案例 1：某工程 4 号机组锅炉冷灰斗水冷壁转角上部螺旋水冷壁与刚性梁间拉板安装位置不符合图纸设计要求（见图 3–1–9）。

图 3–1–9　水冷壁与刚性梁间拉板安装位置不正确

案例 2：某工程 3 号机组冷灰斗刚性梁角部连接板安装位置不符合图纸要求（见图 3–1–10）。

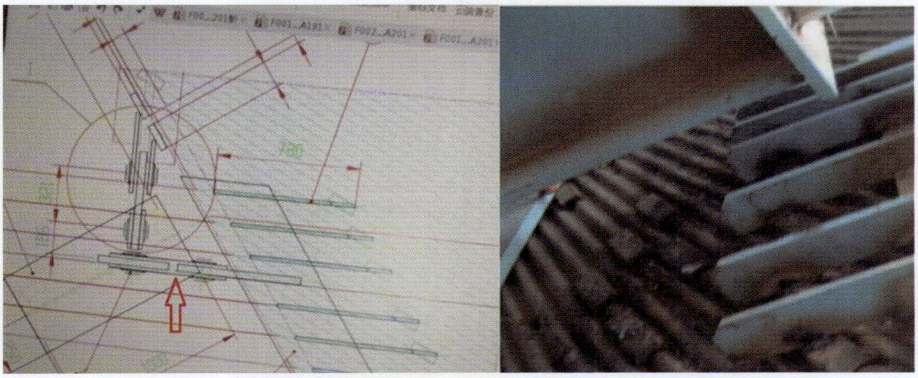

图 3–1–10　冷灰斗刚性梁角部连接板安装位置不正确

案例 3：某工程 3 号机冷灰斗水冷壁转角处前后墙刚性梁的高强度螺栓未紧固，不应与垂直刚性梁焊接（见图 3–1–11）。

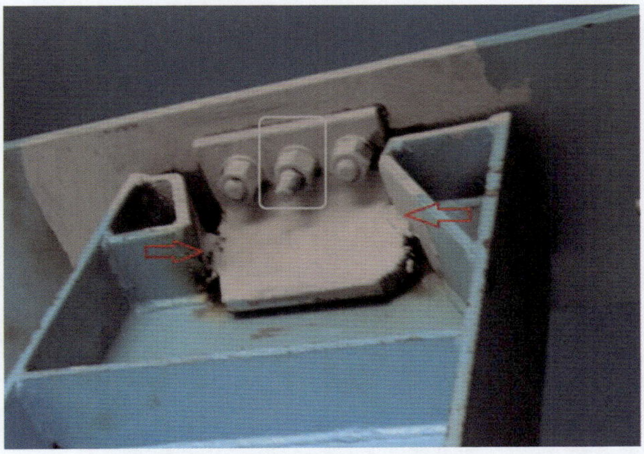

图 3–1–11　刚性梁的高强度螺栓未紧固

案例 4：某工程 3 号机组炉前左侧冷灰斗处张力板与水冷壁垫块未按设计图纸要求焊接（见图 3–1–12）。

规定要求：DL/T 5210.2—2018《电力建设施工验收规程　第 2 部分：锅炉机组》表 6.3.13 刚性梁安装规定：刚性梁与水冷壁连接符合设备技术文件要求，无漏焊、错焊，安装正确，膨胀自如。

预防措施：建设单位应组织锅炉设计人员在施工前进行设计交底；施工单位技术人员应熟悉掌握图纸中刚性梁与水冷壁、刚性梁与附件之间焊接或栓接的技术要求，并对现场施工人员进行技术交底；现场施工人员严格按照工艺要求施工并做好自检，质检人员加强过程控制，监理工程师加强中间环节检查验收。

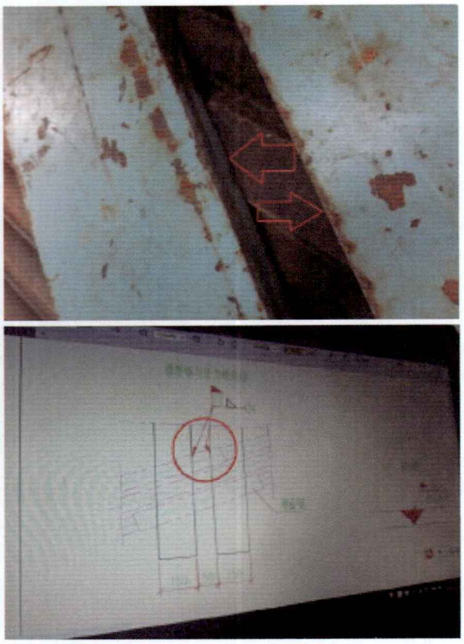

图 3-1-12　冷灰斗处张力板与水冷壁垫块未按设计要求焊接

（三）锅炉高强度螺栓

锅炉高强度螺栓安装过程中常出现螺栓穿装方向不一致、高强度螺栓未按规定终紧以及火焊切割螺栓梅花头等问题，产生上述问题的原因主要是未按施工工艺要求进行螺栓的穿装和紧固、厂家设计的结构空间小不能满足紧固工具进行操作的条件、施工检查验收不仔细等。

典型问题 1：锅炉大板梁叠梁的连接板存在高强度螺栓梅花头 100% 未被拧断，制造厂设计预留的操作空间小于（530+C）mm，C 为高强度螺栓螺母高度 + 垫片高度 +3 丝扣，单位为 mm，扭剪型高强度螺栓专用扳手无法使用（见图 3-1-13）。

图 3-1-13　高强度螺栓专用扳手无法使用

规定要求：JGJ 82—2011《钢结构高强度螺栓连接技术规程》第4.3.4条规定：设计布置螺栓时，应考虑工地专用施工工具的可操作空间要求。常用扳手可操作空间尺寸宜符合表4.3.4的要求，即扭剪型高强度螺栓可操作空间应大于（530+C）mm。

预防措施：制造厂应按照《钢结构高强度螺栓连接技术规程》的规定进行设计，在考虑结构强度的同时考虑现场安装专用工具的使用要求；建设单位、监理单位应对大板梁上的高强度螺栓进行重点验收。

图3-1-14 高强度螺栓未按规定终拧

典型问题2：锅炉钢结构扭剪型高强度螺栓未按规定终拧（见图3-1-14）。

规定要求：JGJ 82—2011《钢结构高强度螺栓连接技术规程》第6.5.2条规定：扭剪型高强度螺栓终拧检查，以目测尾部梅花头拧断为合格。

预防措施：施工中严格按照高强度螺栓的紧固力矩进行螺栓的紧固，要逐个节点进行，不能有遗漏，严格按照标准工艺要求施工；验收阶段，监理工程师应对钢结构栓接部位的紧固情况进行重点检查。

典型问题3：锅炉大板梁与次梁的螺栓连接板接触面间隙超差，未加装垫片（见图3-1-15）。

规定要求：JGJ 82—2011《钢结构高强度螺栓连接技术规程》第6.4.3条规定：对因板厚公差或安装偏差等产生的接触面间隙，应按表6.4.3规定进行处理。表中规定间隙在1.0~3.0mm时将厚板一侧磨成1∶10级坡，使间隙小于1.0mm。

预防措施：施工前专业技术人员应掌握《钢结构高强度螺栓连接技术规程》的相关规定，并对现场施工人员进行施工交底，施工人员作业中及时加装合适垫片消除连接板的接触间隙，施工单位做好中间过程验收控制，监理工程师进行验收把关。

典型问题4：锅炉钢架节点板连接高强度螺栓头有火焰切割痕迹（见图3-1-16）。

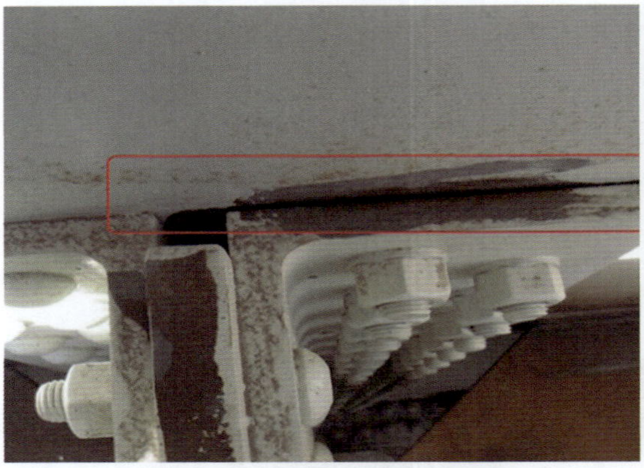

图 3-1-15　螺栓连接板接触面间隙超差

图 3-1-16　高强度螺栓头有火焰切割痕迹

规定要求：DL 5190.2—2019《电力建设施工技术规范　第 2 部分：锅炉机组》中第 4.3.10 条第 7 款规定，扭剪型高强度螺栓连接副终拧后，除因构造原因无法使用专用扳手终拧掉梅花头者外，未能终拧掉梅花头的螺栓数不应大于该节点螺栓数的 5%。对所有梅花头未拧掉的扭剪型高强度螺栓连接副应采用扭矩法或转角法进行终拧并作标记。

预防措施：施工前交底时应明确，在施工过程中高强螺栓的梅花头严禁使用火焊进行割除，梅花头未拧掉的扭剪型高强度螺栓连接副应采用扭矩法或转角法进行终拧并作标记，验收时对该部分螺栓进行重点检查。

典型问题 5：锅炉钢架节点高强度螺栓穿着方向不一致（见图 3-1-17）。

图 3-1-17　同一节点高强螺栓穿装方向不一致

规定要求：JGJ 82—2011《钢结构高强度螺栓连接技术规程》第 6.4.7 条规定：高强度螺栓的安装应在结构构件中心位置调整后进行，其穿入方向应以施工方便为准，力求保持一致。高强度螺栓连接副组装时，螺母带圆台面的一侧应朝向垫圈有倒角的一侧。对于大六角头高强度螺栓连接副组装时，螺栓头下垫圈有倒角的一侧应朝向螺栓头。

预防措施：高强度螺栓穿装前应对高强度螺栓连接副及穿装位置进行检查，穿装时应从一个方向穿装，严禁多个方向同时穿装，紧固前对螺栓穿装方向进行检查确认，并检查螺母和垫圈的安装方向。

典型问题 6：现场抽查锅炉钢梁高强度螺栓安装记录，安装验收数量多于图纸设计数量，更换的数量多于图纸设计数量，更换的数量少于安装验收数量。高强度螺栓更换签证中，缺少高强度螺栓厂家、批号、具体安装部位等内容（见图 3–1–18）。

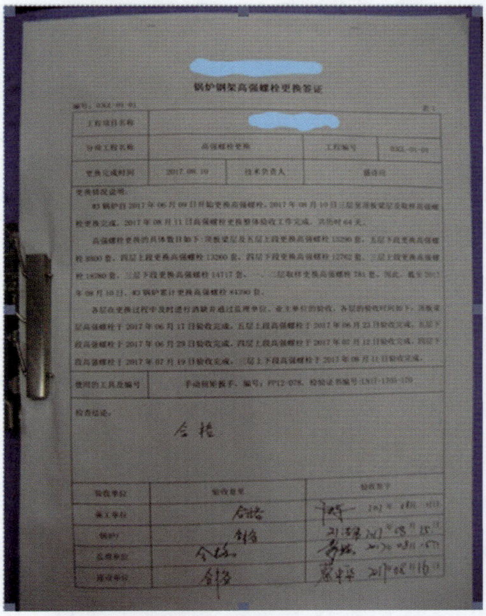

图 3–1–18　高强度螺栓安装数量与设计数量不一致

规定要求：DL/T 5210.2—2018《电力建设施工质量验收规程　第 2 部分：锅炉机组》第 3.1.12 条规定：检验批、分项工程、分部工程及单位工程质量验收文件做到数据准确，文件收集完整、签署完备，文件应符合耐久性保存要求，且符合 DL/T 241—2012《火电建设项目文件收集和档案管理规范》的规定。

预防措施：施工单位及监理单位验收时应将施工记录、签证上的相关数据与设计图纸、现场实际数量进行核对，确保施工现场的施工记录、签证的数据与设计图纸、现场安装实际数量保持一致，数据真实、有效。

典型问题 7：锅炉高强度螺栓采取露天存放，表面锈蚀严重（见图 3–1–19）。

规定要求：JGJ 82—2011《钢结构高强度螺栓连接技术规程》第 6.4.5 条规定：工地安装时，应按当天需要的高强度螺栓连接副数量领取。当天剩余的必须妥善保管，不得乱扔、乱放。第 6.4.19 条规定：经验收合格的高强度螺栓连接处，防腐、防火应按设计要求涂装。

图 3-1-19　高强度螺栓及连接板摩擦面表面锈蚀

预防措施：锅炉钢结构安装时，高强度螺栓应按照当天需要的数量进行发放和领取，当天施工剩余的螺栓及时回收退库；对于验收合格的高强度螺栓连接处施工单位应及时进行除锈和涂刷油漆施工。

二、锅炉受热面及连接管道

在锅炉受热面及连接管道安装过程中，常见问题主要包括管排间距调整不到位、限位组件和防磨装置等安装不符合设计要求、杂项管道膨胀不顺畅、支吊架调整不符合规范规定以及受热面一次密封未及时安装等。

（一）受热面

锅炉受热面安装包括设备检查（包括光谱、通球）、设备组合、设备吊装、设备调整找正、焊口对接及水压试验等过程，安装中一般由上至下进行：前炉膛先安装水冷壁后穿插安装屏式过热器、高温过热器、高温再热器管屏；后炉膛先安装包墙再安装省煤器、低温过热器、低温再热器等设备。常见问题主要包括设备变形、附件安装及间距尺寸等不符合规定要求等。

典型问题 1：锅炉高温再热器、省煤器、低温过热器、低温再热器等管排间距不均匀（见图 3-1-20）。

图 3-1-20　管排间距不均匀

规定要求： DL 5190.2—2019《电力建设施工技术规范　第 2 部分：锅炉机组》第 5.4.3 条规定：过热器、再热器组件的组合安装允许偏差应符合表 5.4.3 的规定（表中规定管排间距为 ±5mm）。

预防措施： 施工单位应做好安装前的受热面检查，发现扭曲变形的管子应进行校正；吊装时对管排采取防变形措施；找正安装期间及时进行管排的间距调整和固定。

典型问题 2： 锅炉受热面平整度不符合要求。

案例： 某工程 6 号锅炉后竖井烟道左侧包墙 56m 处向内凹陷约 30mm（见图 3-1-21）。

图 3-1-21　后竖井包墙向内凹陷

规定要求： DL 5190.2—2019《电力建设施工技术规范　第 2 部分：锅炉机组》第 5.4.8 条规定包墙管过热器组合安装应执行本部分 5.3 的有关规定（组件平面度偏差 ±5mm）。

预防措施： 施工单位在包墙过热器组合前应对设备进行检查，如发现扭曲变形、平整度超标的部位及时进行校正，吊装前应采取防变形加固措施，包墙过热器吊装就位找正后应进行临时固定及加固，刚性梁在包墙过热器找正完成后按照由上至下的顺序安装，避免造成包墙过热器变形。

典型问题 3： 受热面限位组件安装不符合要求。

案例 1： 某工程 1 号锅炉高温再热器管屏限位管支座板安装不符合设计要求（见图 3-1-22）。

案例 2： 某工程 3 号锅炉高温再热器定位管防磨组件未对正（见图 3-1-23）。

案例 3： 某工程 4 号机组中隔墙右侧下部限位装置安装影响膨胀（见图 3-1-24）。

案例 4： 某工程 4 号锅炉内受热面固定装置拉杆未点焊固定（见图 3-1-25）。

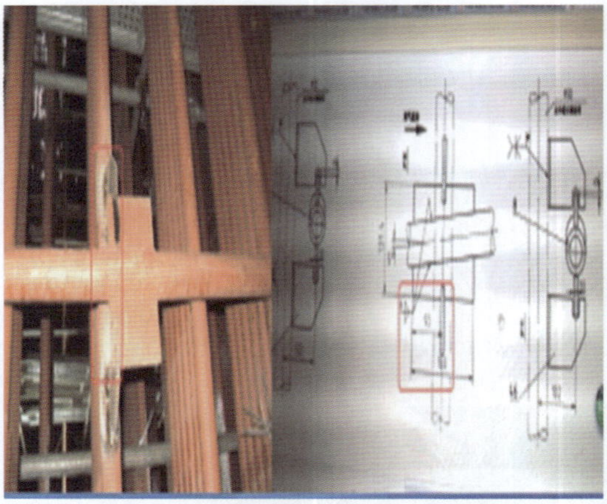

图 3-1-22　限位管支座板安装不符合设计要求

图 3-1-23　高温再热器定位管防磨组件未对正

图 3-1-24　中隔墙右侧下部限位装置影响膨胀

图 3-1-25　受热面固定装置拉杆未点焊固定

案例 5：某工程 3 号锅炉中隔墙过热器与侧包墙过热器连接板处螺栓未点焊，条形孔的膨胀间隙不满足膨胀要求（见图 3-1-26、图 3-1-27）。

图 3-1-26　条形孔的膨胀间隙不满足要求

图 3-1-27　中隔墙与侧水冷壁连接板处螺栓未安装

规定要求： DL/T 5210.2—2018《电力建设施工验收规程 第2部分：锅炉机组》表6.4.2立式过热器（再热器）安装中规定：附件（防磨、固定装置等）安装位置、角度正确，符合设备技术文件要求，安装牢固。

预防措施： 施工单位技术人员应熟悉图纸中对受热面限位组件安装的技术要求，并对现场施工人员进行技术交底；监理工程师应加强中间过程检查和验收，发现问题及时通知施工单位整改。

典型问题4： 受热面防磨装置安装不符合设计要求。

案例1： 某工程2号锅炉低温再热气、低温过热器防磨瓦未按图纸要求进行焊接（见图3-1-28）。

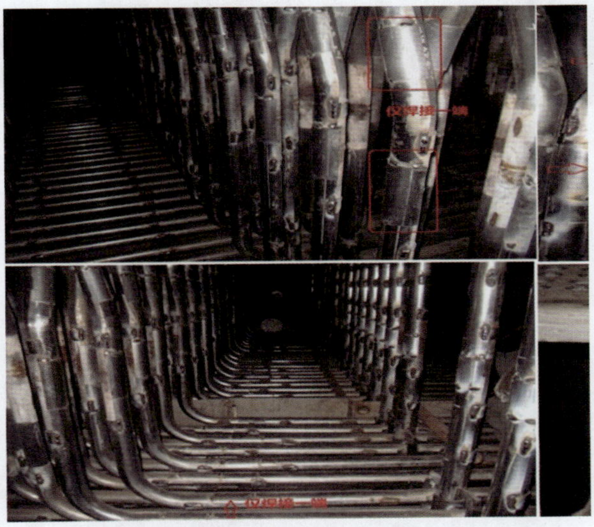

图 3-1-28 防磨瓦未按图纸要求进行焊接

案例2： 某工程6号锅炉高温再热器管屏底部与防磨瓦点焊（见图3-1-29）。

图 3-1-29 防磨瓦与高温再热器管子点焊

案例 3：某工程 3 号锅炉阻流板支架螺栓未点焊（见图 3–1–30）。

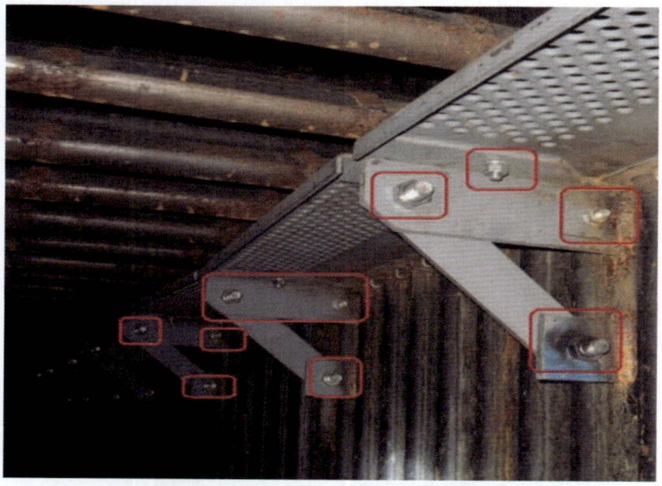

图 3–1–30　阻流板支架螺栓未点焊

案例 4：某工程 4 号锅炉内部烟气阻流板搭接板与受热面管子距离过近，热态下易造成受热面管子损坏，应割除过长段（见图 3–1–31）。

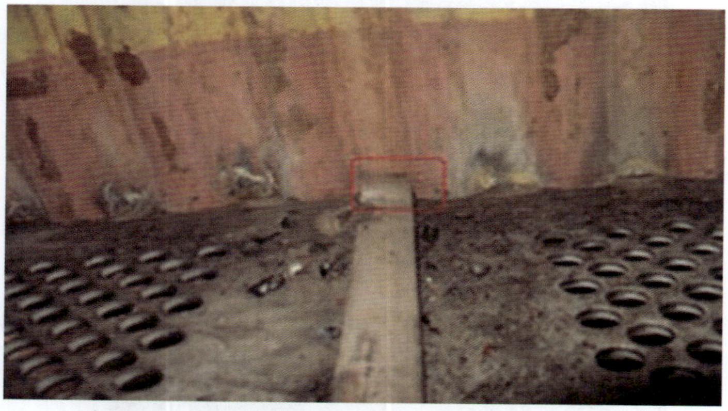

图 3–1–31　阻流板搭接板与受热面管子距离过近

规定要求：DL/T 939—2016《火力发电厂锅炉受热面管监督技术导则》第 5.4 条第 f）款规定：防磨板与管子接触良好，无漏焊，固定牢固，阻流板安装正确，符合设计要求，防磨板与管子抱箍焊接，不宜焊在管子上。

预防措施：施工单位技术人员应熟悉图纸对防磨装置、阻流板的安装技术要求，在施工过程中严格按照图纸技术要求施工，监理工程师应加强现场检查验收。

（二）炉外管道

炉外管道安装包括管道及附件检查（包括光谱和通球）、管道组合、支吊架安装、管道吊装、管道调整、管道对口焊接及支吊架调整等，炉外管道安装常见问题主要是膨胀间隙不足以及影响锅炉膨胀等。产生上述问题的主要原因是管道布置时膨胀量考虑不足。

典型问题 1：炉外管道与钢梁、栏杆等相碰，影响膨胀。

案例 1：某工程一次再热系统低温再热器出口至一次再热系统高温再热器进口连通管道吊架与钢平台栏杆相碰，间距太小，影响膨胀（见图 3-1-32）。

图 3-1-32　管道吊架与钢平台栏杆相碰

案例 2：锅炉低温再热器疏水管道与锅炉给水管道相碰（见图 3-1-33）。

图 3-1-33　低温再热器疏水管道与锅炉给水管道相碰

规定要求：DL 5190.2—2019《电力建设施工技术规范　第 2 部分：锅炉机组》第 5.5.3 条规定：受热面进出口管道及连通管应能够自由膨胀且不得阻碍受热面设备的膨胀。

预防措施：施工单位在进行小口径管道施工时，应坚持小管避大管、平台栏杆避大管的原则，提前做好管道走向和布置，留出管道的膨胀量和保温量；施工过程中发现管道交叉和碰撞问题，应及时处理。

典型问题 2：疏水、放空等杂项管道布置不符合规程规定。

案例 1：某工程锅炉放气管道、再热集箱疏水管道未设置膨胀弯，热态工况下管道膨胀受阻易变形（见图 3-1-34）。

图 3-1-34　集箱疏水管道未设置膨胀弯

案例 2：某工程锅炉一次再热系统高温再热器进口集箱中间疏水管支架距离集箱疏水管座太近，影响锅炉膨胀（见图 3-1-35）。

图 3-1-35　疏水管支架距离集箱疏水管座太近

案例 3：某工程 1 号锅炉炉顶大包内杂项管道抱箍材料与设计材质不符（见图 3-1-36）。

图 3-1-36　杂项管道抱箍材料与设计材质不符

规定要求： DL 5190.2—2019《电力建设施工技术规范　第 2 部分：锅炉机组》第 7.1.3 条第 2 款规定：吊架应布置合理，安装牢固，管系膨胀自由。第 7.2.1 条第 1 款规定：管道能自由补偿且不妨碍汽包、联箱和管系的膨胀。

预防措施： 施工单位技术人员应仔细审核图纸，根据锅炉膨胀方向和膨胀量，确定管系膨胀情况，然后进行管道的走向和布置；根据规程规定确定支吊架位置和设置合理的膨胀弯，避免管系膨胀受阻。

（三）锅炉支吊架

锅炉支吊架安装包括设备检查、光谱复查、安装支吊架根部（管部）、安装根部与管部连接件以及支吊架调整（设备安装完成后）等。常见问题主要包括支吊架偏斜、附件安装不符合规定要求等。

典型问题 1： 锅炉支吊架安装不符合要求。

案例 1： 某工程 6 号炉顶吊架弧形垫板安装角度不符合图纸要求（见图 3-1-37）。

图 3-1-37　炉顶吊架弧形垫板安装角度不符合图纸要求

案例 2：某工程 1 号锅炉低温过热器悬吊管吊杆不应焊接（见图 3–1–38）。

图 3–1–38　低温过热器悬吊管吊杆不应焊接

案例 3：某工程锅炉过热器一级减温水管道吊架的连接部位采用全螺纹螺栓（见图 3–1–39）。

图 3–1–39　减温水管道吊架的连接部位采用全螺纹螺栓

案例 4：某工程 1 号锅炉燃烧器区域送粉管道炉前支架根部未按设计要求焊接；吊架未调整到位（见图 3–1–40）。

规定要求：DL 5190.2—2019《电力建设施工技术规范　第 2 部分：锅炉机组》第 5.5.5 条第 5 款规定：吊杆的调整应在水压前进行，最终调整后应按图纸要求锁定螺母；吊杆不允许施焊或引弧。第 5.6.2 条规定：吊挂装置的吊耳、吊杆、吊板和销轴等部件的连接应牢固，焊接应符合设计要求。

DL/T 1113—2009《火力发电厂管道支吊架验收规程》第 5.2.7.6 条规定：除设计规定外，受纯剪荷载的螺栓，其承力部位不应有螺纹。

图 3-1-40　送粉管道支架根部未按设计要求焊接

预防措施：施工单位技术人员应仔细审核图纸，清点支吊架零部件；施工时严格按照图纸设计安装零部件，不能错用；吊杆上不允许施焊或引弧，监理工程师应对吊杆安装加强中间过程检查。

典型问题 2：锅炉支吊架调整不到位。

案例 1：某工程 1 号机组前顶棚过热器吊杆未受力（见图 3-1-41）。

图 3-1-41　前顶棚过热器吊杆未受力

案例 2：某工程锅炉受热面联络管道吊杆螺母未紧固到位（见图 3-1-42）。

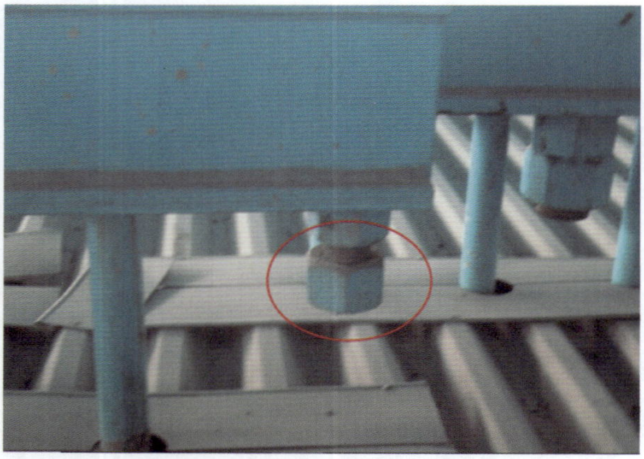

图 3-1-42　管道吊杆螺母未紧固到位

案例 3：某工程直流燃烧器吊架的主吊杆未安装锁紧螺母（见图 3-1-43）。

图 3-1-43　燃烧器吊架的主吊杆未安装锁紧螺母

案例 4：某工程 1 号机组低温再热器进口联箱支座未受力（见图 3-1-44）。

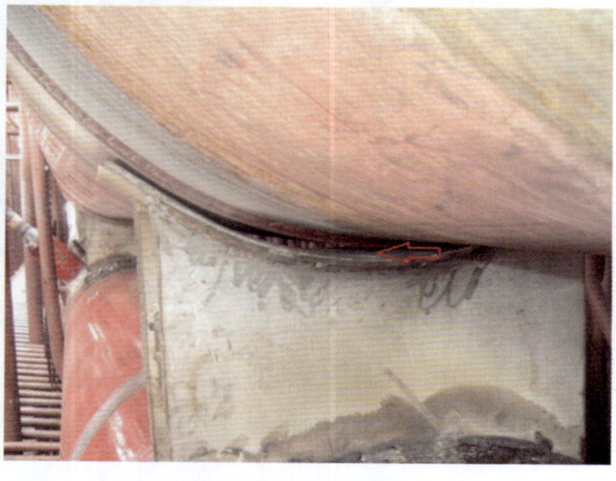

图 3-1-44　低温再热器进口联箱支座未受力

案例 5：某工程 2 号锅炉液压阻尼器冷态位置未调整（见图 3-1-45）。

图 3-1-45　液压阻尼器冷态位置未调整

案例 6：某工程 1 号机组再热器热段弹簧吊架受力过载，未调整到冷态位置（见图 3-1-46）。

图 3-1-46　再热器热段弹簧吊架受力过载

案例 7：某工程 4 号机组冷灰斗水冷壁转角处张力板下部吊架受力不均（见图 3-1-47）。

图 3-1-47　张力板下部吊架受力不均

规定要求：DL 5190.5—2019《电力建设施工技术规范 第5部分：管道及系统》第5.7.1条规定：支吊架应与管道同步安装。管道安装时，应及时进行支吊架的固定和调整。支吊架位置应正确，安装应平整、牢固，并与管道接触良好。DL 5190.2—2019《电力建设施工技术规范 第2部分：锅炉机组》第5.5.5条第5款规定：吊杆的调整应在水压前进行，最终调整后应按图纸要求锁定螺母；吊杆不允许施焊或引弧。

预防措施：施工前应严格按照规范规定进行技术交底，施工中严格执行工艺要求，在吊杆调整完成后及时将锁紧螺母进行锁紧；监理工程师应对吊杆调整情况组织专项检查验收。

（四）锅炉密封

锅炉密封安装包括材料检查（包括光谱检查）、焊口打磨、安装密封板、焊口焊接、焊后检查以及验收等程序。常见问题主要包括密封漏焊和焊接不符合设计图纸要求等问题。

典型问题1：锅炉水压试验前，受热面一次密封漏焊或焊接错误。

案例1：某工程1号锅炉水冷壁鳍片密封未焊接完（见图3-1-48）。

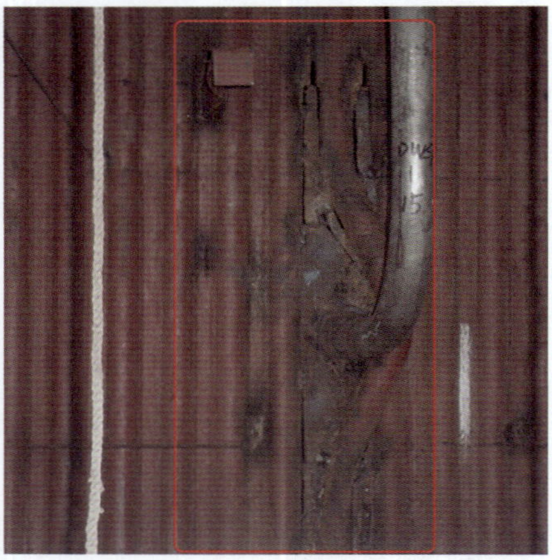

图3-1-48 水冷壁鳍片密封未焊接

案例2：某工程2号锅炉顶棚三通处炉顶密封图纸设计为单侧焊接，现场焊接有误（见图3-1-49）。

图3-1-49 顶棚三通处炉顶密封焊接错误

案例 3：某工程 3 号省煤器、低温再热器、低温过热器等穿墙处密封盒密封焊接未完（见图 3–1–50）。

图 3–1–50 低温过热器等穿墙处密封盒密封漏焊

案例 4：某工程 3 号高压低温再热器入口管道穿墙处焊接错误，与设计不符（见图 3–1–51）。

案例 5：某工程 4 号机组炉顶密封未安装调整完（见图 3–1–52）。

图 3–1–51 低温再热器管道穿墙焊接错误

图 3–1–52 炉顶密封未完成安装调整

案例 6：某工程 1 号锅炉前顶棚与前水冷壁安装间隙约 60~80mm，不符合图纸设计 5mm 的要求，无法固定耐火材料（见图 3–1–53）。

规定要求：DL 5190.2—2019《电力建设施工技术规范 第 2 部分：锅炉机组》第 5.3.9 条规定：水冷壁密封焊接应符合设备技术文件要求，不得有漏焊、错焊。

预防措施：施工单位技术人员应仔细审核厂家图纸，熟悉厂家图纸对锅炉密封焊接的具体要求，对焊接人员进行施工交底；施焊时注意电流的控制，每天焊完做好标记，注意焊接的衔接，焊接后焊工应自检；验收时对隐蔽及不易焊接的位置进行重点检查。

典型问题 2：锅炉吹灰器孔、人孔门以及刚性梁根部漏灰（见图 3–1–54）。

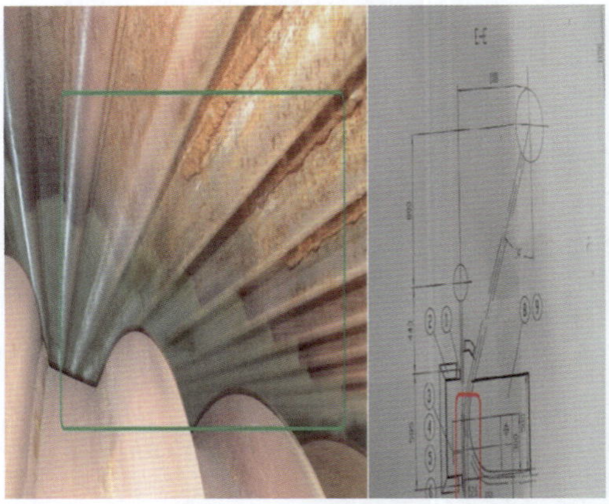

图 3-1-53　前顶棚与前水冷壁安装间隙过大

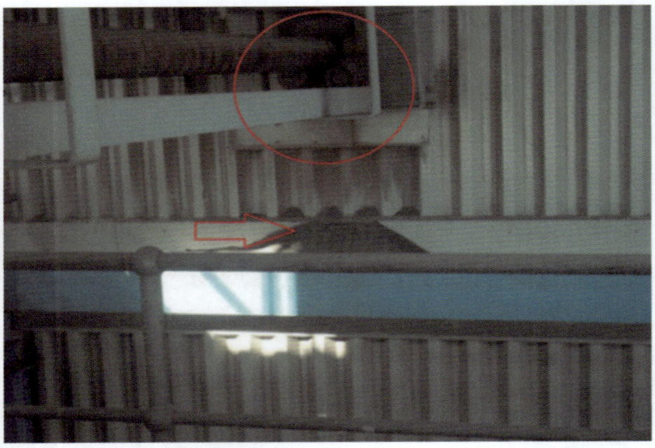

图 3-1-54　吹灰器孔漏灰

规定要求：DL 5190.2—2019《电力建设施工技术规范　第 2 部分：锅炉机组》第 8.5.2 条第 3 款规定：门孔、密封装置等均通过密封性检查合格。

预防措施：锅炉门孔安装前检查其密封部件的完好性，安装时应对门孔框架与水冷壁及包墙连接处的密封焊接进行检查，安装后门孔应参加锅炉风压试验，监理工程师应对其严密性组织重点检查。

三、输煤系统

输煤系统的施工主要包括翻车机、斗轮机、碎煤机、取样机、皮带输送机等，输煤系统安装常见问题包括原煤仓落煤口未设计格子栅栏以及输煤皮带接头拉力试验检测报告不规范等。

典型问题 1：原煤仓落煤口未设计格子栅栏（见图 3-1-55）。

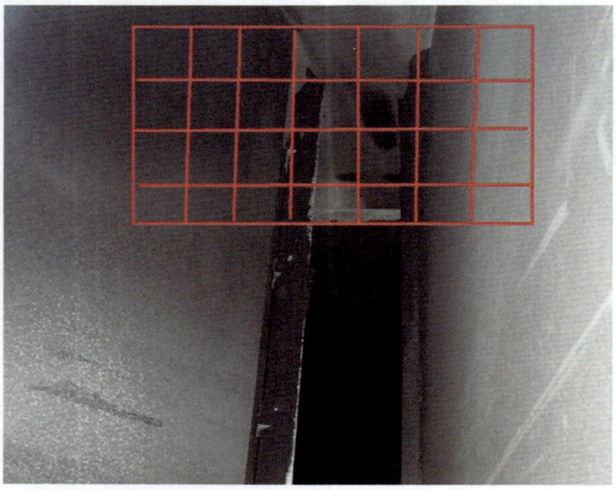

图 3-1-55　原煤仓落煤口未设计格子栅栏

规定要求：GB/T 34348—2017《电站锅炉技术条件》第 8.1.1.6 条规定：原煤仓应有防止大块煤及其他杂物进入的装置。在煤仓的进煤口处应设置格子栅栏，能够在控制煤的流量下，保持煤的连续流动。

预防措施：设计单位应按规范规定进行设计，建设单位组织各参建单位做好施工图审查工作。

典型问题 2：缺少输煤皮带胶接记录；输煤皮带接头拉力试验报告中，依据标准错误，报告试验人未签字（见图 3–1–56）。

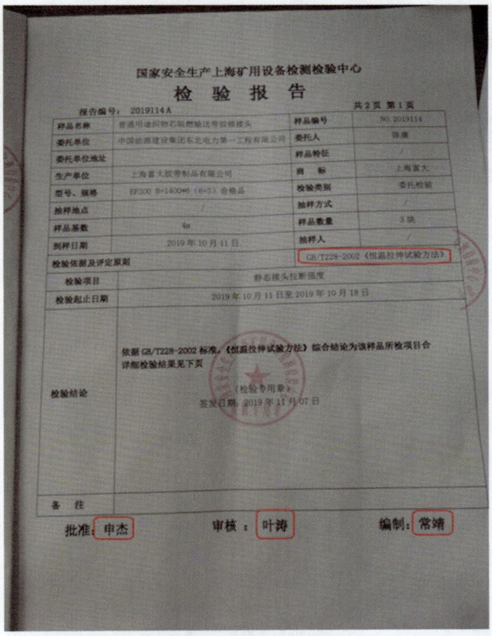
国家安全生产上海矿用设备检测检验中心

检　验　报　告

报告编号：2019114A　　　　共2页 第1页

样品名称	普通用途织物芯阻燃输送带胶接接头	样品编号	NO.2019114
委托单位	中国能源建设集团东北电力第一工程有限公司	委托人	[illegible]
委托单位地址		样品特征	/
生产单位	上海富大胶带制品有限公司	商　标	上海富大
型号、规格	EP300 B=1400*6（6+3）合格品	检验类别	委托检验
抽样地点	/	抽样方式	/
样品基数	4m	样品数量	3块
到样日期	2019年10月11日	抽样人	/
检验依据及评定原则		GB/T228-2002《恒温拉伸试验方法》	
检验项目	静态接头拉断强度		
检验起止日期	2019年10月11日至2019年10月18日		
检验结论	依据GB/T228-2002标准，《恒温拉伸试验方法》综合结论为该样品所检项目合 详细检验结果见下页 （检验专用章） 签发日期：2019年11月07日		
备　注			

批准：申杰　　审核：叶涛　　编制：常婧

图 3–1–56　输煤皮带接头拉力试验报告中依据标准错误

规定要求：DL 5210.2—2018《电力建设施工质量验收规程　第 2 部分：锅炉机组》表 5.2.5 中第 4 款第 7 项规定：提供胶带试验接头拉力试验报告。

预防措施：施工单位技术人员和监理工程师应熟悉有关规程规范，胶带接头拉力试验完成后应对检测报告进行复核。

四、烟气脱硫系统

烟气脱硫系统的施工包括吸收塔及烟气系统、浆液喷淋系统、制浆系统、石膏脱水系统、废水处理系统等，烟气脱硫安装过程中常见问题有浆液管道支吊架安装不规范、转动设备找正用临时螺栓未及时拆除等。

典型问题 1：脱硫吸收塔系统浆液喷嘴安装角度偏斜严重，不满足设计要求（见图 3–1–57）。

规定要求：DL/T 5790—2019《火力发电厂烟气净化装置施工技术规范》第 8.1.4 条第 5 款规定：喷嘴的安装角度、安装位置和方向应符合设计要求。

预防措施：脱硫系统浆液喷嘴安装阶段，施工单位应严格按照设计要求进行施工；验收阶段，监理工程师应对浆液喷嘴安装角度进行重点检查。

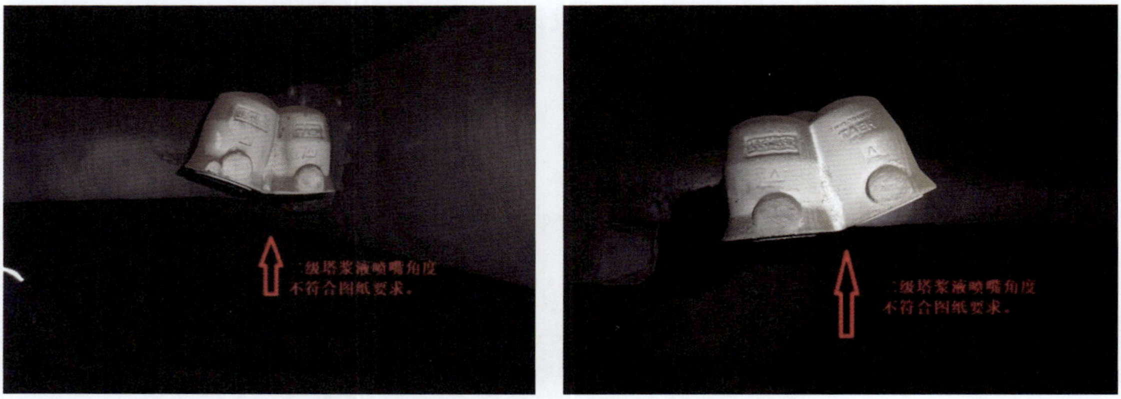

图 3-1-57　吸收塔内浆液喷嘴安装角度与设计不一致

典型问题 2：浆液循环管道的横向花篮螺母调节吊架中，存在锁母未安装，螺栓露出螺母螺孔内端面不足 15mm，管道抱箍的紧固螺栓未露丝扣等（见图 3-1-58）。

图 3-1-58　横向花篮螺母调节吊架安装不规范

规定要求：DL/T 1113—2009《火力发电厂管道支吊架验收规程》第 9.1.9 条规定：支吊架的螺纹连接吊杆与花篮螺母连接时留有调整余量，吊杆螺纹端头一股应至少高出花篮母螺孔内端面 15mm，支吊架的生根吊杆连接螺栓和花篮螺母等连接件应在支吊架调整后用锁母锁紧，不应采用点焊或破坏螺纹法锁定连接件。

预防措施：施工单位应按照设计图纸要求和规程规定施工，安装时预留足够的螺纹连接杆丝扣调整余量，在吊杆安装后及时进行调整，使露出的丝扣长度符合规程规定。

典型问题 3：浆液循环管道、氧化风机出口消音管道和吸收塔上管道等处的滑动支座上未加装聚四氟乙烯板（见图 3-1-59）。

图 3-1-59 管道滑动支座上未加装聚四氟乙烯板

规定要求： DL 5190.5—2019《电力建设施工技术规范 第 5 部分：管道及系统》第 5.7.9 条规定：导向支架和滑动支架的滑动面应清净、平整，活动件应安装聚四氟乙烯板且活动面相对固定，固定螺钉应低于滑动面，与支撑件应接触良好，管道应自由膨胀。

预防措施： 施工单位技术人员应熟悉规程规范和设计图纸对导向支架和滑动支架安装的相关要求，施工时严格按照工艺要求施工；监理工程师应对管道支架进行重点验收。

典型问题 4： 氧化风机、浆液循环泵等转动设备的找正用临时调整螺栓未松开（见图 3-1-60）。

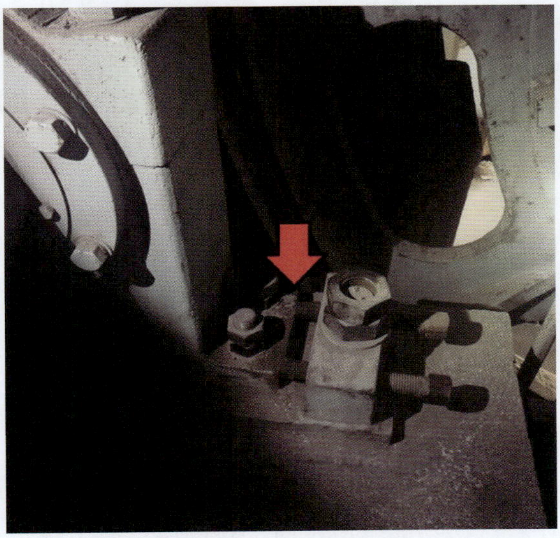

图 3-1-60 找正用临时调整螺栓未松开

规定要求：DL 5190.2—2019《电力建设施工技术规范　第2部分：锅炉机组》第10.1.5条规定：辅助及电动机找正用临时调整螺栓宜在二次灌浆后拆除，并应符合设备技术文件的要求。

预防措施：施工单位技术人员应熟悉规程规范的相关技术要求，设备安装完成后及时拆除找正临时设施，建设单位、监理单位和施工单位共同做好质量验收。

五、保温油漆

保温油漆的施工范围包括锅炉、汽轮机及附属设备、全厂管道的保温及油漆施工，施工过程中常见问题有保温材料未按设计要求送检、重要结构部件油漆涂刷不规范等。

典型问题1：保温材料进场后未按设计要求进行取样送检。

规定要求：DL/T 1144—2012《火电工程项目质量管理规程》第9.3.6条e)款规定：需现场检验的材料应经检验合格后方可使用。

预防措施：施工单位应按照规程要求编制现场材料的检验计划，经监理单位审批后执行，材料进场后在监理工程师的监督下按照检验计划进行取样送检。

典型问题2：大板梁等重要部件锈蚀严重，有漆下锈蚀现象（见图3-1-61）。

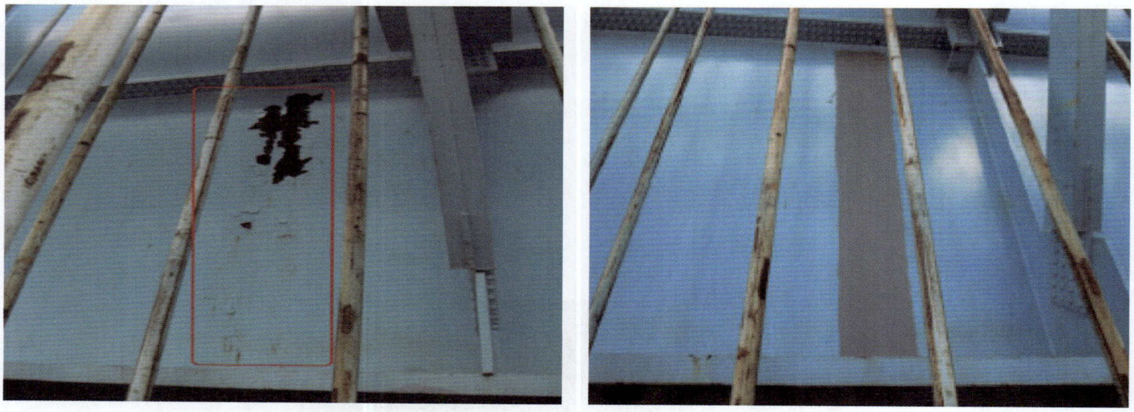

图3-1-61　大板梁出现锈蚀现象

规定要求：GB 50205—2020《钢结构工程施工质量验收标准》第14.2.3条规定：构件表面不应误涂、漏涂，涂层不应脱皮和返锈等。涂层应均匀，无明显皱皮、流坠、针眼和气泡等。

预防措施：建设单位应按规程规定做好设备监造工作，设备进入施工现场后施工单位应做好成品保护。

典型问题3：锅炉钢结构节点未及时防腐，锈蚀严重（见图3-1-62）。

规定要求：DL 5190.2—2019《电力建设施工技术规范　第2部分：锅炉机组》第4.3.10条第5款规定：完成终拧后对接头部位应及时进行防腐，露天锅炉或在海边等有腐蚀性环境区域的锅炉钢架接头部位的局部缝隙应填补腻子封堵。

图 3-1-62　钢结构节点锈蚀严重

预防措施：施工中钢结构的节点部位，在高强度螺栓终紧完成并验收合格后，办理工序交接，施工单位及时安排施工人员进行除锈、涂刷防腐油漆，监理工程师对节点部位油漆情况进行重点检查。

六、其他

除锅炉本体、烟气脱硫和输煤系统外，锅炉专业其他常见问题主要包括燃油系统管道法兰未安装跨接线、转动设备施工质量验收记录不规范以及锅炉吹管后割管数量不符合规定等。

（一）燃油系统

燃油系统的施工范围包括油罐区设备及管道、油泵房设备及管道卸油区设备及管道、厂区燃油管道及锅炉房燃油管道及设备等。常见问题是防静电跨接线施工不符合设计要求。

典型问题：燃油系统管道法兰间未做防静电跨接线（见图 3-1-63）。

图 3-1-63　燃油系统管道法兰间未做防静电跨接线

规定要求： DL 5190.2—2019《电力建设施工技术规范 第2部分：锅炉机组》第9.1.3条规定：燃油系统设备的接地和防静电措施应符合设计要求，设备进出口法兰或其他非焊接方式的连接处必须有可靠的防静电跨接。

预防措施： 监理工程师应严格审核燃油系统设备及管道施工方案中的防静电跨接内容，督促施工单位在燃油管道安装过程中落实防静电跨接措施，建设单位、监理单位和施工单位应将防静电跨接内容作为燃油系统设备及管道施工质量验收的重点。

（二）转动设备

锅炉转动设备主要包括给煤机、磨煤机、风机（一次风机、送风机、引风机和密封风机）、空气预热器、捞渣机等。常见问题主要包括预热器密封间隙记录、转动设备联轴器找正记录不规范等。

典型问题1： 空气预热器旁路密封间隙未按厂家要求进行记录，施工记录不能反映安装质量。

规定要求： DL/T 5210.2—2018《电力建设施工质量验收规程 第2部分：锅炉机组》表6.9.6规定：旁路密封间隙符合设备技术文件要求，折角板安装方向与转子回转方向一致。

预防措施： 施工单位技术人员应做好施工交底工作，现场施工人员应按设计图纸要求记录相关数据，并确保数据真实、有效。

典型问题2： 磨煤机对轮找正记录不规范，轴向和径向跳动标识不清。

规定要求： DL 5190.2—2019《电力建设施工技术规范 第2部分：锅炉机组》第10.2.7条规定：联轴器安装应符合下列规定：①联轴器应成对使用，装配联轴器时，不得放入垫片或冲打轴以取得紧力。②两半联轴器找正时，其圆周及端面允许偏差应符合表10.2.7的规定。③两半联轴器之间应留有3~5mm的间隙。

预防措施： 施工单位应对现场技术人员加强专业培训，使其熟悉找联轴器找正过程和方法，明确轴向和径向的标识；施工人员应按规程规定做好联轴器找正施工记录，监理工程师应加强中间过程验收。

（三）锅炉水压试验

锅炉水压试验是检验锅炉及其管道的制造和安装质量的重要技术措施，以保证锅炉在热态运行时安全、可靠。常见问题主要是锅炉水压试验方案的内容缺乏针对性，与工程实际不符。

典型问题1： 锅炉水压试验方案中对水压用水的水质描述不准确，常见问题如下：①水压试验用水采用软化水；②除盐水的pH和氯离子含量指标不正确。③《锅炉安装说明书》中对水压试验用水水质描述不符合规范规定（见图3-1-64）。

规定要求： DL/T 889—2015《电力基本建设热力设备化学监督导则》中第6.4.2条规定：锅炉整体水压试验应采用除盐水。第6.4.3条规定：锅炉做整体水压试验时，除盐水中应加有一定量的氨，调节pH值至10.5以上。过热器、再热器溢出液中的氯离子含量应小于0.2mg/L。

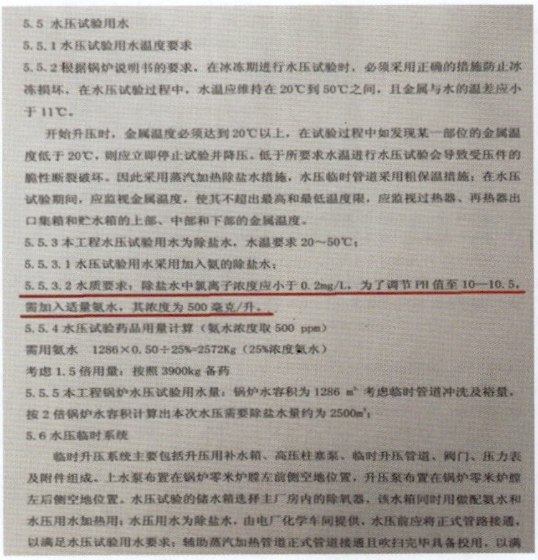
5.5 水压试验用水

5.5.1 水压试验用水温度要求

5.5.2 根据锅炉说明书的要求，在冰冻期进行水压试验时，必须采用正确的措施防止冰冻损坏，在水压试验过程中，水温应维持在 20℃到 50℃之间，且金属与水的温差应小于 11℃。

开始升压时，金属温度必须达到 20℃以上，在试验过程中如发现某一部位的金属温度低于 20℃，则应立即停止试验并降压。低于所要求水温进行水压试验会导致受压件的脆性断裂破坏。因此采用蒸汽加热除盐水措施，水压临时管道采用粗保温措施；在水压试验期间，应监视金属温度，使其不超出最高和最低温度限，应监视过热器、再热器出口集箱和贮水箱的上部、中部和下部的金属温度。

5.5.3 本工程水压试验用水为除盐水，水温要求 20～50℃；

5.5.3.1 水压试验用水采用加入氨的除盐水；

5.5.3.2 水质要求：除盐水中氯离子浓度应小于 0.2mg/L，为了调节 PH 值至 10—10.5，需加入适量氨水，其浓度为 500 毫克/升。

5.5.4 水压试验药品用量计算（氨水浓度取 500 ppm）

需用氨水　1286×0.50÷25%=2572Kg（25%浓度氨水）

考虑 1.5 倍用量：按照 3900kg 备药

5.5.5 本工程锅炉水压试验用水量：锅炉水容积为 1286 m³ 考虑临时管道冲洗及裕量，按 2 倍锅炉水容积计算出本次水压需要除盐水量约为 2500m³；

5.6 水压临时系统

临时升压系统主要包括升压用补水箱、高压柱塞泵、临时升压管道、阀门、压力表及附件组成。上水泵布置在锅炉零米炉膛左前侧空地位置，升压泵布置在锅炉零米炉膛左后侧空地位置。水压试验的储水箱选择主厂房内的除氧器，该水箱同时用做配氨水和水压用水加热用；水压用水为除盐水，由电厂化学车间提供，水压前应将正式管路接通，以满足水压试验用水要求；辅助蒸汽加热管道正式管道接通且吹扫完毕具备投用，以满

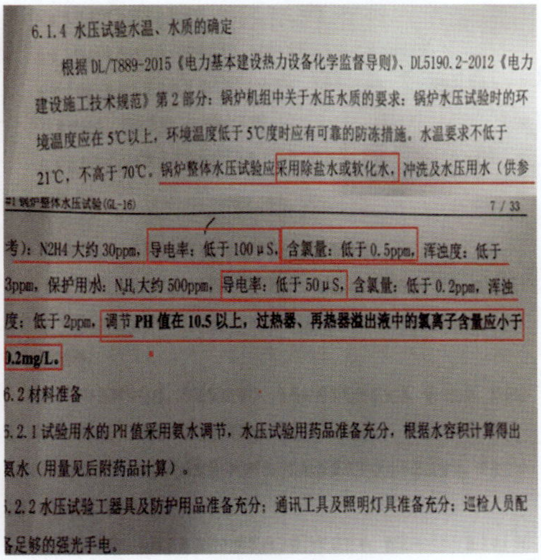
6.1.4 水压试验水温、水质的确定

根据 DL/T889-2015《电力基本建设热力设备化学监督导则》、DL5190.2-2012《电力建设施工技术规范》第 2 部分：锅炉机组中关于水压水质的要求：锅炉水压试验时的环境温度应在 5℃以上，环境温度低于 5℃度时应有可靠的防冻措施。水温要求不低于 21℃，不高于 70℃。锅炉整体水压试验应采用除盐水或软化水，冲洗及水压用水（供参

#1 锅炉整体水压试验(GL-16)　7 / 33

考）：N2H4 大约 30ppm，导电率：低于 100μS，含氯量：低于 0.5ppm，浑浊度：低于 3ppm，保护用水：N_2H_4 大约 500ppm，导电率：低于 50μS，含氯量：低于 0.2ppm，浑浊度：低于 2ppm，调节 **PH 值在 10.5 以上，过热器、再热器溢出液中的氯离子含量应小于 0.2mg/L。**

6.2 材料准备

6.2.1 试验用水的 PH 值采用氨水调节，水压试验用药品准备充分，根据水容积计算得出氨水（用量见后附药品计算）。

6.2.2 水压试验工器具及防护用品准备充分；通讯工具及照明灯具准备充分；巡检人员配备足够的强光手电。

图 3-1-64　锅炉水压试验方案中用水水质描述不准确

预防措施： 锅炉制造厂应按规范规定完善水压试验用水的水质要求；施工单位技术人员在编制锅炉水压试验方案时应结合工程实际情况，试验用水水质指标应描述准确；建设单位加强工程期间的化学监督，水压试验方案中关于水质有关内容的审核应有化学专业人员参与。

典型问题 2： 锅炉水压试验方案关于对水压后锅炉保护常见以下问题：①采用湿保护方案时，pH 值不清楚；②采用氮气保护方案时，选用空气吹扫残留水后再充氮保护；③方案对锅炉保护过程中的取样位置、测试项目、检测周期等没有规定（见图 3-1-65）。

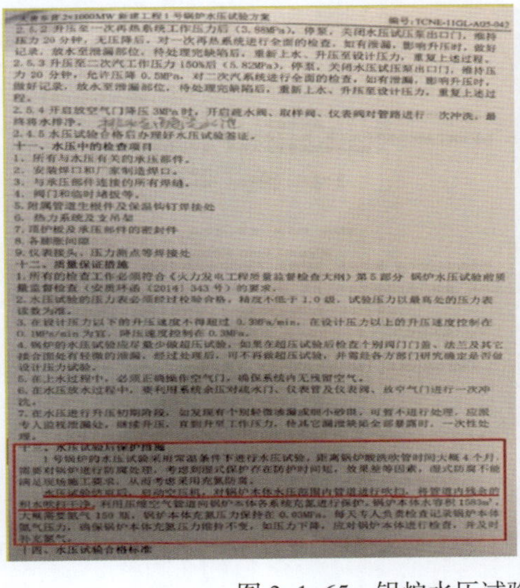
[illegible] 2×1000MW 新建工程 1 号锅炉水压试验方案　编号：TCNE-11GL-A05-04?

2.5.2 升压至一次再热系统工作压力后（3.88MPa），停泵，关闭水压试压泵出口门，维持压力 20 分钟，无压降后，对一次再热系统进行全面的检查，如有泄漏，影响升压时，做好记录，放水至泄漏部位，待处理完缺陷后，重新上水、升压至设计压力，重复上述过程。

2.5.3 升压至二次汽工作压力 150%后（5.82MPa），停泵，关闭水压试压泵出口门，维持压力 20 分钟，允许压降 0.5MPa，对二次汽系统进行全面的检查，如有泄漏，影响升压时，做好记录，放水至泄漏部位，待处理完缺陷后，重新上水、升压至设计压力，重复上述过程。

2.5.4 开启放空气门降压 3MPa 时，开启疏水阀、取样阀、仪表阀对管路进行一次冲洗，最终将水排净。

2.4.5 水压试验合格后办理好水压试验签证。

十一、水压中的检查项目

1. 所有与水压有关的承压部件。
2. 安装焊口和厂家制造焊口。
3. 与承压部件连接的所有焊缝。
4. 阀门和临时堵板等。
5. 附属管道生根件及保温钩钉焊接处
6. 热力系统及支吊架
7. 顶护板及承压部件的密封件
8. 各膨胀间隙
9. 仪表接头、压力测点等焊接处

十二、质量保证措施

1. 所有的检查工作必须符合《火力发电工程质量监督检查大纲》第 5 部分 锅炉水压试验前质量监督检查（安质环函（2014）343 号）的要求。
2. 水压试验的压力表必须经过校验合格，精度不低于 1.0 级，试验压力以最高处的压力表读数为准。
3. 在设计压力以下的升压速度不得超过 0.3MPa/min，在设计压力以上的升压速度控制在 0.1MPa/min 为宜，降压速度控制在 0.3MPa。
4. 锅炉的水压试验应尽量少做超压试验，如果在超压试验后检查个别阀门门盖、法兰及其它接合面处有轻微的泄漏，经过处理后，可不再做超压试验，并需经各方部门研究确定是否做设计压力试验。
5. 在上水过程中，必须正确操作空气门，确保系统内无残留空气。
6. 在水压放水过程中，要利用系统余压对疏水门、仪表管及仪表阀、放空气门进行一次冲洗。
7. 在水压进行升压初期阶段，如发现有个别轻微渗漏或细小砂眼，可暂不进行处理，应派专人监视泄漏处，继续升压，直到升至工作压力，待其它漏泄缺陷全部暴露时，一次性处理。

十三、水压试验后保护措施

1 号锅炉的水压试验采用常温条件下进行水压试验，距离锅炉酸洗吹管时间大概 4 个月，需要对锅炉进行防腐处理，考虑到湿式保护存在防护时间短，效果差等因素，湿式防腐不能满足现场施工要求，从而考虑采用充氮防腐。

水压试验结束后，启动空压机，对锅炉本体水压范围内管道进行吹扫，将管道内残余的积水吹扫干净，利用压缩空气管道向锅炉本体各系统充氮进行保护，锅炉本体水容积 1583m³，大概需要氮气 150 瓶，锅炉本体充氮压力保持在 0.03MPa，每天专人负责检查记录锅炉本体氮气压力，确保锅炉本体充氮压力维持不变，如压力下降，应对锅炉本体进行检查，并及时补充氮气。

十四、水压试验合格标准

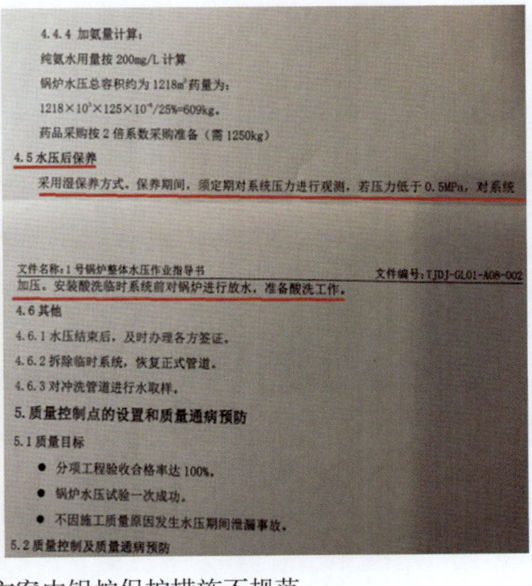
4.4.4 加氨量计算：

纯氨水用量按 200mg/L 计算

锅炉水压总容积约为 1218m³ 药量为：

$1218×10^3×125×10^{-6}/25\%=609kg$。

药品采购按 2 倍系数采购准备（需 1250kg）

4.5 水压后保养

采用湿保养方式，保养期间，须定期对系统压力进行观测，若压力低于 0.5MPa，对系统

文件名称：1 号锅炉整体水压作业指导书　文件编号：TJDJ-GL01-A08-002

加压。安装酸洗临时系统前对锅炉进行放水，准备酸洗工作。

4.6 其他

4.6.1 水压结束后，及时办理各方签证。

4.6.2 拆除临时系统，恢复正式管道。

4.6.3 对冲洗管道进行水取样。

5. 质量控制点的设置和质量通病预防

5.1 质量目标

- 分项工程验收合格率达 100%。
- 锅炉水压试验一次成功。
- 不因施工质量原因发生水压期间泄漏事故。

5.2 质量控制及质量通病预防

图 3-1-65　锅炉水压试验方案中锅炉保护措施不规范

规定要求： DL/T 889—2015《电力基本建设热力设备化学监督导则》第 6.4.4 条规定：经水压试验合格的锅炉放置两周以上不能进行试运行时，应进行防锈蚀保护。当采用湿保

护时，应维持系统溶液 pH 值在 10.5 以上。采用氮气保护时，应用氮气置换放水，氮气纯度应大于 99.5%，充氮保护期间应维持氮气压力不低于 0.02MPa。DL/T 956—2017《火力发电厂停（备）用热力设备防锈蚀导则》中第 5.8 条“充氮法”5.8.1 款技术要点：“充氮保护的原理是隔绝空气。”

预防措施：施工单位技术人员在编制锅炉水压试验后保护方案时，应熟悉有关规程规定，针对工程实际情况选择保护方式，建设单位加强工程期间的化学监督，化学专业相关人员应参与方案的编制与审核。

典型问题 3：锅炉用氨水质量不符合要求，主要表现在：①采购工业（农业）氨水；②到货的化学药品没有合格证，或者药品与合格证不对应，货品外包装标签混乱；③供应商提供的检验报告采用企业标准，其质量验收方法不符合规范规定；④进入现场的化学药品未抽样检验（见图 3-1-66）。

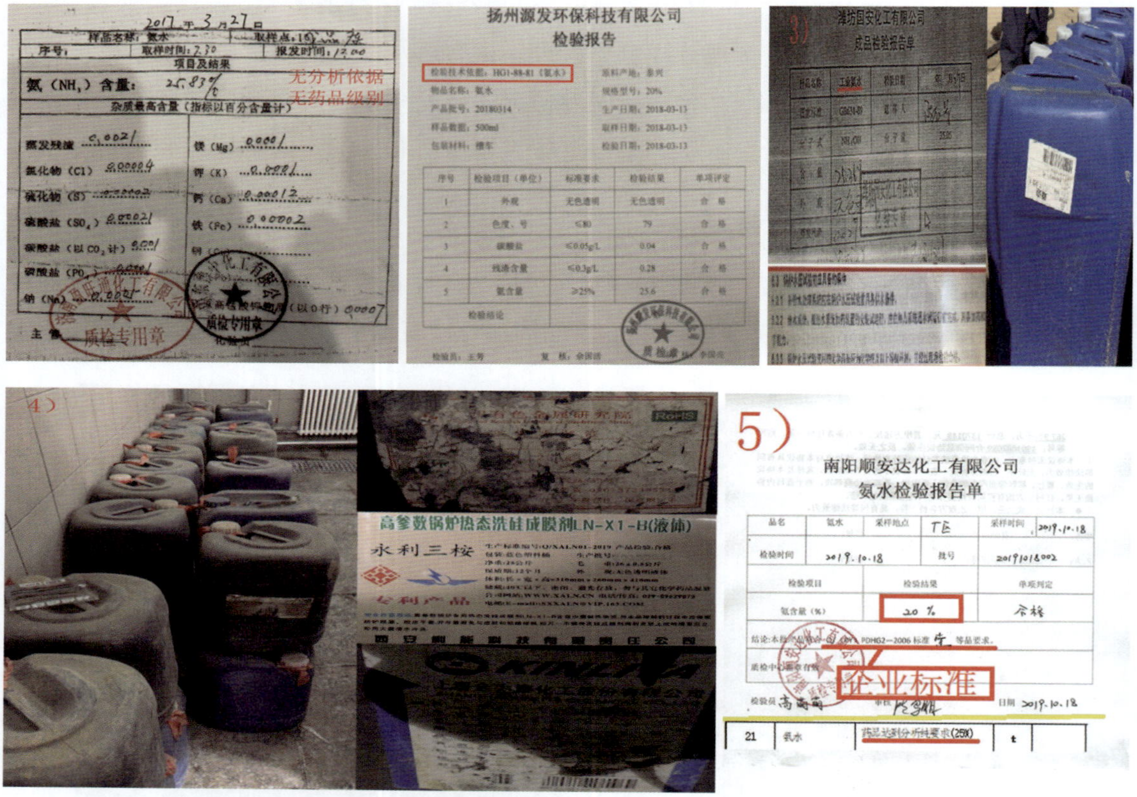

图 3-1-66　锅炉水压和给水处理采购的氨水不合格

规定要求：DL/T 889—2015《电力基本建设热力设备化学监督导则》第 6.3.3 条规定：锅炉水压试验使用的化学药品应为化学纯及以上等级药品，并经过现场检验合格。

DL/T 805.4—2016《火电厂汽水化学导则　第 4 部分：锅炉给水处理》第 7.1.1 条规定：氨水质量应不低于 GB/T 631—2007《化学试剂 氨水》中对化学纯氨水的规定。

预防措施：施工技术人员在提出化学药品采购申请时，应明确关键技术指标；化学药品进入现场后，监理工程师应督促施工单位加强现场验收；未经现场抽样检验的化学药品不宜使用。

典型问题 4：锅炉水压试验用压力表选取不符合规范规定。

规定要求：DL 5190.2—2019《电力建设施工技术规范　第 2 部分：锅炉机组》第 5.10.6 条规定：水压试验时，锅炉上应安装不少于两块经过校验合格、精度不低于 1.0 级的弹簧压力表，压力表的刻度极限值宜为试验压力的 1.5~2.0 倍。试验压力以汽包或过热器出口联箱处的压力表读数为准。再热器试验压力以再热器出口联箱处的压力表计读数为准。

预防措施：施工单位应按规程规定编制锅炉水压试验方案，监理单位和建设单位应对方案内容的针对性、可行性进行重点审核。

典型问题 5：锅炉水压试验作业指导书不完善，未对水压用水加热措施和水压后防冻措施进行描述。

规定要求：DL 5190.2—2019《电力建设施工技术规范　第 2 部分：锅炉机组》第 5.10.4 条规定：锅炉水压试验的环境温度应在 5℃以上，环境温度低于 5℃时应有可靠的防冻措施。

预防措施：施工单位应根据工程实际情况编制锅炉水压试验方案，当环境温度低于 5℃时应采取可靠的防冻措施。

（四）锅炉吹管后检查

锅炉吹管检查是通过对集箱手孔进行内部检查，发现并清理集箱内部的残留物，确保吹管后锅炉设备系统内洁净，防止锅炉热态运行时由于异物堵塞而发生爆管。常见问题主要是割管数量及位置不符合规定。

典型问题 6：锅炉吹管后，割管数量及位置不符合规范规定（见图 3–1–67）。

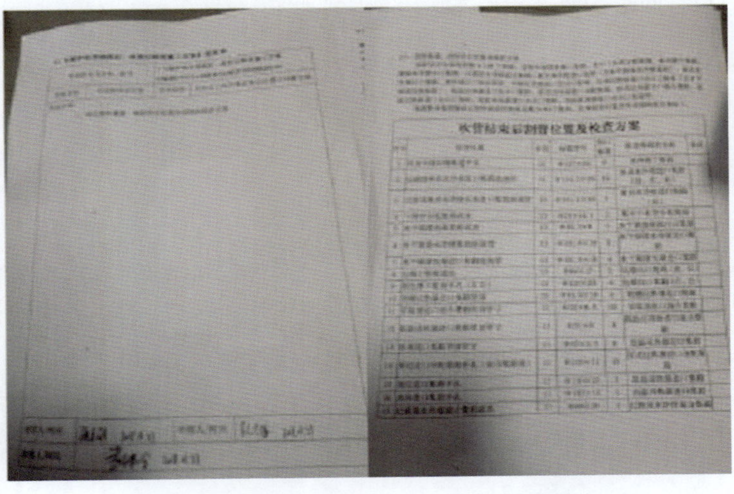

图 3–1–67　割管数量及位置不符合规范规定

规定要求：DL/T 1269—2013《火力发电厂建设工程机组蒸汽吹管导则》第 7.2.9 条规

定：吹管结束后应打开集箱手孔进行内部检查（至少打开集箱总数的1/3）；装有节流孔板的锅炉受热面，应进行内窥镜或射线检查。

预防措施： 施工单位应按照《火力发电厂建设工程机组蒸汽吹管导则》的规定编制吹管后割管检查专项措施，明确割管检查的部位和数量，并经监理单位和建设单位批准后实施。

第二节　汽机专业

汽轮机本体结构复杂、零部件多、安装精度高，附属机械、辅助设备及管道系统涉及的设备多、系统庞大，必须做到规范施工；分系统调试及整套启动调试更应精益求精。为提升汽机专业工程建设质量，本节针对近年来汽机专业阶段性质量监督检查发现的问题进行了汇总、整理，供有关人员借鉴参考。目前，汽机专业常用的技术规范见表3-2-1。

表3-2-1　汽机专业常用的技术规范

序号	技术规范
1	DL 5190.3—2019《电力建设施工技术规范　第3部分：汽轮发电机组》
2	DL 5190.5—2019《电力建设施工技术规范　第5部分：管道及系统》
3	DL/T 5210.3—2018《电力建设施工质量验收规程　第3部分：汽轮发电机组》
4	DL/T 5210.6—2018《电力建设施工质量验收规程　第6部分：调整试验》
5	DL 5714—2014《火力发电厂热力设备及管道保温防腐施工技术规范》
6	DL/T 1113—2009《火力发电厂管道支吊架验收规程》
7	DL/T 5054—2016《火力发电厂汽水管道设计规范》
8	DL/T 5294—2013《火力发电建设工程机组调试技术规范》
9	DL/T 863—2016《汽轮机启动调试导则》
10	DL/T 889—2015《电力基本建设热力设备化学监督导则》
11	DL/T 571—2014《电厂用磷酸酯抗燃油运行维护导则》
12	GB 14541—2017《电厂用矿物涡轮机油维护管理导则》

一、汽轮机本体

汽轮机本体安装是汽机专业的核心工作，包括台板就位、汽缸模块组装、汽轮机转子找正、通流间隙测量以及扣盖等内容。其常见问题主要包括通流间隙测量值与设计值偏差较大、汽轮机扣盖前内部清理不彻底以及主机润滑油箱取样点设置不合适等。

（一）通流间隙测量

通流部分间隙是指为保证汽轮机安全、稳定和经济运行，汽轮机内部动、静部分的配合间隙，包括轴向间隙和径向间隙。通流部分间隙在测量调整过程中常见问题主要包括测量记录不全、测量数据不准确和测量数据超标部分未取得汽轮机厂家书面确认文件等。

典型问题 1：汽轮机通流间隙轴向定位 *K* 值未进行测量、记录；或汽轮机厂家要求测量、记录缸内 2 个轴向定位值，现场只测量、记录 1 个，遗漏了另 1 个（见图 3-2-1、图 3-2-2）。

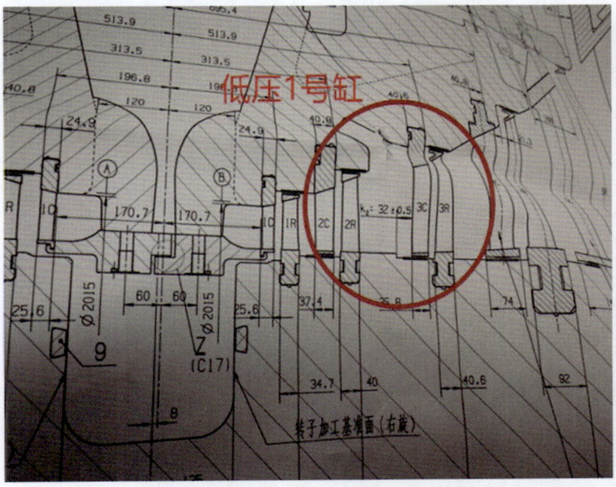

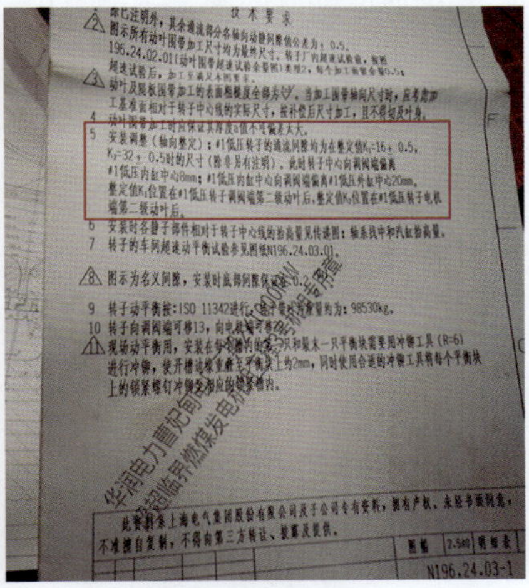

图 3-2-1　某工程未测量、记录低压缸通流间隙的轴向定位 *K*2 值

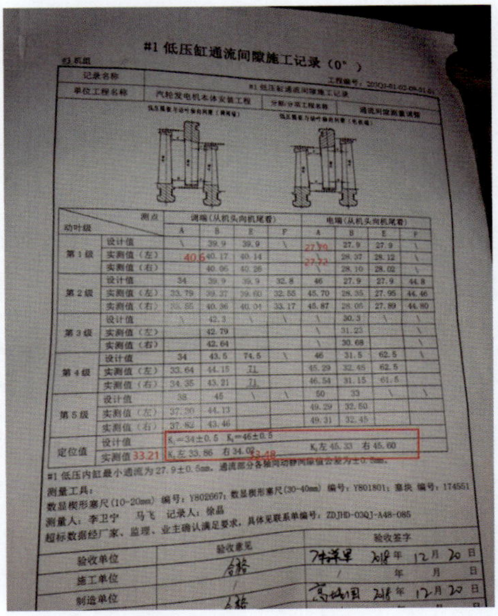

#1 低压缸通流间隙施工记录（0°）

动叶级	测点	调端（从机头向机尾看）A	B	E	F	电端（从机头向机尾看）A	B	E	F
第 1 级	设计值	\	39.9	39.9	\	\ 27.79	27.9	27.9	\
	实测值（左）	40.6	40.17	40.14		\ 27.72	28.37	28.12	\
	实测值（右）		40.06	40.26		\	28.10	28.02	\
第 2 级	设计值	34	39.9	39.9	32.8	46	27.9	27.9	44.8
	实测值（左）	33.79	39.37	39.60	32.55	45.70	28.35	27.95	44.46
	实测值（右）	33.55	40.36	40.04	33.17	45.87	28.06	27.89	44.80
第 3 级	设计值	\	42.3	\	\	\	30.3	\	\
	实测值（左）		42.79			\	31.23		\
	实测值（右）		42.64			\	30.68		\
第 4 级	设计值	34	43.5	74.5	\	46	31.5	62.5	\
	实测值（左）	33.64	44.15	71		45.29	32.45	62.5	
	实测值（右）	34.35	43.21	71		46.54	31.15	61.5	
第 5 级	设计值	38	45	\	\	50	33	\	\
	实测值（左）	37.30	44.13			49.29	32.50		
	实测值（右）	37.82	43.46			49.31	32.45		
定位值	设计值	K_1=34±0.5　K_2=46±0.5							
	实测值 33.21	K_1左 33.86　右 34.02　33.48				K_2左 45.33　右 45.60			

#1 低压内缸最小通流为 27.9±0.5mm。通流部分各轴向动静间隙值公差为±0.5mm。

测量工具：

数显楔形塞尺(10-20mm) 编号：Y802667；数显楔形塞尺(30-40mm) 编号：Y801801；塞块 编号：174551

测量人：李卫宁　马飞　记录人：徐晶

超标数据经厂家、监理、业主确认满足要求，具体见联系单编号：ZDJHD-03QJ-A48-085

	验收意见	验收签字
验收单位	合格	2018 年 12 月 20 日
施工单位	/	/ 年 月 日
制造单位	合格	2018 年 12 月 20 日

图 3-2-2　低压缸轴向定位 *K* 值测量记录偏差大

规定要求：DL/T 5210.3—2018《电力建设施工质量验收规程　第 3 部分：汽轮发电机组》表 6.1.40 规定：轴向定位尺寸（基准值）（主控项目）应符合制造厂家技术要求。

DL 5190.3—2019《电力建设施工技术规范　第 3 部分：汽轮机发电机组》第 4.8.11.1 条规定：通流间隙测量应按制造厂提供的位置和定位值对转子定位。

预防措施：施工单位技术人员应熟知汽轮机厂家图纸，在作业指导书中详细描述厂家相关轴向定位要求，并对现场施工人员进行技术交底；汽轮机本体安装阶段，严格按照作业指导书操作；验收阶段，监理工程师对汽轮机转子定位 *K* 值的测量数据进行重点复核。

典型问题 2：汽轮机通流间隙、汽封间隙测量记录数据与设计间隙值偏差大；只测量记录 0° 方位通流部分间隙，未测量记录 90° 方位通流部分间隙（见图 3-2-3）。

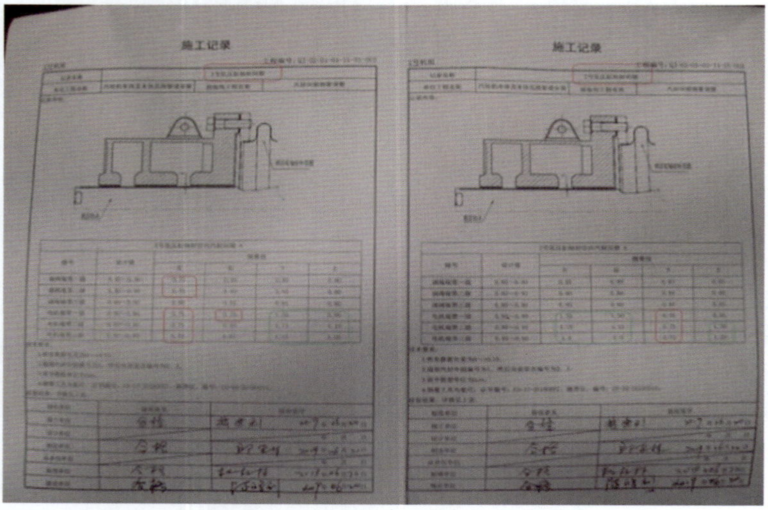
施工记录

施工记录

图 3-2-3　汽封间隙测量记录超标

规定要求：DL 5190.3—2019《电力建设施工技术规范　第 3 部分：汽轮机发电机组》第 4.8.11.2 条规定：第一次测量时机头侧危急遮断器的飞锤应向上或做位置标记；第二次测量时，顺转子运行方向旋转 90°，每次应测量左右两侧的间隙。

预防措施：施工单位技术人员应熟知汽轮机厂家通流间隙测量位置及调整要求，熟知规程规范规定；按厂家要求及规程规范规定编制作业指导文件及施工记录表格，做到不遗漏，并对现场施工人员进行技术交底；选用计量检定合格的测量工具，安排熟练的施工人员进行测量，人员固定；汽轮机本体安装阶段，严格按照汽轮机厂家要求和规程规范规定施工；验收阶段，对汽轮机通流间隙及汽封间隙进行重点检查、验收。

典型问题 3：施工单位技术人员自检发现汽轮机通流间隙、汽封间隙等实测值超出制造厂设计值公差范围，未取得汽轮机厂家设计部门或技术部门书面确认文件；只对通流间隙或汽封间隙单方面超标数据确认，未对所有超标数据进行确认（见图 3-2-4）。

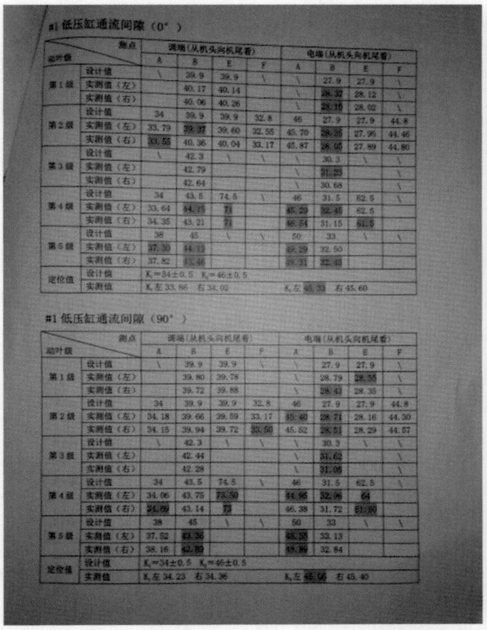

#1 低压缸通流间隙（0°）

动叶级	测点	调端（从机头向机尾看）A	B	E	F	电端（从机头向机尾看）A	B	E	F
第1级	设计值	\	39.9	39.9	\	\	27.9	27.9	\
	实测值（左）		40.17	40.14		\	28.37	28.12	\
	实测值（右）		40.06	40.26		\	28.10	28.02	\
第2级	设计值	34	39.9	39.9	32.8	46	27.9	27.9	44.8
	实测值（左）	33.79	39.37	39.60	32.55	45.70	28.35	27.95	44.46
	实测值（右）	33.55	40.36	40.04	33.17	45.87	28.05	27.89	44.80
第3级	设计值	\	42.3	\	\	\	30.3	\	\
	实测值（左）		42.79			\	31.23		\
	实测值（右）		42.64			\	30.68		\
第4级	设计值	34	43.5	74.5	\	46	31.5	62.5	\
	实测值（左）	33.64	44.15	71		45.29	32.45	62.5	
	实测值（右）	34.35	43.21	71		46.54	31.15	61.5	
第5级	设计值	38	45	\	\	50	33	\	\
	实测值（左）	37.30	44.13			49.29	32.50		
	实测值（右）	37.82	43.46			49.31	32.45		
定位值	设计值	K_1=34±0.5　K_2=46±0.5							
	实测值	K_1左 33.86　右 34.02				K_2左 45.33　右 45.60			

#1 低压缸通流间隙（90°）

动叶级	测点	调端（从机头向机尾看）A	B	E	F	电端（从机头向机尾看）A	B	E	F
第1级	设计值	\	39.9	39.9	\	\	27.9	27.9	\
	实测值（左）		39.80	39.78		\	28.79	28.55	\
	实测值（右）		39.72	39.88		\	28.43	28.35	\
第2级	设计值	34	39.9	39.9	32.8	46	27.9	27.9	44.8
	实测值（左）	34.18	39.66	39.59	33.17	45.40	28.71	28.16	44.30
	实测值（右）	34.15	39.94	39.72	33.50	45.52	28.51	28.29	44.57
第3级	设计值	\	42.3	\	\	\	30.3	\	\
	实测值（左）		42.44			\	31.62		\
	实测值（右）		42.28			\	31.05		\
第4级	设计值	34	43.5	74.5	\	46	31.5	62.5	\
	实测值（左）	34.06	43.75	73.50		44.95	32.96	64	
	实测值（右）	34.69	43.14	73		46.38	31.72	61.90	
第5级	设计值	38	45	\	\	50	33	\	\
	实测值（左）	37.52	43.36			48.58	33.13		
	实测值（右）	38.16	42.80			48.89	32.84		
定位值	设计值	K_1=34±0.5　K_2=46±0.5							
	实测值	K_1左 34.23　右 34.36				K_2左 45.96　右 45.40			

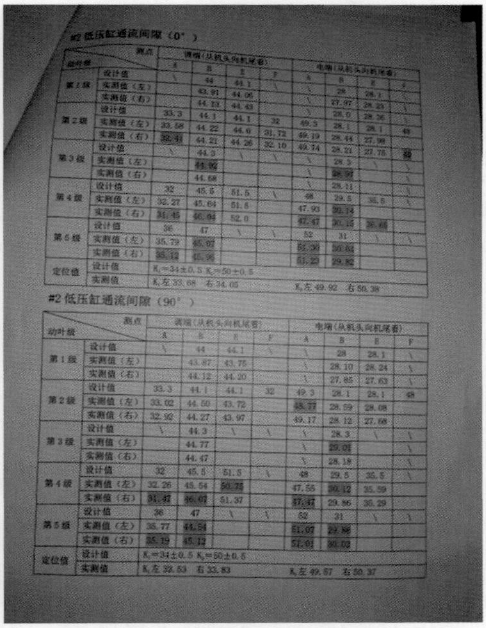

#2 低压缸通流间隙（0°）

动叶级	测点	调端（从机头向机尾看）A	B	E	F	电端（从机头向机尾看）A	B	E	F
第1级	设计值	\	44	44.1	\	\	28	28.1	\
	实测值（左）		43.91	44.06		\	27.97	28.23	\
	实测值（右）		44.13	44.43		\	28.0	28.36	\
第2级	设计值	33.3	44.1	44.1	32	49.3	28.1	28.1	48
	实测值（左）	33.58	44.22	44.0	31.72	49.19	28.44	27.98	
	实测值（右）	32.41	44.21	44.26	32.10	49.74	28.21	27.75	49
第3级	设计值	\	44.3	\	\	\	28.3	\	\
	实测值（左）		44.92			\	28.97		\
	实测值（右）		44.68			\	28.11		\
第4级	设计值	32	45.5	51.5	\	48	29.5	35.5	\
	实测值（左）	32.27	45.64	51.6		47.93	30.14		
	实测值（右）	31.45	46.04	52.0		47.47	30.15	35.65	
第5级	设计值	36	47	\	\	52	31	\	\
	实测值（左）	35.79	45.07			51.30	30.64		
	实测值（右）	35.12	45.96			51.22	29.82		
定位值	设计值	K_1=34±0.5 K_2=50±0.5							
	实测值	K_1左 33.68　右 34.05				K_2左 49.92　右 50.38			

#2 低压缸通流间隙（90°）

动叶级	测点	调端（从机头向机尾看）A	B	E	F	电端（从机头向机尾看）A	B	E	F
第1级	设计值	\	44	44.1	\	\	28	28.1	\
	实测值（左）		43.87	43.75		\	28.10	28.24	\
	实测值（右）		44.12	44.20		\	27.85	27.63	\
第2级	设计值	33.3	44.1	44.1	32	49.3	28.1	28.1	48
	实测值（左）	33.02	44.50	43.72		48.77	28.59	28.08	
	实测值（右）	32.92	44.27	43.97		49.17	28.12	27.68	
第3级	设计值	\	44.3	\	\	\	28.3	\	\
	实测值（左）		44.77			\	29.01		\
	实测值（右）		44.47			\	28.18		\
第4级	设计值	32	45.5	51.5	\	48	29.5	35.5	\
	实测值（左）	32.26	45.54	50.75		47.55	30.12	35.59	
	实测值（右）	31.47	46.07	51.37		47.47	29.86	36.29	
第5级	设计值	36	47	\	\	52	31	\	\
	实测值（左）	35.77	44.54			51.07	29.88		
	实测值（右）	35.19	45.12			51.01	30.03		
定位值	设计值	K_1=34±0.5 K_2=50±0.5							
	实测值	K_1左 33.53　右 33.83				K_2左 49.67　右 50.37			

图 3-2-4　汽轮机通流间隙测量数据超过设计值公差范围

规定要求：DL/T 5210.3—2018《电力建设施工质量验收规程　第 3 部分：汽轮发电机组》第 3.0.6.3 条规定：因设计、设备、施工原因造成的不符合项，经返工或返修处理后，仍未完全满足标准规定，但经鉴定机构或相关单位鉴定，不影响内在质量、使用寿命、使用功能、安全运行的项目，经建设单位会同设计单位、制造单位、监理单位、总承包单位和施工单位共同书面确认签字后，可作让步处理。

DL 5190.3—2019《电力建设施工技术规范　第 3 部分：汽轮机发电机组》第 1.0.3 条规定：汽轮发电机组的施工应依据经批准的设计和设备制造厂技术文件，如需要修改或变更，应由设计单位、设备制造厂出具相应的证明文件，办理相关的审批手续。

第 4.8.8 条第 4 款规定：汽封径向及轴向间隙应符合制造厂技术要求。

第 4.8.11.3 条规定：通流间隙应符合制造厂技术要求。

预防措施：工程技术人员应正确理解通流间隙及汽封间隙的概念，避免出现混淆、误解。施工技术人员将汽轮机通流间隙、汽封间隙调整结果如实测量并记录，从中筛选出通流间隙、汽封间隙不合格部位及数据，将现场有条件处理合格的部分超标数据处理合格，并重新测量、记录测量结果；现场通流间隙、汽封间隙经调整仍不合格部位及数据需要汽轮机厂家设计部门书面确认是否影响运行安全，并报建设单位审批。

典型问题 4：未实测汽封块周向膨胀间隙、退让间隙，或现场实测汽封圈周向膨胀间隙不符合要求。

规定要求：汽轮机厂家技术要求；DL/T 5210.3—2018《电力建设施工质量验收规程　第 3 部分：汽轮发电机组》表 6.1.40、表 6.1.41 规定：通流部分和汽封整圈汽封块膨胀预留间隙（主控项目）应符合制造厂技术要求。

DL 5190.3—2019《电力建设施工技术规范　第 3 部分：汽轮发电机组》第 4.8.9.3 条规定：相邻两弧段端部的接触面应密实。整圈汽封块的膨胀间隙应符合制造厂技术要求，无要求时宜为 0.20~0.50mm。第 4.8.10.2 条规定：检查汽封块在汽封槽道内的退让间隙和汽封块端面预留间隙应符合制造厂技术要求。

预防措施：施工单位技术人员应按照汽轮机厂家设计要求和规程规范规定编制作业指导书，经监理单位、建设单位审批后对施工人员进行技术交底；在汽轮机本体安装阶段，严格按照作业指导书操作，确保不漏项。

（二）汽轮机转子

汽轮机转子安装过程中常见问题主要包括转子与汽缸轴向定位、转子联轴器找中心测量不准确等，产生上述问题的原因主要是对施工人员技术交底不彻底、施工过程中对测量位置选择不合理以及测量数据记录不准确等。

典型问题 1：汽轮机转子轴向定位缸外引出值测量，常见问题如下：①现场抽测汽轮机转子轴向定位缸外引出值与施工单位施工记录值偏差较大；②施工记录未确定具体的测量位置，或转子轴向定位尺寸的缸外引出值未在汽轮机设备相应位置做标记；③转子轴向定位缸外引出值测量位置选取不恰当，比如选在轴承座外油挡结合面处等（油挡安装后转子外引出值无法测量）（见图 3–2–5、图 3–2–6）。

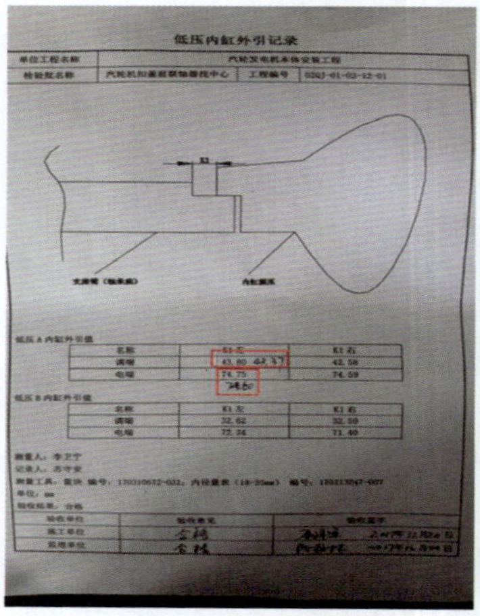
低压内缸外引记录
汽轮发电机本体安装工程

图 3–2–5　现场抽测数据与施工记录偏差较大

图 3–2–6　缸外定位位置选取不当

规定要求：DL/T 5210.3—2018《电力建设施工质量验收规程　第 3 部分：汽轮发电机组》表 6.1.40 规定：轴向定位尺寸（基准值）（主控项目）应符合制造厂家技术要求。

DL 5190.3—2019《电力建设施工技术规范　第 3 部分：汽轮机发电机组》第 4.8.11.1 条规定：测量通流间隙前应按制造厂提供的位置和定位值对转子进行定位。第 4.10.3 条第 11 款规定：转子与汽缸相对定位及定位位置标记。

预防措施：施工技术人员应熟知汽轮机厂家技术要求和规程规定，在作业指导文件中明确各转子轴向定位外引出值测量位置及记录、标记具体要求，并对施工人员进行技术交底；监理工程师对汽轮机转子轴向定位缸外引出值的数据和测量部位标记进行重点检查、验收。

典型问题 2：汽轮机转子联轴器找中心，常见问题如下：①现场抽测全实缸高、中压转子联轴器中心，实测数据不符合厂家设计要求，张口值或圆周方向调整数据不合格；②联轴器找中心时圆周方向未按转子中心的位移值调整，出现概念理解性错误；③施工记录中未描述使用的测量器具名称、编号，未描述测量仪器架设方式，未明确厂家设计要求等（见图 3-2-7）。

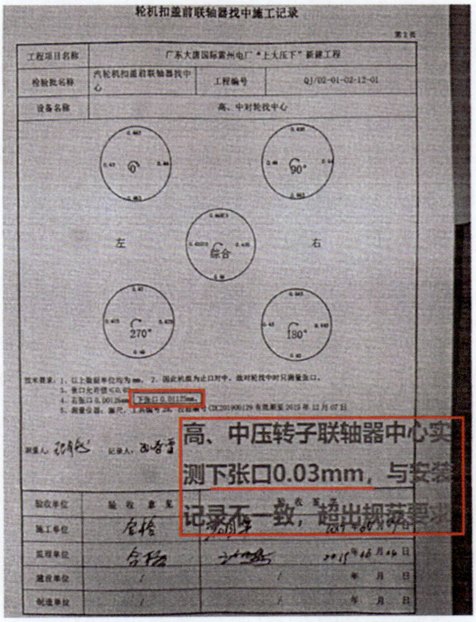

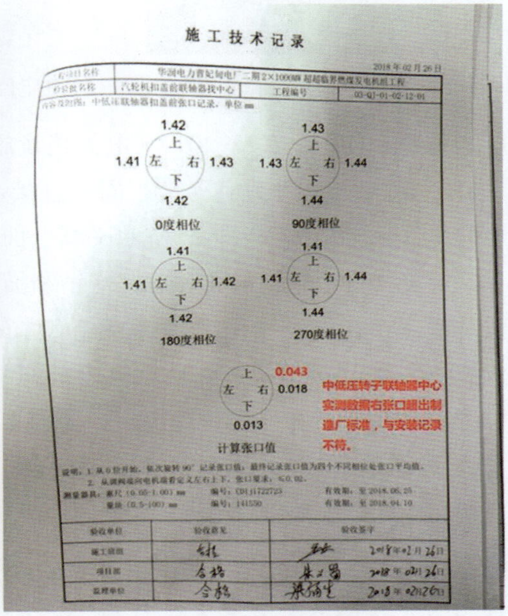

图 3-2-7　转子联轴器找中心张口值测量不合格

规定要求：汽轮机厂家技术要求；DL/T 5210.3—2018《电力建设施工质量验收规程　第 3 部分：汽轮发电机组》表 6.1.45 规定，与 DL 5190.3—2019 下述相关条款规定一致。

DL 5190.3—2019《电力建设施工技术规范　第 3 部分：汽轮机发电机组》第 4.7.7 条规定：汽轮机轴系转子联轴器中心允许偏差应符合制造厂技术要求。

预防措施：施工技术人员在编制作业指导书时应明确汽轮机厂家联轴器找中心设计标准及相关规范规程，经监理工程师审批后对施工人员进行技术交底，对操作人员进行技术培训。汽轮机本体安装阶段，严格按照作业指导文件操作。验收阶段，监理工程师要对汽轮机联轴器找中心重点跟踪、验收。

典型问题 3：汽缸定位工艺键安装不符合要求。汽缸找正、定位结束后，现场采用斜面工艺键或临时斜垫铁临时定位，不能确保汽缸与转子之间位置不发生相对位移（见图 3-2-8）。

图 3-2-8　汽缸定位工艺键安装不规范

规定要求： DL 5190.3—2019《电力建设施工技术规范　第 3 部分：汽轮发电机组》第 4.4.4 条第 3 款规定：滑销应固定牢固，直接镶嵌时应有紧力，螺栓固定时应有防松措施，螺栓端部应低于滑销表面。内外缸水平结合面上的横销应在轴向位置确定后镶配。第 4.10.3 条第 2 款规定：台板纵横滑销、汽缸立销和猫爪横销调整结束并记录。

预防措施： 在汽缸找正结束后，需及时安装平面工艺键使汽缸定位，确保汽缸与转子之间位置不发生相对位移，保证汽缸内部间隙测量的准确性。根据上海汽轮机厂 1000MW 汽轮机的安装特点，在汽轮机扣缸后，还需要进行“碰缸”试验，在确定汽缸最终位置后，才可安装成正式定位键。

典型问题 4： 整体到货的汽缸，转子与汽缸装配尺寸与厂家总装记录值存在偏差。

案例： 某工程超高压缸与转子装配尺寸 IV 值、高压缸与转子装配尺寸 A 值、中压缸与转子装配尺寸 A 值实测值与安装记录值偏差大，安装记录值与制造厂设计值和厂内装配尺寸记录均不一致（见图 3-2-9、图 3-2-10）。

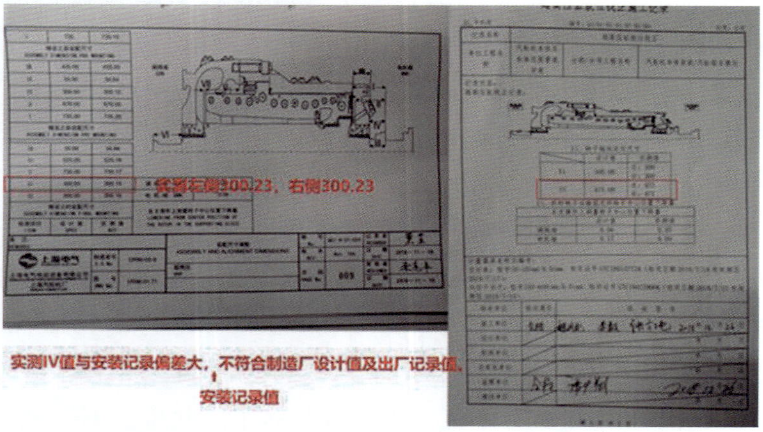

图 3-2-9　转子装配尺寸 IV 值实测数据与出厂记录不一致

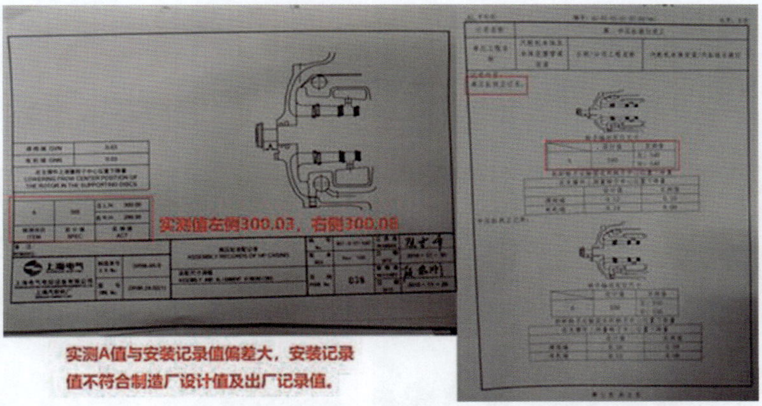

图 3-2-10　转子装配尺寸 A 值实测数据与出厂记录不一致

规定要求：制造厂产品质量证明书。

预防措施：对于整体到货的汽轮机，安装过程中应严格按照制造厂提供的厂内总装记录进行汽缸与转子的定位，区分汽缸与转子装配尺寸的设计值与厂内实际总装值，应根据制造厂厂内总装实际值进行安装调整，并确保实现安装数据符合厂内总装记录。

典型问题 5：轴承推力间隙测量不准确，常见问题有推力轴承未正式定位；往复轴向顶动转子实测推力间隙 3 次，3 次实测数据偏差超过 0.03mm。

规定要求：DL 5190.3—2019《电力建设施工技术规范　第 3 部分：汽轮发电机组》第 4.5.8 条规定：推拉间隙调整应符合制造厂技术要求；推力间隙测量应连续进行两次，两次间隙测量值偏差应不大于 0.03mm，推力间隙应符合制造厂技术要求。

预防措施：测量推力间隙应装好推力轴承上下两半推力瓦、定位环、上下两半瓦套等全部部件，顶动转子的推力应符合制造厂和规范的要求，推力轴承架设百分表监视应无轴向位移，如果几次顶动测量推力间隙偏差超过 0.03mm，应按规定查明原因处理后重新测量。

（三）汽轮机设备缺陷

汽轮机设备缺陷是在设备制造过程中由于加工精度达不到技术要求而产生的缺陷。施工单位在发现设备缺陷后，应和制造厂、监理单位以及建设单位共同检查确认，并填写设备缺陷通知单。设备缺陷处理后，由建设单位或监理单位组织有关单位进行验收闭环。

典型问题：常见汽轮机设备缺陷主要有以下几项：①汽轮机内、外缸水平结合面局部存在间隙；②静叶持环、外汽封套等水平结合面局部存在间隙；③低压内缸隔热罩固定螺栓焊接质量不佳；④低压内缸结合面定位销安装不到位，易造成螺母无法紧固到位；⑤汽缸结合面罩帽螺母与螺栓顶面之间膨胀间隙预留不足；⑥汽封环压板与汽封环之间间隙小于汽封退让间隙，影响汽封环退让，压板四周膨胀间隙小；⑦低压转子汽封齿镶装不到位；⑧在汽轮机厂内完成组装的高压缸调端及电端的端部外汽封周向膨胀间隙实测值超标，超过厂家设计标准上限范围，现场无法调整；⑨在汽轮机厂内完成组装的中压缸调端及电端的端部外侧相邻汽封块之间存在错位情况，发现最大错位 0.15mm；⑩汽轮机厂家提供的《产品质量证明书》中的“通流间隙记录”数据与《通流间隙图》中的数据不符，自相矛盾；⑪汽封径向间隙小于制造厂设计值要求（见图 3-2-11~ 图 3-2-18）。

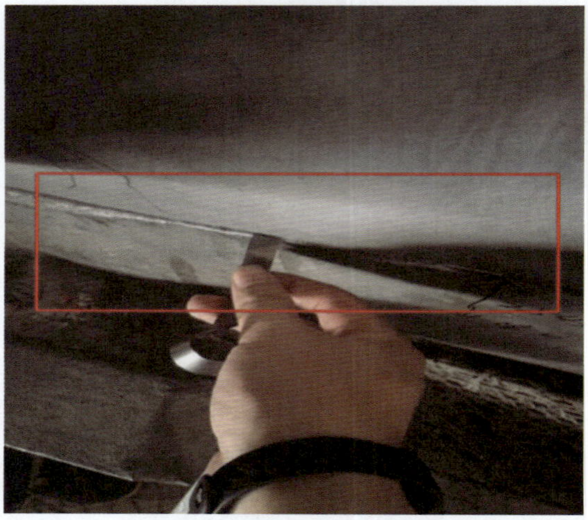

图 3-2-11 低压内缸结合面局部存在间隙

图 3-2-12 隔热罩固定螺栓焊接质量不佳

图 3-2-13 低压内缸结合面定位销安装不到位

图 3-2-14 汽缸结合面罩帽螺母与螺栓顶面之间膨胀间隙预留不足

图 3-2-15 汽封齿镶装不到位

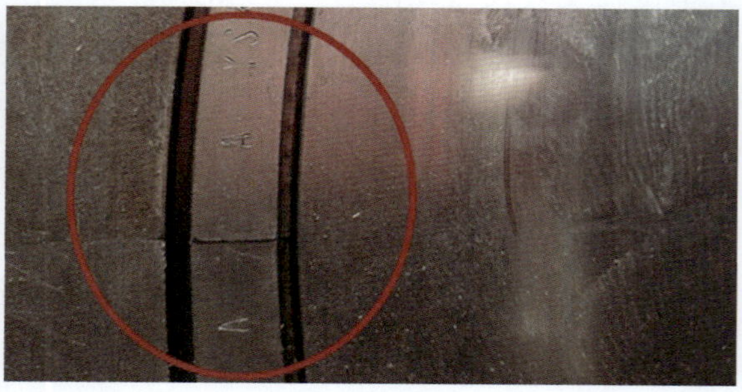

图 3-2-16 中压缸端部汽封错位

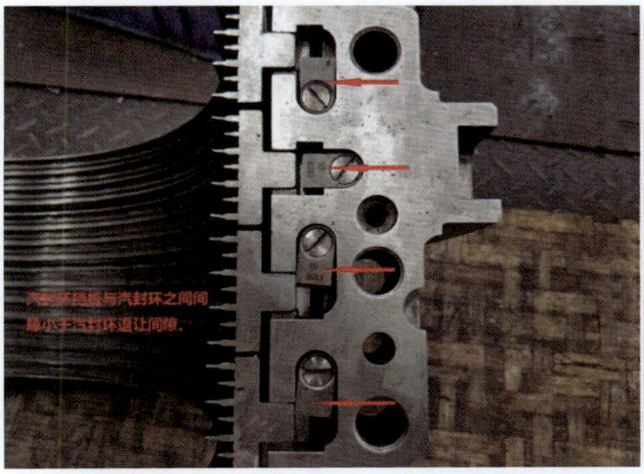

图 3-2-17 汽封环与压板之间间隙小

图 3-2-18 高压缸调端外汽封周向间隙小

规定要求：汽轮机厂家技术要求；DL/T 5210.3—2018《电力建设施工质量验收规程 第 3 部分：汽轮发电机组》表 5.0.11 设备缺陷通知单、表 5.0.12 设备缺陷处理报告单。

预防措施：施工单位技术人员应熟知汽轮机厂家技术要求及规程规范规定，严格按照策划好的施工工序进行操作，及时发现设备缺陷，并按设备缺陷处理要求进行申报、处理、闭环；施工单位质检员和专业监理工程师要对设备缺陷处理情况进行重点跟踪，检查、验收，完成闭环管理。

（四）汽缸及缸内部件清理

汽缸及缸内部件清洁是汽轮机安全稳定运行的基本保障，施工过程中由于施工单位清理工作不仔细，监理单位检查不到位，汽缸及缸内零部件易存在铁屑、焊接遗留物等杂物。

典型问题：汽缸内部件清理不彻底，常见问题有低压内外缸、水平结合面螺栓孔、转子、静叶持环、排汽导流环等部件存在锈蚀，铸砂、铁屑、焊接遗留物、磕碰变形、防腐层油污等未彻底清理（见图 3-2-19、图 3-2-20）。

图 3-2-19 低压内缸支撑焊缝未打磨

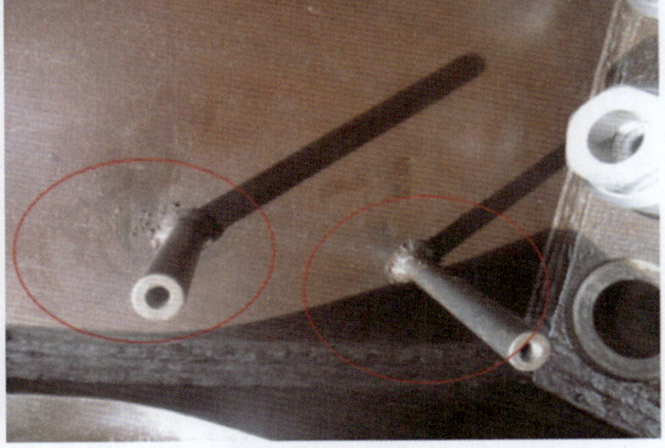

图 3-2-20 隔热罩支撑存在焊接遗留物

规定要求：DL/T 5210.3—2018《电力建设施工质量验收规程 第 3 部分：汽轮发电机

组》表 6.1.43 规定：汽缸及缸内零部件的表面、结合面（主控项目）应清洁无异物，孔洞通道（主控项目）应畅通无异物；需堵塞隔绝部位（主控项目）应封堵严密；防松脱部件（主控项目）应锁紧、牢固。

预防措施：汽轮机本体施工过程中应做好成品保护，避免磕碰；汽轮机扣盖前，应对汽缸内部仔细清理、不留死角。

（五）汽轮机本体范围管道安装

汽轮机本体管道主要包括与汽缸连接的抽汽管道、高压导汽管道等对汽缸几何尺寸、轴系中心、通流间隙、轴封间隙有影响的热力管道。在汽轮机扣盖前，施工单位需要按规定完成汽轮机本体范围内的管道安装。

典型问题：汽轮机扣盖前，与汽缸相连的抽汽管道未安装至第一副支吊架，或高、中压缸主汽门未与汽缸连接（见图 3–2–21、图 3–2–22）。

图 3–2–21　与汽缸相连的抽汽管道未安装

图 3–2–22　高、中压缸的汽门未安装

规定要求：汽轮机厂家技术要求；DL/T 5210.3—2018《电力建设施工质量验收规程　第 3 部分：汽轮发电机组》表 6.3.7.17 规定：对汽缸几何尺寸、轴系中心、通流间隙、轴封间隙有影响的热力管道已完成连接并记录。

预防措施：建设单位应保证与汽缸连接的抽汽、导汽等管道按期到货，在汽轮机定位前完成焊接与热处理工作；汽轮机扣盖前施工单位应完成主要热力管道、主（再）热汽门与汽缸的连接，防止对汽缸几何尺寸、轴系中心、通流间隙、汽封间隙产生影响。

（六）汽轮机台板安装及二次灌浆

由于施工单位对台板与汽缸、轴承座的接触面检查不规范，调整不到位，台板与汽缸、轴承座存在间隙是台板安装过程中经常发生的问题。

典型问题 1：轴承箱或低压缸与台板间存在间隙。全实缸状态下用 0.05mm 塞尺检查轴承箱或低压缸与台板间隙，或台板与垫铁间隙，发现存在 0.05~0.10mm 贯通间隙（见图 3–2–23、图 3–2–24）。

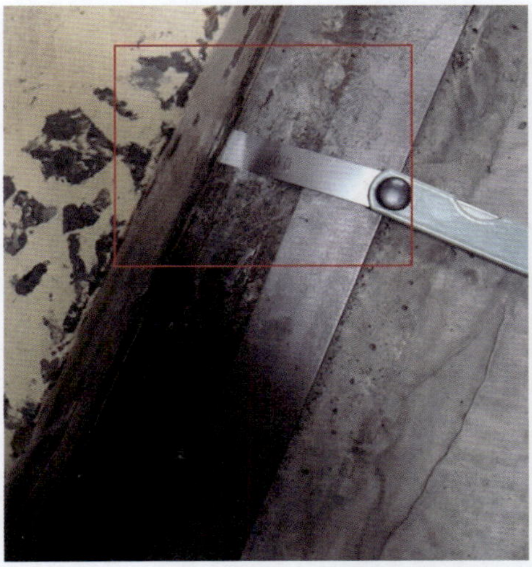

图 3-2-23　轴承箱与台板的间隙不符合规范

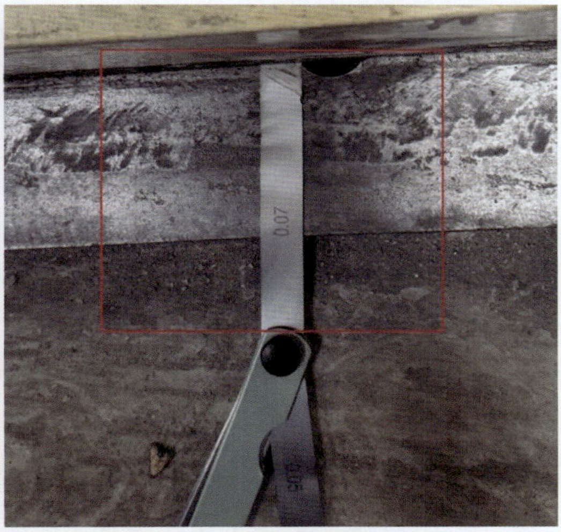

图 3-2-24　台板与垫铁的间隙不符合规范

规定要求： 汽轮机厂家技术要求；DL/T 5210.3—2018《电力建设施工质量验收规程　第 3 部分：汽轮发电机组》表 6.1.13 规定：轴承座与台板接触面间隙（主控项目）应小于 0.05mm；表 6.1.21 规定：汽缸与台板滑动面间隙（主控项目）应小于 0.05mm。

预防措施： 安装前检查、研磨座架、台板、垫铁之间配合面，应无变形、毛刺、突出高点，施工时注意按照厂家规定的安装位置找平找正，验收阶段由监理工程师进行重点检查、验收。

典型问题 2： 缺少汽轮发电机组轴承箱垫块的同条件养护试块强度报告，缺少基础二次灌浆的同条件养护试块强度报告（见图 3-2-25）。

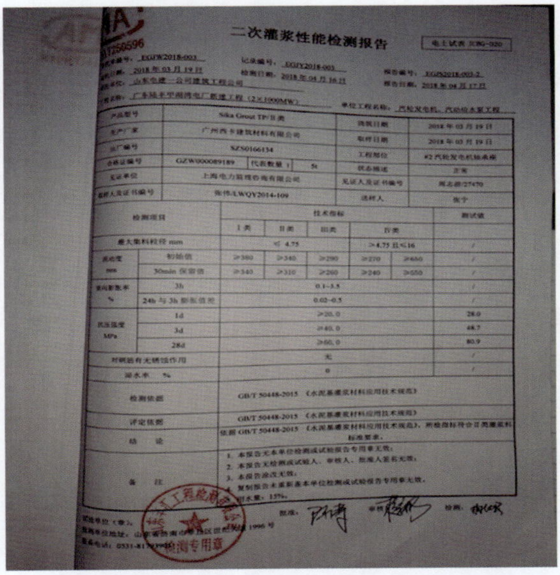

二次灌浆性能检测报告

图 3-2-25　缺少二次灌浆的同条件养护试块强度报告

规定要求：DL/T 5210.3—2018《电力建设施工质量验收规程　第3部分：汽轮发电机组》表6.1.9规定：混凝土砂浆垫块灌浆强度应符合设计要求，灌浆时应制作同等条件下试块，试验报告齐全。表6.1.48规定：汽轮发电机组基础二次灌浆及养护二次灌浆试块应同条件下制作，强度符合设计要求。

预防措施：施工单位在编制检测试验计划时，应结合设备安装的特殊要求，把汽轮发电机组轴承箱垫块制作和基础二次灌浆的同条件养护试块检测列入检测计划；在施工过程中，汽机安装专业和建筑专业加强专业间沟通，避免遗漏同条件养护试块。

典型问题3：汽轮发电机组基础沉降观测记录中，未按照基础养护期满后，汽轮机汽缸、发电机定子就位前、后，汽轮机和发电机二次灌浆前，整套启动前、后等阶段进行观测（见图3-2-26）。

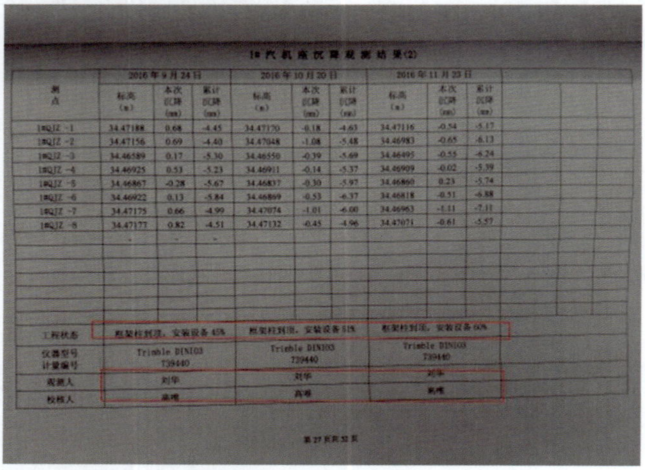

1#汽机座沉降观测结果(2)

测点	2016年9月24日			2016年10月20日			2016年11月23日		
	标高(m)	本次沉降(mm)	累计沉降(mm)	标高(m)	本次沉降(mm)	累计沉降(mm)	标高(m)	本次沉降(mm)	累计沉降(mm)
1#QJZ-1	34.47188	0.68	-4.45	34.47170	-0.18	-4.63	34.47116	-0.54	-5.17
1#QJZ-2	34.47156	0.69	-4.40	34.47048	-1.08	-5.48	34.46983	-0.65	-6.13
1#QJZ-3	34.46589	0.17	-5.30	34.46550	-0.39	-5.69	34.46495	-0.55	-6.24
1#QJZ-4	34.46925	0.53	-5.23	34.46911	-0.14	-5.37	34.46909	-0.02	-5.39
1#QJZ-5	34.46867	-0.28	-5.67	34.46837	-0.30	-5.97	34.46860	0.23	-5.74
1#QJZ-6	34.46922	0.13	-5.84	34.46869	-0.53	-6.37	34.46818	-0.51	-6.88
1#QJZ-7	34.47175	0.66	-4.99	34.47074	-1.01	-6.00	34.46963	-1.11	-7.11
1#QJZ-8	34.47177	0.82	-4.51	34.47132	-0.45	-4.96	34.47071	-0.61	-5.57
工程状态	框架柱到顶，安装设备45%			框架柱到顶，安装设备51%			框架柱到顶，安装设备60%		
仪器型号 计量编号	Trimble DINI03 T39440			Trimble DINI03 T39440			Trimble DINI03 T39440		
观测人	刘华			刘华			刘华		
校核人	[illegible]			[illegible]			[illegible]		

第27页共32页

图3-2-26　汽轮机本体沉降观测记录不符合规范

规定要求：DL 5190.3—2019《电力建设施工技术规范　第3部分：汽轮发电机组》第4.2.2条规定：本体基础沉降观测应在以下阶段进行：①基础养护期满后，应首次测定并作为原始数据；②汽轮机汽缸、发电机定子就位前、后；③汽轮机和发电机二次灌浆前；④整套试运行前、后。

预防措施：现场工程技术人员应熟悉相关安装标准，了解大件就位前、后可能会引起基础的不均匀沉降，导致汽轮机找平、找正、找中心的测量数据发生明显不规则的变化，督促沉降观测技术人员及时进行沉降观测。

（七）主机油系统

主机油系统的安装质量直接影响汽轮机设备的安全运行，在安装调试过程中常见问题主要包括主机油系统阀门、管道布置以及油质化验指标不符合规定等。

典型问题1：主机油系统阀门安装不规范，常见问题有主机油箱事故放油阀手轮被铁线锁死、未设置玻璃保护罩和明显标识；事故放油阀门设置在阀门井内，操作不方便；油管道阀门门杆未水平或向下布置（见图 3-2-27、图 3-2-28）。

图 3-2-27　未设置玻璃保护罩和标识

图 3-2-28　事故放油阀门设置在阀门井内

规定要求： DL/T 5210.3—2018《电力建设施工质量验收规程　第 3 部分：汽轮发电机组》表 9.2.13 规定：事故放油门（主控项目）应串联两个钢制明杆阀门，操作方便，距油箱 5m 以外，有两个以上的通道；手轮应设玻璃保护罩并明显标识，不得上锁；事故油管（主控项目）应接至事故排油井，系统注油前安装完毕并确认畅通。

预防措施： 施工单位应严格按照设计图纸进行施工，确保事故放油管道布置符合强制性条文规定。

典型问题 2： 主机润滑油箱、抗燃油箱取样点位置偏高，影响取样代表性（见图 3-2-29）。

图 3-2-29　主机油箱和 EH 油箱设置的取样点不规范

规定要求： DL 5190.3—2012《电力建设施工技术规范　第 3 部分：汽轮发电机组》第 11.6.11 条汽轮机润滑油系统、顶轴油系统和密封油系统，油循环冲洗应达到下列标准：从油箱和冷油器底部放油点取油样化验，油质应透明，含水量应符合标准规定。

预防措施：建设单位专业技术人员在设备招标技术规范书中明确主机润滑油箱、抗燃油箱的取样点设置要求；设备到货后加强现场验收。

典型问题3：主机事故油池未设计排气孔；或事故油池排气孔有设计未安装；事故油池存在积水未清理；事故油池无正式盖板；事故油池排气孔未装防雨罩等。

规定要求：DL/T 5210.3—2018《电力建设施工质量验收规程　第3部分：汽轮发电机组》表9.2.13规定：事故油管（主控项目）应接至事故排油井，系统注油前安装完毕并确认畅通。

DL 5190.3—2019《电力建设施工技术规范　第3部分：汽轮发电机组》第10.6.5条规定：油箱的事故排油管应接至事故排油坑，系统注油前应安装完毕并确认畅通。第10.8.2.6条规定：事故排油系统符合10.6.5的规定，阀门操作灵活并关闭严密，事故排油井清理干净。

预防措施：施工单位应严格按照设计图纸进行施工，确保事故放油池符合强制性条文规定。

典型问题4：润滑油管道与蒸汽管道布置净距过近，直接保温在一起（见图3-2-30）。

图3-2-30　润滑油管道与蒸汽管道布置净距过近

规定要求：DL 5190.3—2019《电力建设施工技术规范　第3部分：汽轮发电机组》第10.1.4.6条规定：油管外壁与蒸汽管道保温层外表面应有不小于150mm的净距，距离不能满足时应加隔热板。运行中存有静止油的油管应有不小于200mm的净距。

预防措施：施工单位在组织油管道安装时，应注意避让蒸汽管道，提前为蒸汽管道留出保温余量；遇到油管外壁与蒸汽管道净距不符合规范要求时，及时通知设计单位处理。

典型问题5：主机润滑油系统、抗燃油系统循环冲洗后，未对油品中水分、破乳化度、酸值等指标取样检测。

规定要求：GB 14541—2017《电厂用矿物涡轮机油维护管理导则》第5.2条规定：新

油检验项目至少包括外观、色度、运动黏度、黏度指数、倾点、密度、闪点、酸值、水分、泡沫性、空气释放值、钢片腐蚀、液相锈蚀、抗乳化性、旋转氧弹和清洁度（颗粒污染等级）。同时应向油品供应商索取氧化安定性、承载能力及过滤性的检测结果，并确保其符合 GB 11120—2011 标准要求。

DL/T 571—2014《电厂用磷酸酯抗燃油运行维护导则》第 4 条规定：新磷酸醋抗燃油化验项目为外观、颜色、密度、运动黠度、倾点、闪点、自燃点、颗粒污染度、水分、酸值、氯含量、泡沫特性、电阻率、空气释放值、水解安定性、氧化安定性。

DL/T 889—2015《电力基本建设热力设备化学监督导则》第 10.8.2 条规定：主要油质指标应符合表 5 的要求。

预防措施：施工、监理、建设单位相关人员应熟悉相关标准，按要求进行汽轮机润滑油、抗燃油循环冲洗和油质取样，按规程要求的检验项目进行油质取样检验，确保汽轮机整套启动前油质指标合格。

二、发电机本体

发电机本体安装过程中常见问题主要包括发电机定子与转子磁力中心调整记录不规范、密封瓦安装不符合要求和发电机整套风压试验不合格等，产生上述问题的原因主要是施工单位对厂家设计要求和施工技术规范的相关条款不熟悉或者理解不透彻。

典型问题 1：发电机磁力中心调整记录不正确，发电机定子与转子磁力中心安装记录值与制造厂家图纸设计值不符，未考虑汽轮机转子膨胀位移值（见图 3-2-31）。

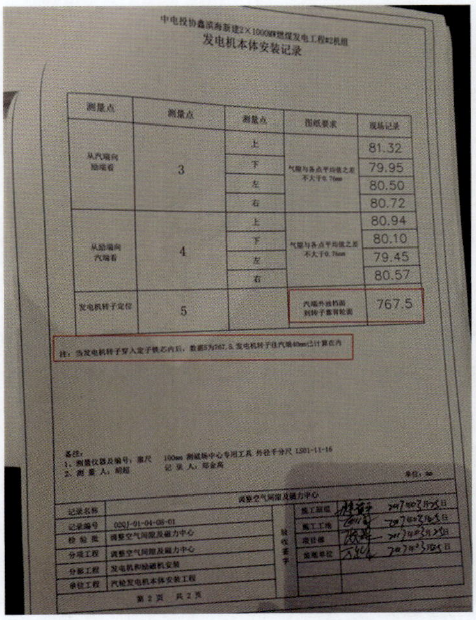

中电投协鑫滨海新建2×1000MW燃煤发电工程#2机组
发电机本体安装记录

测量点	测量点	测量点	图纸要求	现场记录
从汽端向励端看	3	上	气隙与各点平均值之差不大于0.76mm	81.32
		下		79.95
		左		80.50
		右		80.72
从励端向汽端看	4	上	气隙与各点平均值之差不大于0.76mm	80.94
		下		80.10
		左		79.45
		右		80.57
发电机转子定位	5		汽端外油档面到转子靠背轮面	767.5

注：当发电机转子穿入定子铁芯内后，数据5为767.5，发电机转子往汽端40mm已计算在内

备注：
1. 测量仪器及编号：塞尺 100mm 测磁场中心专用工具 外径千分尺 LS01-11-16
2. 测 量 人：[illegible] 记 录 人：[illegible]

单位：mm

调整空气间隙及磁力中心

记录名称		验收签字	施工班组	
记录编号	02QJ-01-04-08-01		施工工地	
检验批	调整空气间隙及磁力中心		项目部	
分项工程	调整空气间隙及磁力中心		监理单位	
分部工程	发电机和励磁机安装			
单位工程	汽轮发电机本体安装工程			

第 2 页 共 2 页

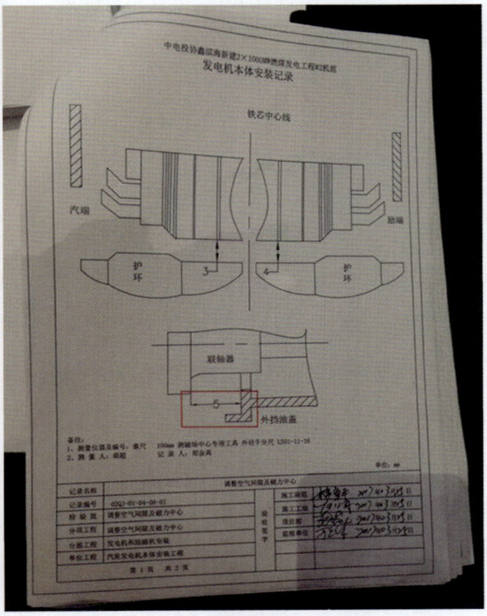

图 3-2-31 发电机磁力中心调整记录不正确

规定要求：发电机厂家技术要求；DL/T 5210.3—2018《电力建设施工质量验收规

程　第3部分：汽轮发电机组》表7.1.20规定：磁力中心预留偏差值偏差应符合制造厂技术要求，无要求时，不大于1mm。

DL 5190.3—2019《电力建设施工技术规范　第3部分：汽轮发电机组》第9.5.1条第1款规定：定子相对于转子的磁力中心，应向励磁机侧偏移一预留值，该数值应符合制造厂要求，制造厂无要求时，可按式（3–1）计算：

$$D=\Delta L/2+C \tag{3–1}$$

式中：D——磁力中心；

ΔL——发电机转子满负荷运行时的热胀伸长量，mm；

C——满负荷运行时发电机联轴器处汽轮机转子的最大绝对位移值，mm。

注：ΔL可按转子两轴径中心线间的长度每米伸长1mm计；当发电机转子轴向位置不受汽轮机转子膨胀位移影响时，$C=0$。

预防措施：现场技术人员应按规定计算出磁力中心设计值（或厂家提供），并复核汽轮机制造厂和汽轮发电机制造厂设计标准，明确发电机磁力中心设计值及测量位置，施工单位、监理单位、建设单位共同现场确认、验收合格。

典型问题2：发电机密封瓦密封环的厚度、孔径、密封环槽宽度等未测量、记录，发电机密封瓦与瓦座轴向窜动量等未测量、记录，缺少发电机密封瓦检查、安装记录等。

规定要求：厂家技术文件；DL/T 5210.3—2018《电力建设施工质量验收规程　第3部分：汽轮发电机组》表7.1.22规定：密封瓦径向总间隙、轴向总间隙（主控项目）应符合制造厂技术要求；密封瓦侧面平行度偏差（主控项目）应小于0.03mm。

DL 5190.3—2019《电力建设施工技术规范　第3部分：汽轮发电机组》第9.7.2条第1款规定：密封瓦水平结合面应接触良好，接触面积应达到结合面面积的75%以上且均匀分布。第2款规定：用千分尺测量密封环厚度、孔径、密封环槽宽度及与密封环相对应处大轴直径，各部分配合间隙应符合制造厂技术要求。第7款规定：密封瓦与轴颈的径向间隙应符合制造厂技术要求。第10款规定：密封瓦与密封瓦座组装好后，测量密封瓦在瓦座内的轴向间隙即窜动量，应符合制造厂技术要求。

预防措施：施工单位技术人员应熟悉相关规程规定，按要求做好发电机密封瓦安装、检查相关工作，避免安装、调整漏项等情况发生，并做好施工记录。

典型问题3：发电机整套风压试验结果不合格，或发电机整套风压试验已合格，但办理的签证单不规范，如内容不全，缺少试验开始和结束时间、压力、温度等参数，缺少漏气量计算书（见图3–2–32、图3–2–33）。

规定要求：DL/T 5210.3—2018《电力建设施工质量验收规程　第3部分：汽轮发电机组》表7.1.28规定：发电机整套风压试验的“试验压力、试验时间、允许漏气量”（主控项目）应符合制造厂技术要求，试验时间为24h。

DL 5190.3—2019《电力建设施工技术规范　第3部分：汽轮发电机组》第9.10.4条规

定：发电机及气体系统整体严密性试验的试验压力与允许漏气量，应符合制造厂技术要求。漏气量试验应持续 24h 以上，并连续记录。

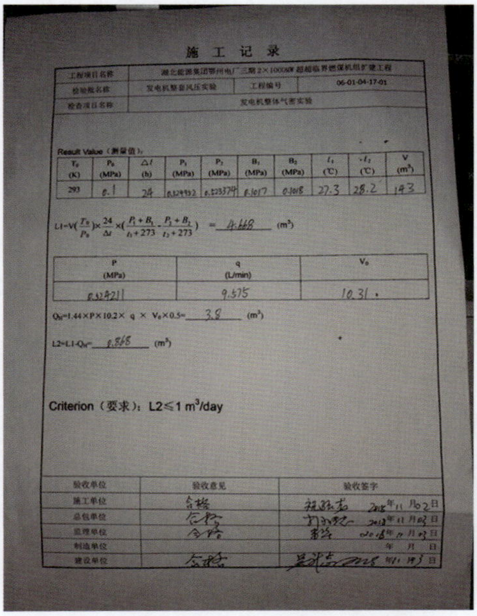

图 3-2-32　整套风压试验记录不规范

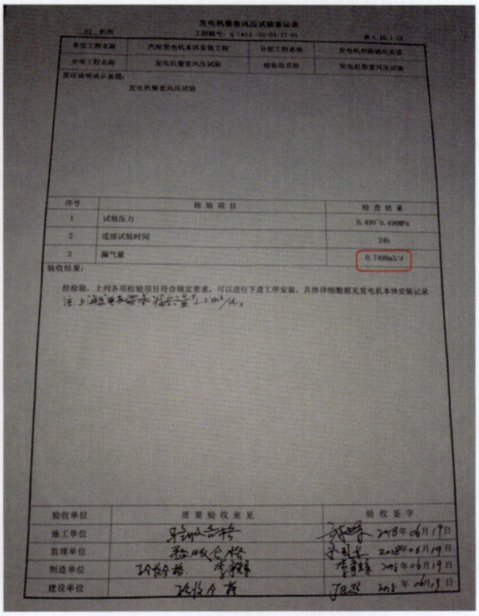

图 3-2-33　缺少发电机整套风压试验记录及计算数据

预防措施：施工单位应熟悉相关规程规定，按要求完成发电机整套风压试验，保证验收签证和支持性技术文件齐全。

典型问题 4：发电机定冷水系统的微碱化装置未与机组同步调试、投运，定冷水的 pH 值不符合规范规定（见图 3-2-34）。

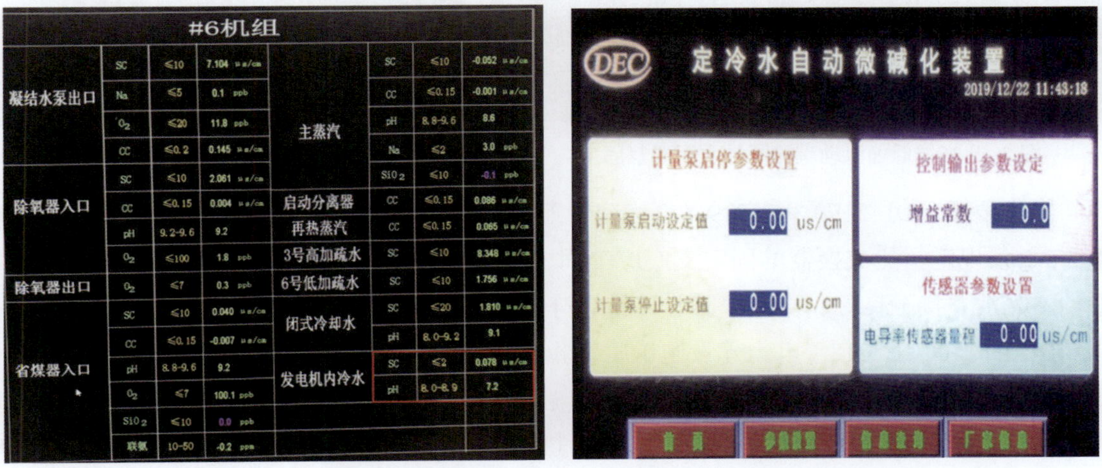

图 3-2-34　发电机内冷水水质指标不合格

规定要求：GB/T 12145—2016《火力发电机组及蒸汽动力设备水汽质量》第 13.1 条表

14 规定：发电机定子空心铜导线冷却水的 pH（25℃）值应控制在 8.0~8.9。

预防措施：定冷水的 pH 控制不达标，可造成发电机内部铜线棒腐蚀、结垢和堵塞，调试单位应在机组整套启动试运前将定冷水碱化装置调试完成，与机组同步投入运行。

三、辅助设备安装

汽机专业辅助设备较多，主要包括凝汽器、除氧器、高低压加热器以及转动机械等设备，安装过程中常见问题主要包括加热器设备的滑动端支座膨胀受阻、转动机械的地脚螺栓安装不规范等。

（一）加热器

在加热器安装过程中，常见问题主要包括加热器滑动端支座膨胀受阻以及安全阀压力整定值不正确等，产生上述问题的原因主要是施工单位未按设计要求安装或者施工遗留物未及时清理、安全阀未按设计要求进行整定等。

典型问题 1：加热器滑动端支座运行中膨胀不顺畅。常见问题有热交换器滑动端支座在膨胀方向未留有足够的位移量；轴封加热器、疏水冷却器、除氧器和低压加热器滑动端未处于自由状态，被水泥砂浆等固定；高压加热器滑动端与底座用螺栓固定，无膨胀位移量，影响膨胀（见图 3-2-35、图 3-2-36）。

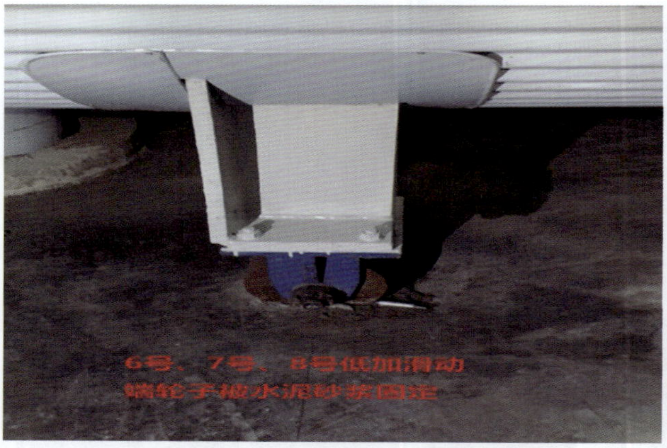

图 3-2-35　低加滑动端轮子被水泥砂浆固定

图 3-2-36　高压加热器滑动端被固定

规定要求：DL 5190.3—2019《电力建设施工技术规范　第 3 部分：汽轮发电机组》中第 5.5.3 条规定：热交换器的固定支座应牢固、可靠，活动支座应清洁、无杂物。结合面应平整、光洁并接触良好，支座膨胀位移量应符合设计要求。

DL/T 5210.3—2018《电力建设施工质量验收规程　第 3 部分：汽轮发电机组》表 10.5.1 规定：除氧器（水箱）底座、支座和滚柱接触表面应光洁，无毛刺，无焊瘤；支座滚柱应满足膨胀要求；表 10.6.1 规定：高、低压加热器固定支座应牢固可靠，活动支座应清洁无异物。

预防措施：施工单位应严格按照制造厂设计要求和施工技术规范的规定进行安装，确保热交换器滑动端支座在膨胀方向上留有足够的位移量，避免膨胀受阻的情况发生。

典型问题 2：安全阀压力整定值不符合设计要求，设计单位、监理单位、建设单位未对各系统安全阀整定值进行确认（见图 3–2–37、图 3–2–38）。

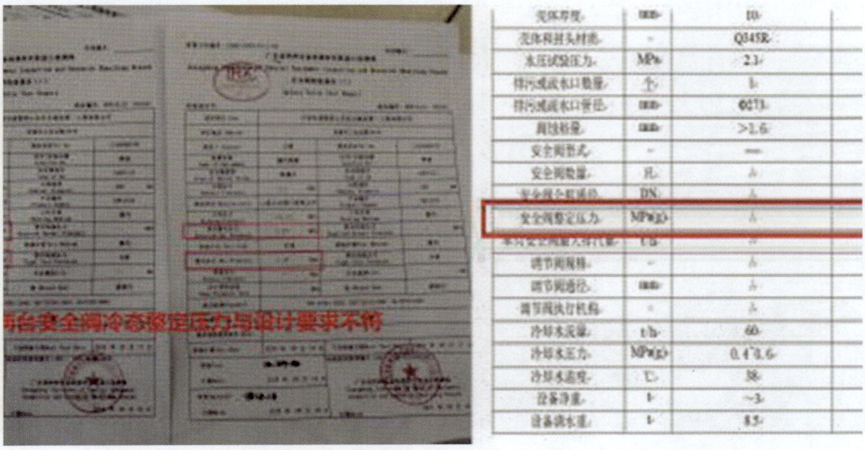

图 3–2–37　安全阀压力整定值与设计要求不符

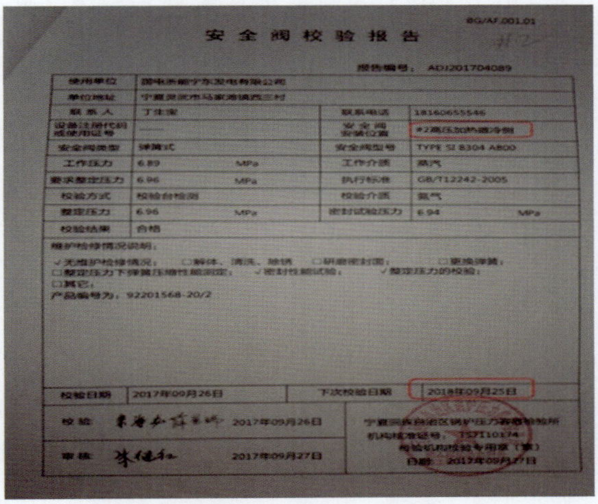

图 3–2–38　安全阀校验报告已过有效期

规定要求：DL/T 5054—2016《火力发电厂汽水管道设计规范》第 11.1.3 条规定：安全阀的整定压力除工艺有特殊要求外，应为正常最大工作压力的 1.1 倍，最低为 1.05 倍。

DL/T 5210.3—2018《电力建设施工质量验收规程　第 3 部分：汽轮发电机组》表 10.1.4 规定：安全阀校验整定压力应符合设计要求，应核查整定报告；安全阀应与系统压力匹配。

预防措施：安全阀冷态整定前，设计、监理、建设单位应对各个安全阀整定值进行检查确认，安全阀检定单位应严格按照经过确认后的整定值进行整定。

（二）转动机械

汽机专业转动机械主要包括汽动给水泵、电动给水泵、前置泵、凝结水泵、真空泵、开式水泵、闭式水泵等设备。常见问题是地脚螺栓安装不规范，产生的原因是现场施工人员未严格按照规范标准工艺要求施工。

典型问题：转动设备的地脚螺栓安装不规范。常见问题有转动设备地脚螺栓无防松措施，且地脚螺栓未露出丝扣；安装找正用的调整螺钉未松开（见图 3-2-39、图 3-2-40）。

图 3-2-39　地脚螺栓未采取防松措施

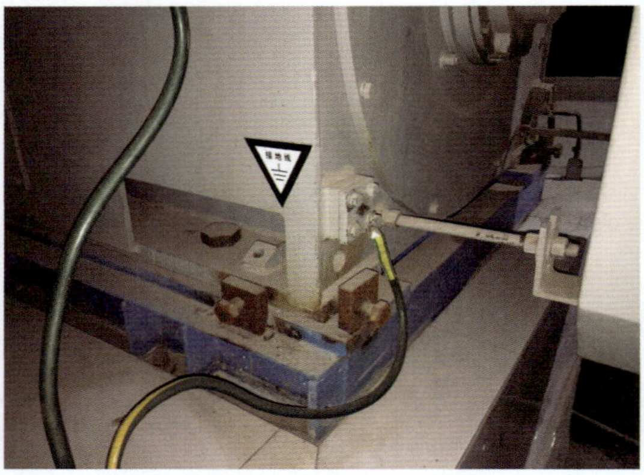

图 3-2-40　调整螺钉未松开

规定要求：DL 5190.3—2019《电力建设施工技术规范　第 3 部分：汽轮发电机组》第 6.1.8 条第 4 款规定：地脚螺栓的螺母与垫圈、垫圈与底座应接触良好，并应采取防松措施。第 5 款规定：地脚螺栓终拧后螺栓端部宜露出螺母 2~3 个螺距。

第 6.1.10 条规定：底座带有调整螺钉的附属机械安装时应符合下列规定：不作为永久性支撑的调整螺钉，找平、找正后，在设备的底座下部应用垫铁垫实，然后再把调整螺钉松开。

预防措施：施工单位应加强施工人员的辅机安装基础知识培训，并做好技术交底，现场施工人员应严格按照标准工艺要求施工。

四、管道安装

汽机专业管道安装主要包括四大管道安装和中低压管道安装。管道安装过程中常见问题有穿墙或穿楼面的管道未预留套管、管道支吊架安装调整不规范以及管道补偿器未按规定调整等。

（一）管道支吊架

管道支吊架常见形式主要包括恒力支吊架、变力弹簧支吊架、液压阻尼器、刚性支吊架、限位装置、导向支架、滑动支架、固定支架等。常见问题主要包括支吊架安装、调整不符合规定等。

典型问题 1：管道支吊架安装不规范，调整不到位。常见问题有管道支吊架吊杆锁紧螺母未锁紧；支吊架歪斜；支吊架穿过电缆夹层；托架、管道支吊架受力部件被保温覆盖；支吊架在机组运行状态时晃动过大；支架下部有间隙未受力；滑动支架未加装四氟乙烯垫板；弹簧支吊架锁紧销子未拆除；弹簧支吊架刻度尺缺失；弹簧支架压缩量未调整合格等（见图 3-2-41~ 图 3-2-44）。

图 3-2-41　弹簧支架销子 未拆除

图 3-2-42　管道支吊架受力部件被保温覆盖

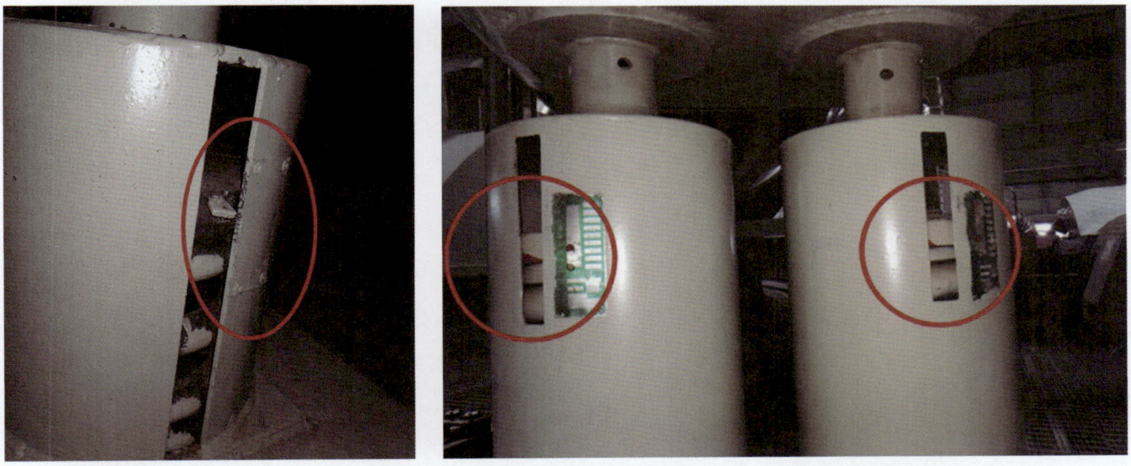

图 3-2-43　恒力吊架状态指示标识被油漆覆盖或吊架无状态指示标识

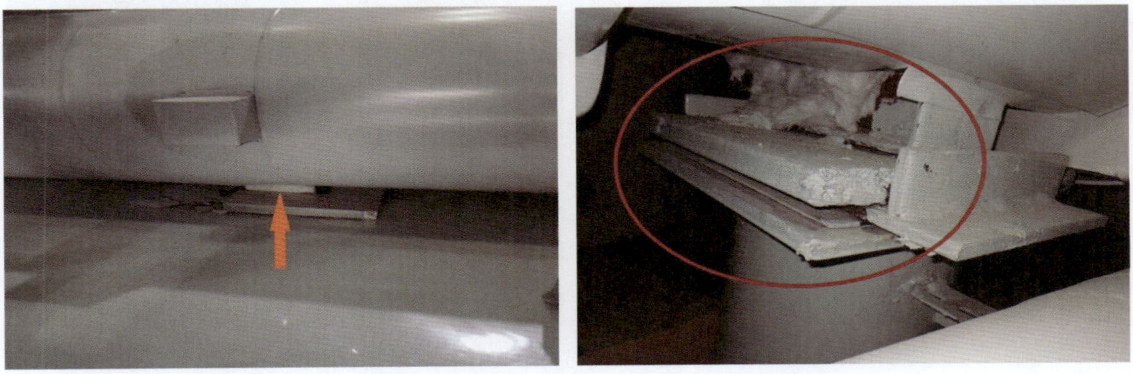

图 3-2-44　管道支架底部聚四氟乙烯滑动板未固定

规定要求： DL/T 1113—2009《火力发电厂管道支吊架验收规程》第 5.4.1.5 条规定：滑动支架的滑动面应平整光滑，无卡涩现象。固定聚四氟乙烯板或不锈钢滑动板的螺钉不得高于滑动板平面。第 5.4.2.1 条规定：恒力支吊架应有载荷和位移指示牌以及“冷、热”态位置标记。第 5.4.2.2 条规定：变力弹簧支吊架应有载荷位移指示牌以及“冷、热”态位置标记。第 9.1.17 条规定：支吊架安装后，严禁将支吊架的弹簧、吊杆及滑动与导向支架的滑动面包在保温层内，保温层不得干涉、阻碍支吊架的正常工作。第 10.1.3 条规定：螺纹部件上的锁紧螺母、开口销、临时锁紧装置以及恒力支吊架和变力弹簧支吊架的锁紧装置均应正确锁定。第 10.1.4 条规定：支吊架的载荷、位移指示牌应尽可能便于观察。如发现指示牌有损坏，应予以更换。

DL 5190.5—2019《电力建设施工技术规范　第 5 部分：管道及系统》第 5.7.3 条规定：除设计采取特殊措施外，吊杆不应穿过保温层。第 5.7.4 条规定：支吊架吊杆不应穿过电缆桥架。第 5.7.9 条规定：导向支架盒滑动支架的滑动面应洁净、平整，聚四氟乙烯板等活动件与支撑件应接触良好，规定应能自由膨胀。第 5.7.10 条规定：所有活动支架的活动部分均应外露，不应被混凝土及保温层覆盖。第 5.7.13 条规定：支吊架应在管道系统安装、严密性试验、保温结束后进行调整，并将弹性支吊架固定销全部自然抽出。第 5.7.14 条规定：支吊架吊杆与花篮螺母连接时应留有调整余量，调整后，螺杆应露出连接件 15mm 以上，支吊架的生根螺栓、吊杆连接螺母和花篮螺母等连接件应用锁紧螺母锁紧，不应采用点焊或其他破坏螺纹的方法锁紧连接件。第 5.7.18 条规定：支吊架冷态、热态状态下的弹簧位置宜分别作出标记。

预防措施： 施工单位严格按照图纸要求和规范规定安装管道支吊架，监理单位、建设单位对现场热力系统管道支吊架安装加强检查，对存在的问题及时通知施工单位整改。

典型问题 2： 汽轮机润滑油系统管道支吊架、除盐水系统支吊架与不锈钢管道之间未加装隔离垫片（见图 3-2-45）。

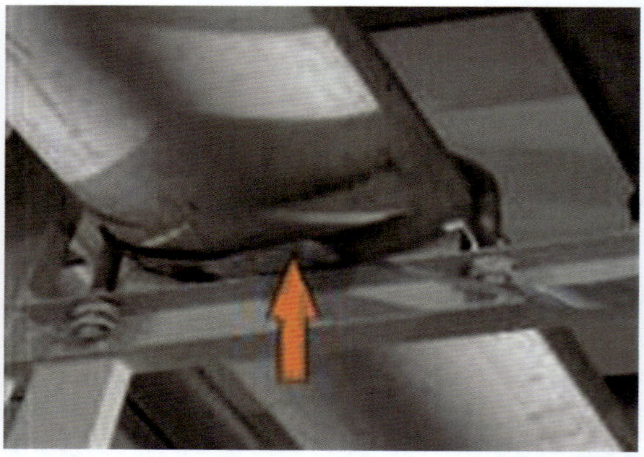

图 3-2-45　不锈钢管道与支吊架间未加装隔离垫片

规定要求： DL 5190.5—2019《电力建设施工技术规范　第 5 部分：管道及系统》第 5.4.3 条规定：不锈钢管道及管件的储存、搬运、安装不应与铁素体材料直接接触，不锈钢管道与支吊架之间应垫入不锈钢垫片或氯离子含量不超过 50mg/kg 的非金属材料。

预防措施： 施工单位技术人员应熟悉相关规程规定，应严格按照标准工艺要求施工。

典型问题 3： 六大管道支吊架安装记录中冷态原始值、热态位移记录值与图纸不符，且不规范（见图 3-2-46、图 3-2-47）。

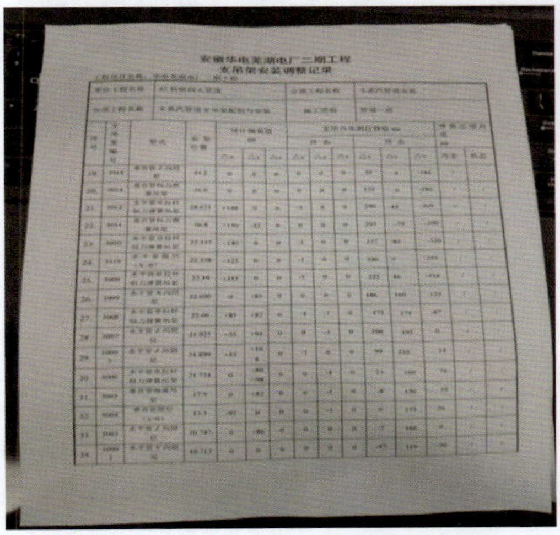

图 3-2-46　支吊架安装记录不规范

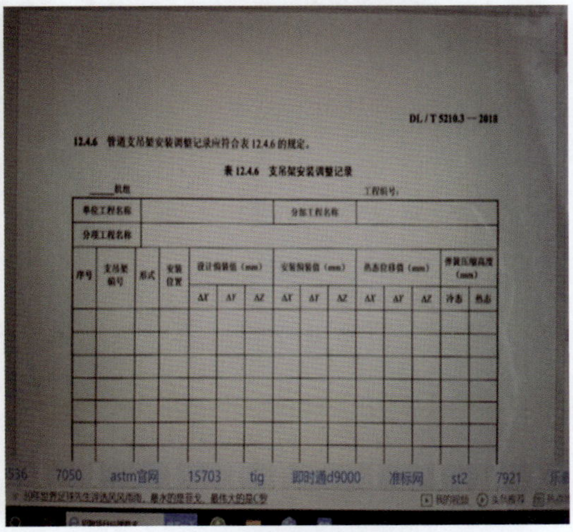

图 3-2-47　支吊架安装调整记录表（式样）

规定要求： DL/T 5210.3—2018《电力建设施工质量验收规程　第 3 部分：汽轮发电机组》表 12.4.6 规定。

DL 5190.5—2019《电力建设施工技术规范　第 5 部分：管道及系统》第 5.7.16 条有热位移的管道，在受热膨胀时，支吊架应进行下列检查与调整：①活动支架的位移方向、位移量及导向性能应符合设计要求；②管部应无脱落现象；③固定支架应牢固可靠；④弹性支吊架的指示应符合设计要求；⑤在额定工况下，对高压管道的支吊架的偏斜度、受力状况进行检查，并形成记录。

预防措施： 施工单位技术人员应按照规程规定记录六大管道支吊架冷态原始值和热态位移值；在机组整套启动试运阶段，监理单位和建设单位相关人员应对六大管道支吊架加强巡查。

（二）管道补偿器

管道补偿器又称为伸缩器或伸缩节、膨胀节，主要用于补偿管道受温度变化而产生的热胀冷缩，包括金属波纹补偿器、非金属补偿器、套筒补偿器、方形补偿器等。安装常见问题主要是未按照图纸要求进行调整。

典型问题： 管道补偿器未松开限位装置（见图 3-2-48）。

图 3-2-48　管道补偿器未松开限位装置

规定要求： DL 5190.5—2019《电力建设施工技术规范　第 5 部分：管道及系统》第 5.6.13 条管道补偿器安装应符合下列规定：①管道补偿器安装后与管道同轴，不应偏斜；②松开或拉紧限位装置在管道安装结束后进行；③当管道补偿器内部带有套管时，套管的固定端位于介质的入口侧；④与设备相连的管道补偿器，在设备最终定位后方可连接。

预防措施： 施工人员应熟悉管道伸缩节厂家技术要求和规程规范规定，严格按照标准工艺要求施工；分系统调试阶段，施工技术人员、监理工程师应对管道补偿器部位加强巡查。

（三）穿墙和穿楼板管道

管道穿墙或穿楼面是常见的布置型式，按规定预留套管和及时采取封堵措施，有利于保障建筑物的使用功能。

典型问题： 穿墙或穿楼面的管道未装设套管（见图 3-2-49）。

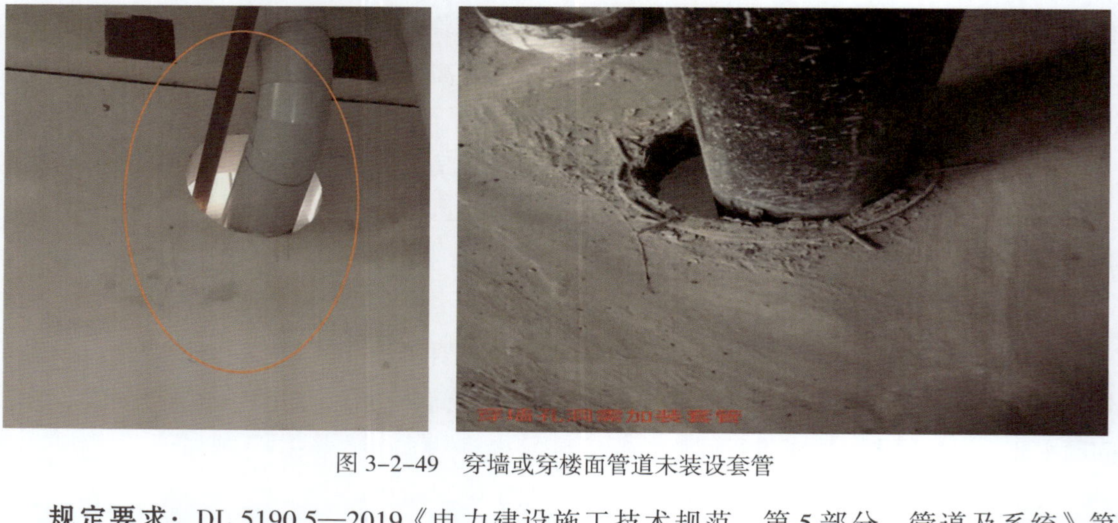

图 3-2-49　穿墙或穿楼面管道未装设套管

规定要求： DL 5190.5—2019《电力建设施工技术规范　第 5 部分：管道及系统》第

5.4.2 条管道穿过隔墙、楼板时应符合下列规定：①隔墙、楼板内有套管；②隔墙、楼板内的管段不应有焊口；③穿墙套管长度应大于墙厚，穿楼板套管宜高出楼面或地面 25~30mm；④管道与套管的空隙采用不燃软质材料填塞。

预防措施：施工图设计阶段，设计单位应加强工艺专业与建筑专业的配合，提前按照管道尺寸预留套管；施工图审查阶段，施工单位、监理单位、建设单位相关人员应对系统布置，尤其是机务专业与建筑专业接口加强审查，发现问题及时通知设计单位处理。

五、其他

在汽机专业安装过程中，还经常发生汽轮机本体安装作业指导书编写不完善、本体安装工序遗漏、基础沉降量未按照设备安装阶段进行观测、二次灌浆试块不符合规定以及汽缸保温影响机组膨胀等问题，产生上述问题的原因主要是施工技术人员对相关规程条款不熟悉，现场技术交底的可操作性不强等。

（一）汽轮机安装作业指导书

汽轮机安装作业指导书是为保证汽轮机安装质量而编制的操作性文件，对现场施工作业具有指导性意义。汽轮机安装作业指导书在编制过程中存在内容不全、缺少关键技术要求等，产生问题的主要原因是施工单位对图纸、规范理解深度不足，监理单位和建设单位相关人员审核把关不严。

典型问题：《汽轮机本体安装作业指导书》编制不规范，缺少如下相关技术要求：缺少轴承座地脚螺栓紧固、汽缸负荷分配安装技术要求。《汽轮机本体扣盖作业指导书》缺少碰缸试验内容和技术要求；缺少扣盖工作的施工组织机构、低压缸各部件吊装顺序、汽缸密封脂型号、螺栓防咬合剂型号、低压缸结合面螺栓冷热紧顺序和力矩值。

规定要求：DL 5190.3—2019《汽轮机安装说明书》《电力建设施工技术规范　第 3 部分：汽轮发电机组》。

预防措施：建设单位应组织设备厂家进行汽轮机本体安装前技术交底；施工单位严格按照厂家技术文件和规程规范的规定编制施工方案，在施工方案中详细描述作业工序和主要质量控制点；监理单位、建设单位做好施工方案的审批工作。

（二）汽轮机本体施工工序

施工工序指从接受施工任务直到交工验收所包括的主要阶段的先后次序。在汽轮机本体安装过程中，发生重要工序遗漏将严重影响汽轮机安装质量，甚至发生返工的情况。

典型问题：汽轮机本体施工程序不熟悉，重要工序有遗漏，现场常见的遗漏工序有：①未对转子轴颈椭圆度和不柱度进行测量和记录；②未对转子对轮外圆晃度、止口晃度及轴颈跳动进行测量和记录；③未对转子弯曲度、转子推力盘端面瓢偏及径向晃动进行测量和记录；④未对转子对轮止口配合间隙进行测量和记录，且不了解厂家标准要求；⑤汽缸内易松脱部件未采取防松锁紧措施；⑥未对静叶持环、汽封套、隔板等支撑键、挂耳等配合间隙进行测量和记录，未对静叶持环、汽封套、隔板与汽缸等轴向、径向膨胀间隙、销顶膨胀间隙进行测量和记录；⑦高、中压缸猫爪下的调整垫片未转换为正式垫片；⑧未对旋转隔板（如有）与油动机全开全关对应位置进行测量和记录，核对是否符合图纸要求；⑨轴承箱基础下部地脚螺栓的托盘、螺母、螺栓未采取防松锁紧措施。⑩未做低压内缸锚爪支承座补偿器和低压内缸横向定位臂补偿器严密性试验（见图 3–2–50、图 3–2–51）。

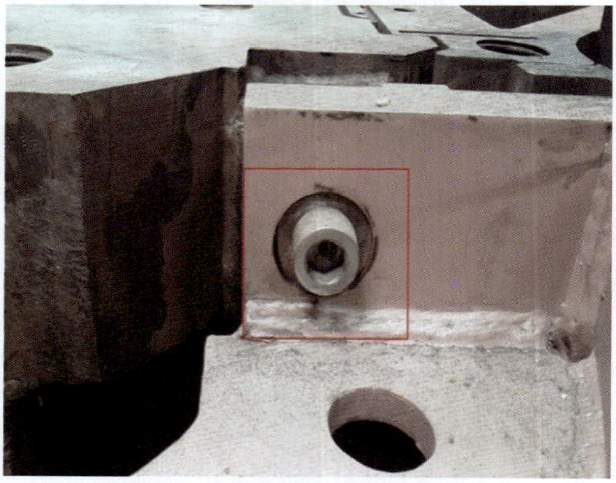

图 3–2–50　低压缸排汽导流环连接螺栓未锁紧

图 3–2–51　未做补偿器严密性试验

规定要求：汽轮机厂家技术要求；DL/T 5210.3—2018《电力建设施工质量验收规程　第 3 部分：汽轮发电机组》表 6.1.6、表 6.1.24、表 6.1.25、表 6.1.27、表 6.1.35、表 6.1.36、表 6.1.43 规定（与 DL 5190.3—2019 下述相关条款规定一致）。

DL 5190.3—2019《电力建设施工技术规范　第 3 部分：汽轮机发电机组》第 4.3.7.6 条规定：螺栓最终紧固后应采取防松脱措施。第 4.8.2 条第 5 款规定：定位上下两半隔板、隔板套的销键和对应槽孔的配合间隙应符合制造厂技术要求；第 6 款规定：隔板、隔板套、汽缸间的膨胀间隙应符合制造厂技术要求；第 9 款规定：静叶持环、平衡活塞的汽封套、汽封片与汽封套的轴向窜量应符合制造厂技术要求，无要求时，高压缸宜为 0.15~0.25mm，低压缸宜为 0.40~0.50mm。第 4.8.4 条第 3 款规定：汽轮机扣大盖前回转隔板应进行动作试验，隔板转动应灵活，全开和全关位置应在缸外做标记；第 4 款规定：全开和全关位置与油动机行程指示相对应。第 4.8.5.5 条规定：汽封套与洼窝的配合应符合制造厂技术要求。第 4.10.2.3 条规定：试扣缸应符合下列规定：检查隔板、隔板套、汽封套等与汽缸间的径向膨胀间隙。第 4.10.3.5 条规定：转子轴颈椭圆度和不柱度、对轮晃度及瓢偏、推力盘瓢偏、转子弯曲度测量。第 4.7.2.5 条规定：联轴器端面止口内、外圆晃度应不大于 0.02mm，且两转子联轴器止口配合间隙应符合制造厂技术要求。第 4.10.4.6 条规定：汽缸内可能松脱的部件，扣缸前应锁紧。第 4.4.10.4 条规定：进行负荷分配时应检查猫爪横销的承力面、滑动面、台板的滑动面等是否接触良好，用 0.05mm 塞尺检查应与试装时相符。特殊情况下，允许在猫爪横销不滑动的接触面间加一层整张的钢质调整垫片，其厚度不应小于

0.10mm。

预防措施：施工单位技术人员应熟知汽轮机厂家要求及规程规范规定，与主要施工人员共同提前策划施工工序；将施工工序项目在作业指导书中详细列出，经审批后对现场施工人员进行技术交底，重点强调；汽轮机本体安装阶段，严格按照策划好的施工工序项目进行施工，做好记录；验收阶段，施工单位质检员及监理工程师对施工工序进行重点跟踪、检查和验收。

（三）汽轮机真空系统

真空系统也称为凝汽器抽气系统，用来建立和维持汽轮机的背压和凝汽器的真空，保障汽轮机安全稳定运行。常见问题主要是未进行真空系统严密性灌水试验。

典型问题：未进行汽轮机真空系统严密性灌水试验。

规定要求：DL 5190.3—2019《电力建设施工技术规范　第3部分：汽轮发电机组》第5.9.3条规定：灌水前要加装临时高位水位计。水位高度宜在汽封洼窝以下100mm处。各抽汽管道及其他在主机启动时处于真空状态下的管道和设备均应灌水。DL 5190.3—2019第5.9.4条直接空冷机组排汽管道及散热器严密性试验应符合下列规定：①试验压力应符合制造厂技术要求，无要求时，宜为0.03~0.05MPa。②达到试验压力后，24h内每隔15min记录精密压力表或U形差压计的计数。③平均压力下降速度应符合制造厂技术要求；无要求时，24h内总压降应小于5kPa，每小时压降应不大于24h平均压降速度。

预防措施：汽轮机启动前应对凝汽器的汽侧，低压缸的排汽部分以及空负荷时处于真空状态的辅助设备和管道，进行严密性检查，应制定汽轮机真空系统严密性灌水检查措施，焊口和法兰不得先行保温，真空系统灌水试验水位高度宜在汽封洼窝以下100mm。

第三节　电气专业

发电工程电气专业安装主要涉及升压站、发变组、厂用电系统等电气一、二次系统设备。由于施工技术人员对规程规范不熟悉、施工技术交底针对性不强、未按设计要求施工以及施工过程质量控制不到位等原因，在施工过程中常发生电气一次系统接线不完整或设备接地连接不可靠、电气二次回路接线不规范或错接、防火封堵不完善、电气设备交接试验及保护调试漏项等典型质量问题，给机组运行带来严重的质量隐患。目前，电气专业常用的技术规范见表3-3-1。

表3-3-1　电气专业常用的技术规范

序号	技术规范
1	GB 50147—2010《电气装置安装工程　高压电器施工及验收规范》

续表

序号	技术规范
2	GB 50148—2010《电气装置安装工程　电力变压器、油寖电抗器、互感器施工及验收规范》
3	GB 50149—2010《电气装置安装工程　母线装置施工及验收规范》
4	GB 50171—2012《电气装置安装工程　盘、柜及二次回路接线施工及验收规范》
5	GB 50254—2014《电气装置安装工程　低压电器施工及验收规范》
6	GB 50257—2014《电气装置安装工程　爆炸和火灾危险环境电气装置施工及验收规范》
7	GB 50256—2014《电气装置安装工程　起重机电气装置施工及验收规范》
8	GB 50169—2016《电气装置安装工程　接地装置施工及验收规范》
9	GB 50150—2016《电气装置安装工程　电气设备交接试验标准》
10	GB 50168—2018《电气装置安装工程　电缆线路施工及验收标准》
11	GB 50170—2018《电气装置安装工程　旋转电机施工及验收标准》
12	GB/T 50976—2014《继电保护及二次回路安装及验收规范》
13	GB/T 14285—2006《继电保护及安全自动装置技术规程》
14	DL/T 1473—2016《电测量指示仪表检定规程》
15	JJG 126—95《交流电量变换为直流电量　电工测量变送器检定规程》
16	DL/T 5161—2018《电气装置安装工程　质量检验及评定规程》
17	GB 50835—2013《1000kV 电力变压器、油浸电抗器、互感器施工及验收规范》
18	GB 50836—2013《1000kV 高压电器（GIS、HGIS、隔离开关、避雷器）施工及验收规范》
19	GB/T 50832—2013《1000kV 系统电气装置安装工程　电气设备交接试验标准》
20	DL/T 5312—2013《1000kV 变电站电气装置安装工程施工质量检验及评定规程》
21	《防止电力生产事故的二十五项重点要求》(国能安全〔2014〕161 号)

一、设备接地

设备接地是电气专业安装的重要内容，常见的接地设备有：变压器、电抗器、互感器、发电机、离相封闭母线外壳、隔离开关、避雷器、成套开关柜等。在施工过程中，常见问题有：变压器本体部分接地不规范、成列开关柜接地母线连接不规范以及发电机本体、离相封闭母线外壳未接地，一次设备的接地未完善等。

典型问题 1：变压器本体、铁芯、夹件接地不规范。

案例 1：变压器铁芯、夹件未直接接地，不便于接地电流检测；变压器本体接地的连接螺栓未紧固、无防松措施（或螺栓未露出螺母）（见图 3-3-1~ 图 3-3-3）。

图 3-3-1　变压器的铁芯、夹件未直接接地

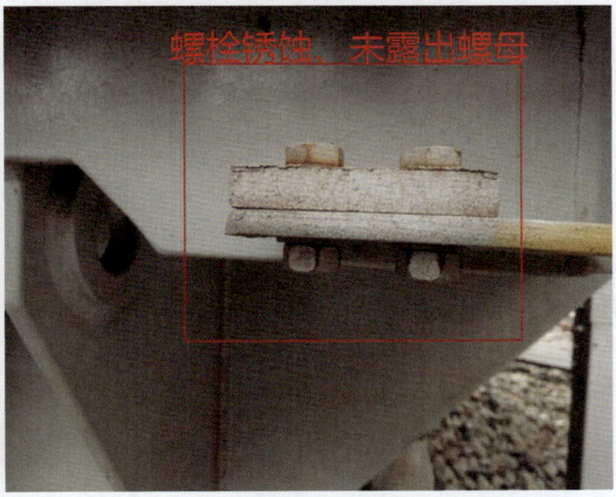

图 3-3-2　变压器本体接地的连接螺栓未露出螺母

图 3-3-3　变压器本体接地的螺栓未紧固

案例 2：励磁变压器铁芯接地的连接片未恢复，发电机中性点接地电阻柜内接地变压器铁芯的接地连接不可靠（接触面间存在油漆）（见图 3-3-4、图 3-3-5）。

规定要求：GB 50169—2016《电气装置安装工程　接地装置施工及验收规范》第 4.2.10 条第 4 款规定：变压器的铁芯、夹件与接地网应可靠连接，并应便于运行监测接地线中的环流。

GB 50148—2010《电气装置安装工程　电力变压器、油浸电抗器、互感器施工及验收规范》第 4.5.7 条第 2 款规定：所有螺栓应紧固、并有防松措施。

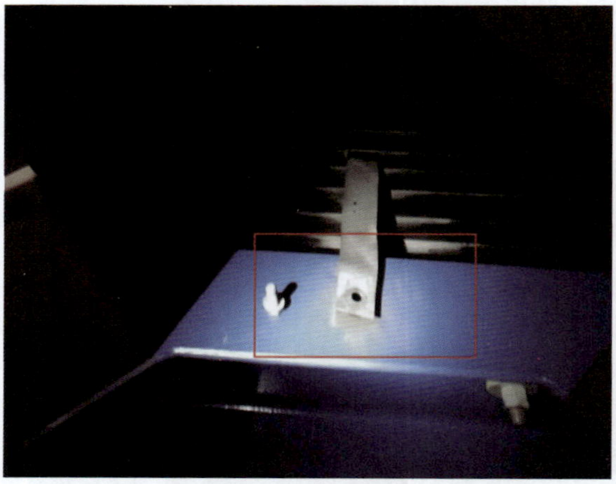

图 3-3-4　励磁变铁芯未接地

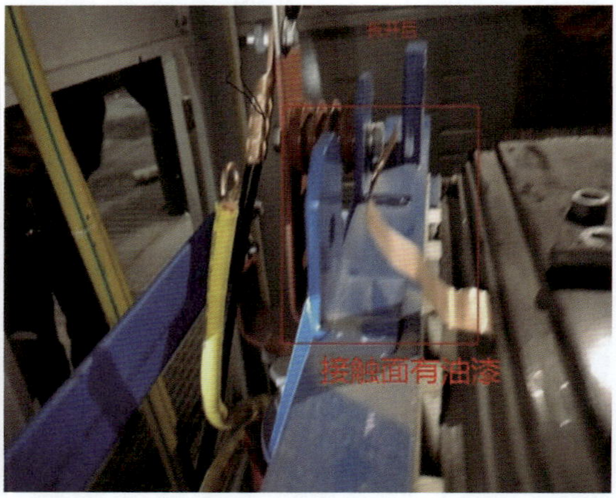

图 3-3-5　发电机中性点柜接地变的铁芯接地不可靠

预防措施： 在设计联络会、施工图审查时，各相关人员应加强对变压器接地部分的审查，将变压器铁芯接地的技术要求落实到设计和厂家图纸上；设备到货验收阶段，对变压器接地部分进行验收，发现问题及时反馈厂家整改；变压器调试期间，试验人员在完成电气设备的交接试验项目后，应及时恢复拆除的连接线。

典型问题 2： 变压器（主变压器、高厂变压器、励磁变压器）、发电机出口电压互感器柜处离相封母的外壳短路板未接地，发电机出线罩、发电机本体未接地（见图 3-3-6~ 图 3-3-9）。

图 3-3-6　励磁变压器封母外壳短路板未接地

图 3-3-7　发电机出线罩未接地

图 3-3-8 发电机本体未接地

图 3-3-9 主变压器离相封母外壳短路板未接地

规定要求：GB 50149—2010《电气装置安装工程 母线装置施工及验收规范》第 3.6.6 条规定：金属封闭母线的外壳及支持结构的金属部分应可靠接地。

GB 50169—2016《电气装置安装工程 接地装置施工及验收规范》第 4.2.10 条第 1 款规定：旋转电机机座或外壳，出线柜、中性点柜的金属底座和外壳，封闭母线的外壳应采用专门敷设的接地线接地。

预防措施：施工单位加强施工过程管理，在施工方案（或作业指导书）中应明确主要施工工序及主要质量控制要点，加强班组作业人员培训并进行技术交底；验收阶段，监理工程师对相关接地部位重点检查。

典型问题 3：变压器中性点接地开关操作拉杆未做跨接接地，垂直连杆上未涂黑色油漆标识（见图 3-3-10）。

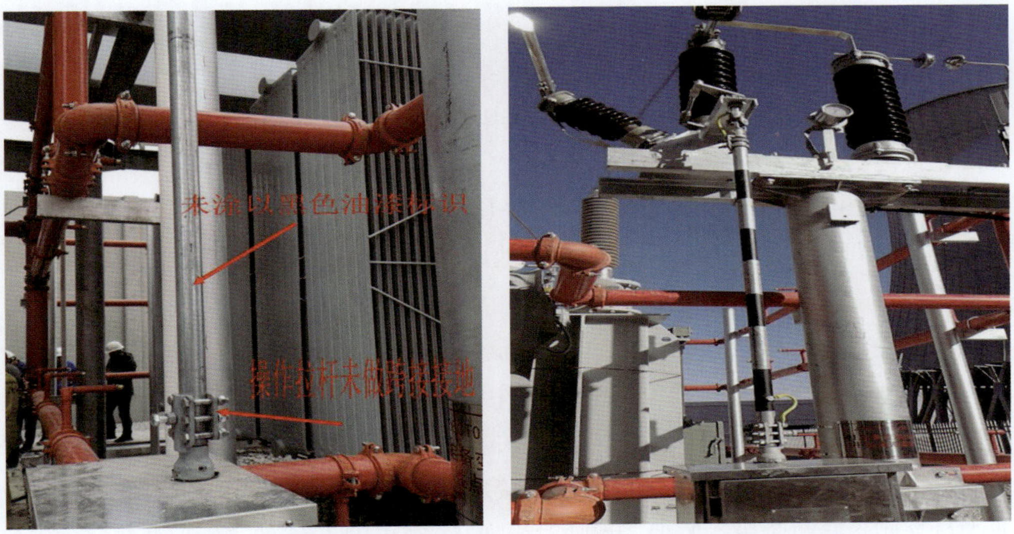

图 3-3-10 变压器中性点接地开关操作拉杆未跨接接地

规定要求：GB 50169—2016《电气装置安装工程　接地装置施工及验收规范》第 3.0.4 条第 1 款的规定：电气设备的金属底座、框架及外壳和传动装置均必须接地。

GB 50147—2010《电气装置安装工程　高压电器施工及验收规范》第 8.2.5 条第 7 款规定：隔离开关、接地开关平衡弹簧应调整到操作力矩最小并加以固定；接地开关垂直连杆上应涂以黑色油漆标识。

预防措施：施工单位应对现场作业人员加强培训，并组织专项交底，设备安装完后及时做好跨接接地和颜色标识；验收阶段，监理工程师对跨接接地和颜色标识进行重点检查。

典型问题 4：成列开关柜的接地母线与主接地网连接不规范。

案例：高（低）压配电装置柜的接地母线未与主接地网连接或仅为 1 点连接，接地母线与主接地网连接线的截面积偏小（见图 3-3-11、图 3-3-12）。

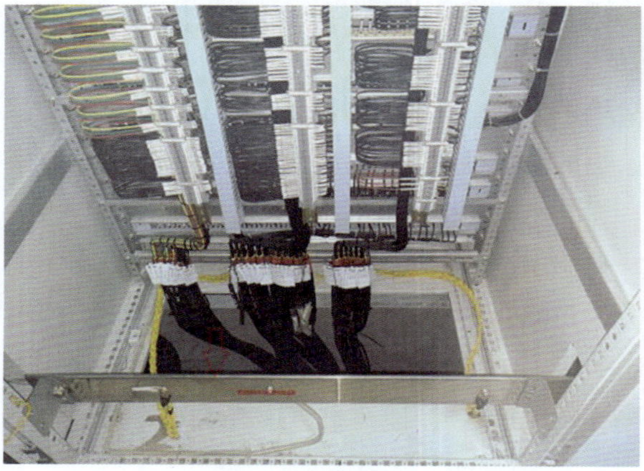

图 3-3-11　PC 段接地母线未接地

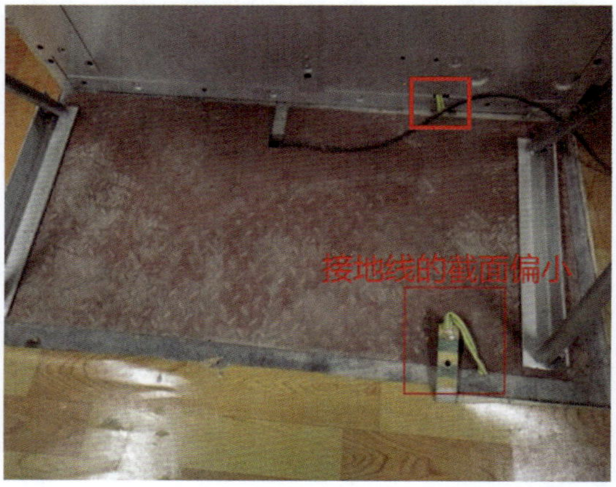

图 3-3-12　10kV 配电柜接地母线与主接地网的连接线截面偏小

规定要求：GB 50169—2016《电气装置安装工程　接地装置施工及验收规范》第 4.2.10 条第 6 款规定：成列安装盘、柜的基础型钢和成列开关柜的接地母线，应有明显且不少于两点的可靠接地。

GB 50147—2010《电气装置安装工程　高压电器施工及验收规范》第 6.3.4 条规定：成列开关柜的接地母线，应有两处明显的与接地网的可靠连接点。金属柜门应以铜软线与接地的金属构架可靠连接。

GB 50171—2012《电气装置安装工程　盘、柜及二次回路接线施工及验收规范》第 7.0.2 条规定：成套柜的接地母线应与主接地网可靠连接。

预防措施：施工单位技术人员应熟悉相关规程规范规定，在编制施工方案（或作业指导书）时详细描述成列开关柜接地母线与主接地网连接的质量控制要点，经审批后组织现场作业人员交底；验收阶段，监理工程师对成列开关柜接地母线的接地部位进行重点检查。

典型问题 5：发电机中性点接地电阻柜、高厂变压器分支中性点接地电阻柜内电流互感器一次绕组的尾端未接地（见图 3-3-13、图 3-3-14）。

图 3-3-13 发电机中性点柜 TA 一次绕组尾端未接地

图 3-3-14 高厂变压器分支中性点接地电阻柜 TA 一次未接地

规定要求：施工设计图中接线要求。

预防措施：施工单位技术人员应熟悉相关设计图纸并交底到位，作业人员在施工过程中严格按图纸要求执行，工作认真仔细；验收阶段，监理工程师对相关接线部位进行重点检查。

典型问题 6：发电机出口电压互感器柜内连接单芯电力电缆的铜排直接接地不正确（不应接地），发电机中性点接地电阻柜内单芯电力电缆错接在隔离开关的下端口（应接在母线端）（见图 3-3-15、图 3-3-16）。

图 3-3-15 发电机出口电压互感器柜接线错误

图 3-3-16 发电机中性点接地电阻柜电缆接线错误

规定要求：施工设计图中的接线要求。

预防措施：施工单位技术人员应熟悉相关设计图纸并交底到位，作业人员在施工过程中严格按图纸要求执行，工作认真仔细；验收阶段，监理工程师对相关接线部位进行重点检查。

二、变压器、电抗器安装

在变压器、电抗器安装过程中，常见问题有瓦斯继电器未安装防雨罩、SF_6密度继电器压力值显示不正常、端子箱内电缆屏蔽层的接地线与加热器的距离较近、变压器区域金属支架接地不规范以及事故油池内铺设的卵石不规范等。

典型问题1：变压器（主变压器、高厂变压器、启备变压器、电抗器）气体继电器的防雨罩未安装、气体继电器的观察窗挡板未打开，变压器吸湿器的油封油位未在油面线上（过高或偏低）、吸湿器油封内的油质乳化（见图3-3-17、图3-3-18）。

图3-3-17　气体继电器未装防雨罩

图3-3-18　气体继电器观察窗的档板未打开

规定要求：GB 50148—2010《电气装置安装工程　电力变压器、油浸电抗器、互感器施工及验收规范》第4.8.9条规定：气体继电器应具有防潮和防进水的功能并加装防雨罩；电缆引线在接入气体继电器处应有滴水湾，进线孔洞封堵应严密。第4.8.9条第6款规定：气体继电器观察窗的挡板应处于打开位置。第4.8.11条规定：吸湿器与储油柜间连接管的密封应严密，吸湿剂应干燥，油封油位应在油面线上。

预防措施：建设单位在订货技术协议中应明确对气体继电器防雨罩的要求，在设备到货验收阶段发现不满足要求时应及时联系厂家予以整改；变压器投运前将气体继电器的观察窗挡板打开，对变压器的油封油位进行检查。

典型问题2：变压器、电抗器本体底座未固定（见图3-3-19）。

规定要求：GB 50148—2010《电气装置安装工程　电力变压器、油浸电抗器、互感器施工及验收规范》第4.1.9条第2款规定：变压器、电抗器基础的轨道应水平，轨距与轮距应相符；装有滚轮的变压器、电抗器，其滚轮应能灵活转动，设备就位后，应将滚轮用可拆卸的制动装置加以固定。

第4.1.9条第3款规定：变压器、电抗器本体直接就位于基础上时，应符合设计、制造厂的要求。

预防措施：设计单位应在设计联络会上与设备厂家关于变压器固定方式形成一致意见，

并在安装图纸上予以说明；施工单位严格按照施工蓝图施工。

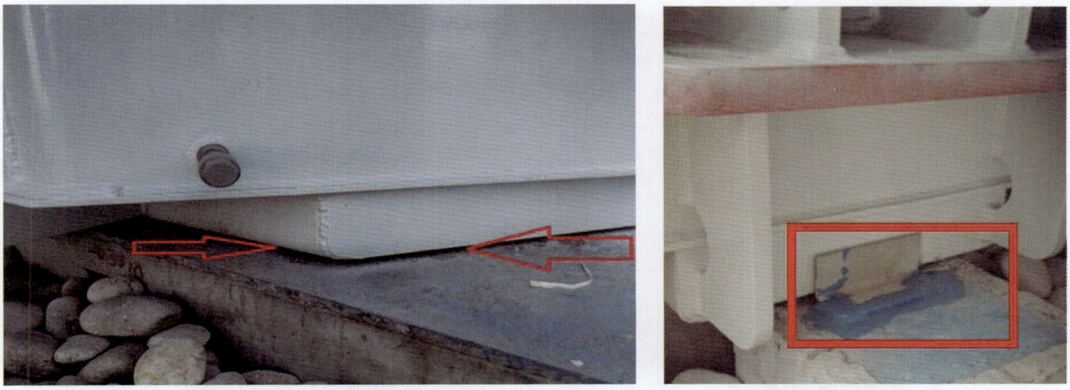

图 3-3-19　变压器底座未固定

典型问题 3：主变压器高压侧 GIS 连接气室内 SF_6 密度继电器的压力值显示偏低，不在正常工作的压力范围内（见图 3-3-20）。

图 3-3-20　SF_6 密度继电器压力偏低

规定要求：GB 50147—2010《电气装置安装工程　高压电器施工及验收规范》第 5.2.3 条规定：各分隔气室气体的压力值和含水量应符合产品技术文件要求。

预防措施：主变压器投运前，施工单位应对 SF_6 密度继电器的压力进行重点检查，确认 SF_6 密度继电器的压力值在设备铭牌规定的压力范围内。

典型问题 4：升压站、变压器的软导线和连接线夹连接时，线夹未设置排水孔（见图 3-3-21）。

规定要求：GB 50149—2010《电气装置安装工程　母线装置施工及验收规范》第 3.5.11 条第 3 款规定：软导线和连接线夹连接时，室外易积水的线夹应设置排水孔。

预防措施：软导线施工前技术人员在进行技术交底时，应对线夹设置排水孔的重要性进行说明。在软导线连接前，施工单位质检员对每个线夹要进行验收，发现问题及时整改；验收阶段，监理工程师对易积水的线夹进行重点检查。

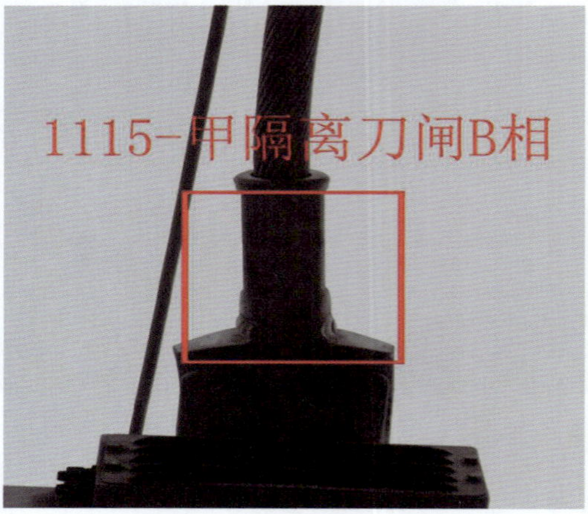

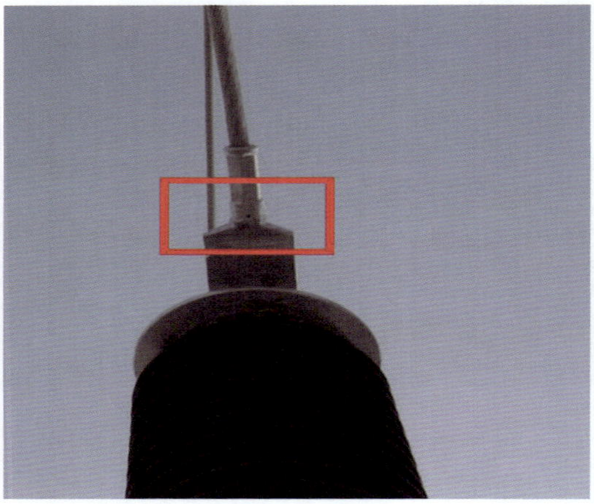

图 3-3-21　连接线夹未设置排水孔

典型问题 5：端子箱（变压器、互感器）、升压站汇控箱内电缆屏蔽层的接地线与加热器的距离较近，存在安全隐患；加热器的接线端子未在加热器的下端（见图 3-3-22、图 3-3-23）。

图 3-3-22　加热器与接线距离过近

图 3-3-23　主变压器本体端子箱内加热器的安装方向不正确

规定要求：GB 50147—2010《电气装置安装工程　高压电器施工及验收规范》第 7.2.1 条第 8 款规定：加热、驱潮装置及控制元件的绝缘应良好，加热器与各元件、电缆及电线的距离应大于 50mm。

预防措施：加热器与各元件、电缆及电线的距离应大于 50mm；若距离无法满足要求，应增加热隔离措施，加热器的电源线应使用耐热绝缘导线；加热器的接线端子应在加热器的下端。

典型问题 6：变压器、电抗器事故油池内铺设的卵石直径不满足 50~80mm 的要求（见图 3-3-24）。

图 3-3-24　变压器区域铺设的卵石层不符合规定

规定要求：DL/T 5352—2018《高压配电装置设计规范》第 5.5.3 条的规定：储油设施内应铺设卵石层，其厚度不应小于 250mm，卵石直径宜为 50~80mm。

预防措施：施工单位应严格按设计及规范要求施工，采购符合规范要求的卵石进行铺设。

典型问题 7：变压器区域的安装围栏、消防水管管道支架未接地（见图 3-3-25、图 3-3-26）。

图 3-3-25　主变压器区域安全围栏未接地

图 3-3-26　消防水管管道支架未接地

规定要求：GB 50169—2016《电气装置安装工程　接地装置施工及验收规范》第 3.0.4 条规定：电气设备的金属底座、框架及外壳和传动装置，电缆桥架、支架和井架，配电装置的金属遮栏的金属部分必须接地。

预防措施：施工单位技术人员应熟悉相关规程规范，在变压器区域围栏、消防管道支架安装完成后，及时安排作业人员与主接地网进行连接。

三、二次回路安装

二次回路施工内容包括升压站区域汇控箱、端子箱、保护盘柜，发变组、厂用电系统相关端子箱、保护盘柜等内控制电缆接线及二次系统接地检查的内容。在二次回路安装过程中，常见问题主要包括二次回路中性点接地不规范、控制电缆二次接线和芯线标识不规范、控制电缆屏蔽层接地不规范以及等电位接地网敷设和连接不规范等。

典型问题 1：电压互感器端子箱（发电机、升压站、10kV 配电装置）处互感器的二次回路未配置分相自动空气开关（见图 3-3-27）。

图 3-3-27　未配置分相自动空开

规定要求：GB/T 50976—2014《继电保护及二次回路安装及验收规范》第 5.4.2 条规定：电压互感器端子箱处应配置分相自动空气开关，保护屏柜上交流电压回路的自动空气开关应与电压回路总路开关在跳闸时限上有明确的配合关系。

预防措施：建设单位、设计单位应在订货技术协议中明确电压互感器端子箱内空开的配置要求，并在设计联络会上对二次回路接线图进行确认；设备到货后，对此部分进行验收，发现问题及时联系厂家整改。

典型问题 2：互感器二次回路中性点的接地连接不规范，常见问题有端子箱（含：变压器、发电机出口互感器、断路器汇控）及保护屏内电流二次回路中性点的接地线错接在接地铜排上，二次回路中性点的接地线与其他回路接地线压在同一接线鼻子内，端子排上电流二次回路中性点未接地或接地线未压接接线鼻子（见图 3-3-28~ 图 3-3-32）。

图 3-3-28　高厂变压器本体端子箱 TA 中性点的接地线错接

图 3-3-29　主变压器本体端子箱 TA 中性点的接地线错接

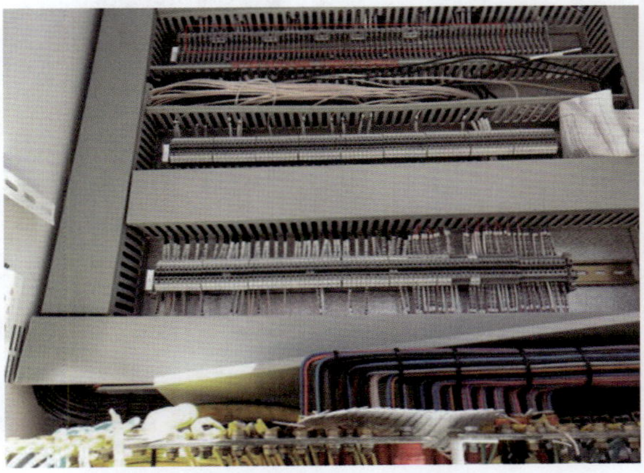

图 3-3-30　启备变压器本体端子箱 TA 中性点未接地

图 3-3-31　端子排上电流二次回路中性点接地线未压接线鼻子

图 3-3-32　电流二次回路中性点的接地线压在同一接线鼻子上

规定要求：GB/T 50976—2014《继电保护及二次回路安装及验收规范》第 4.6.7 条规定：互感器二次回路应使用截面积不小于 4mm^2 接地线可靠连接至等电位接地网。

GB 50171—2012《电气装置安装工程　盘、柜及二次回路接线施工及验收规范》第7.0.10条规定：电流互感器二次回路中性点应分别一点接地，接地线截面不应小于4mm²，且不得与其他回路接地线压在同一接地线鼻子内。第6.0.1条第4款规定：多股导线与端子、设备连接应压终端附件。

预防措施：在设计联络会、施工图审查会上相关技术人员应对互感器二次回路中性点接地技术要求进行重点审查，将相关规范规定落实到设计和厂家图纸上；调试人员在调试过程中严格按规范规定对此部分内容进行重点核查。

典型问题3：变压器（主变压器、高厂变压器、启备变压器）套管电流互感器接线盒内的接线连接不可靠，接线端子上缠绕的短接线未拆除（见图3-3-33、图3-3-34）。

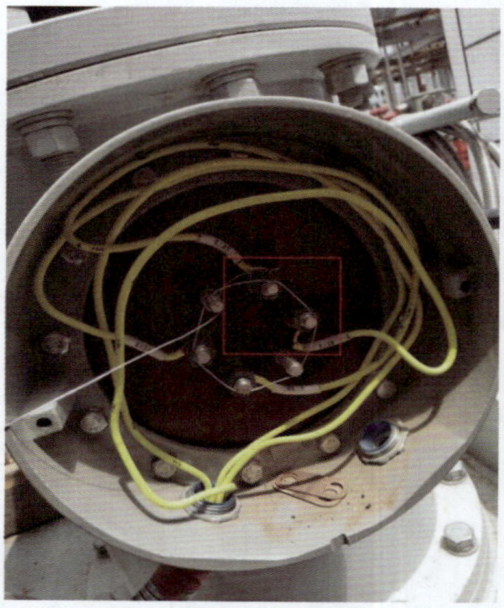

图3-3-33　变压器套管电流互感器接线连接不可靠、短接线未拆除

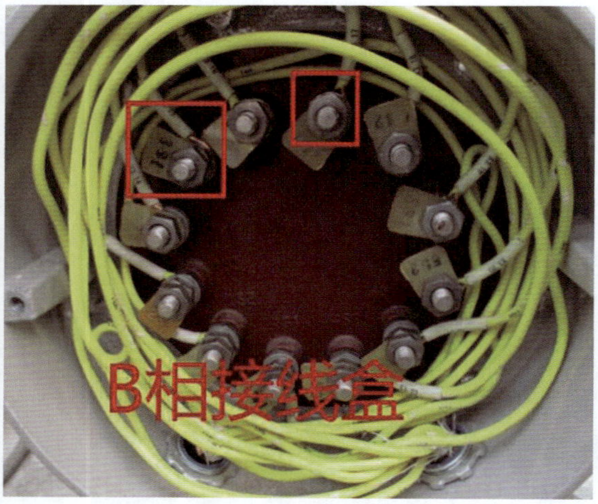

图3-3-34　变压器套管电流互感器接线连接不可靠

规定要求：GB 50171—2012《电气装置安装工程　盘、柜及二次回路接线施工及验收规范》第6.0.4条规定：盘、柜内的电缆芯线接线应牢固；单股芯线弯圈接线时，其弯圈方向应与螺栓紧固方向一致。

预防措施：安装阶段应对厂家的配线进行检查，试验人员要加强责任心，工作认真仔细，试验工作结束后及时拆除相关的短接线。

典型问题4：控制电缆二次接线、芯线标识不规范，常见问题有端子箱内端子排上的接线存在不同截面（或规格）的两根导线接在同一端子上；保护屏内一侧端子上的接线超过2根；端子箱内端子排上的部分芯线无回路编号；引至盘、柜顶部（或线槽末端）的备用芯线无备用标识；备用芯线导体金属裸露较长或未加防护帽（见图3-3-35~图3-3-38）。

规定要求：GB 50171—2012《电气装置安装工程　盘、柜及二次回路接线施工及验收规范》第6.0.1条规定：电缆芯线和所配导线的端部均应标明其回路编号，编号应正确，字迹应清晰，不易脱色。每个接线端子的每侧接线宜为1根，不得超过2根；对于插接式端子，不同截面的两根导线不得接在同一端子中；螺栓连接端子接两根导线时，中间应加平垫片。第6.0.4条第6款规定：盘、柜内的电缆芯线接线应牢固、排列整齐、并应留有适当裕度；备用芯线应引至盘、柜顶部或线槽末端，并应标明备用标识，芯线导体不得外露。

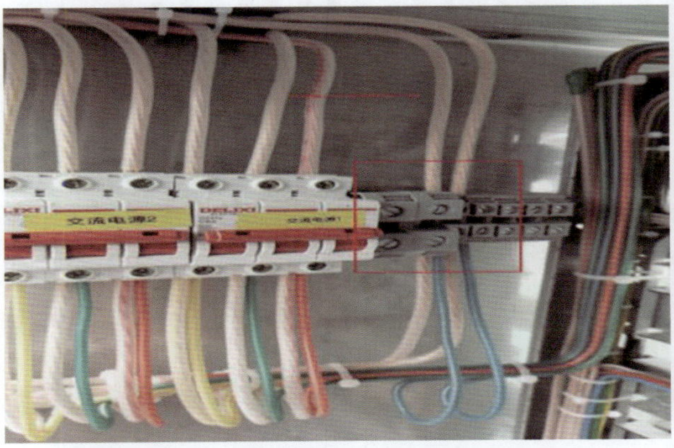

图3-3-35 不同截面的线芯接同一端子

图3-3-36 一侧端子上的接线超过2根

图3-3-37 端子上的部分芯线无回路编号

图3-3-38 盘、柜顶端的备用芯线无标识、芯线导体裸露较长

GB/T 50976—2014《继电保护及二次回路安装及验收规范》第4.4.3条第7款、第4.5.7条有关内容与上述规范规定一致。

预防措施：施工单位在电缆二次接线施工前应提前做好策划，在施工方案中明确二次接线的主要质量控制要点，加强班组接线人员的培训并组织技术交底，确保全厂电缆二次接线的质量。

典型问题5：控制电缆屏蔽层、铠装层的接地线连接不规范，常见问题有控制电缆屏蔽层未引出接地；电缆屏蔽层的接地线未采用黄绿绝缘多股铜线；电缆屏蔽层的接地线超过6

根同压一接线鼻子；电缆屏蔽层的接地线未压接接地或压接不牢固松动脱落；控制电缆铠装层存在两端接地的现象（见图 3-3-39~ 图 3-3-43）。

图 3-3-39　励磁变压器本体端子箱内电缆屏蔽层未引出接地

图 3-3-40　采用的电缆屏蔽层接地线不正确

图 3-3-41　超过 6 根的屏蔽层接地线同压一接线鼻子

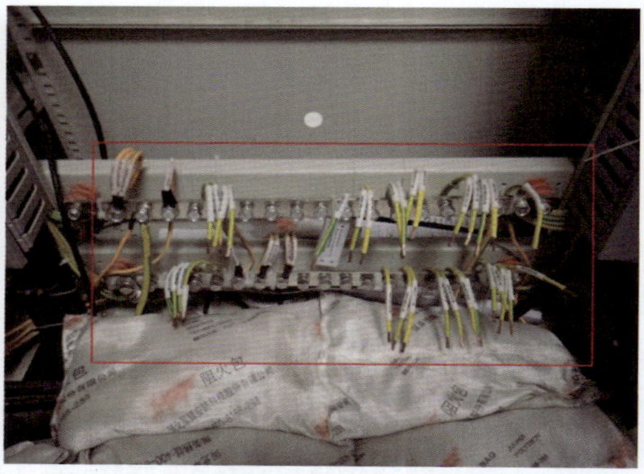

图 3-3-42　保护屏内屏蔽层的接地线未接

规定要求：GB 50171—2012《电气装置安装工程　盘、柜及二次回路接线施工及验收规范》第 6.0.4 条第 3 款规定：铠装电缆进入盘、柜后，应将钢带切断，切断处应扎紧，钢带应在盘、柜侧一点接地。第 6.0.4 条第 4 款规定：屏蔽电缆的屏蔽层应接地良好。第 7.0.9 条规定：盘、柜上装置的接地端子连接线、电缆铠装及屏蔽接地线应用黄绿绝缘多股接地铜导线与接地铜排相连。电缆铠装的接地线截面宜与芯线截面相同，且不小于 $4mm^2$，电缆屏蔽层的接地线截面面积应大于屏蔽层截面面积的 2 倍。当接地线较多时，可将不超过 6 根的接地线同压一接线鼻子，且应与接地铜排可靠连接。第 7.0.11 条第 1 款规定：用于电气保护及控制的单屏蔽电缆屏蔽层应采用两端接地方式。

GB 50169—2016《电气装置安装工程　接地装置施工及验收规范》第 4.9.5 条规定：

控制等二次电缆的屏蔽层接至等电位接地网。第 4.9.8 条规定：控制电缆的铠装层应直接接地。

图 3-3-43 屏蔽层的接地线压接不牢脱落

预防措施：施工单位应加强现场班组接线人员的培训，明确二次接线的质量控制要点，增强接线人员的责任心，督促其工作认真仔细。在二次接线过程中，监理工程师应不定期督促检查，发现接线质量问题及时联系接线人员整改。

典型问题 6：等电位接地网敷设、连接不规范，常见问题有等电位接地网未形成，等电位接地网与主接地网的连接方式不正确；端子箱（或保护屏）内等电位接地铜排缺支撑绝缘子，铜排上的接线鼻子与螺栓不匹配；端子箱（或保护屏）内等电位接地铜排未与等电位接地网连通，保护装置外壳接地线错接在等电位接地铜排上（见图 3-3-44~ 图 3-3-49）。

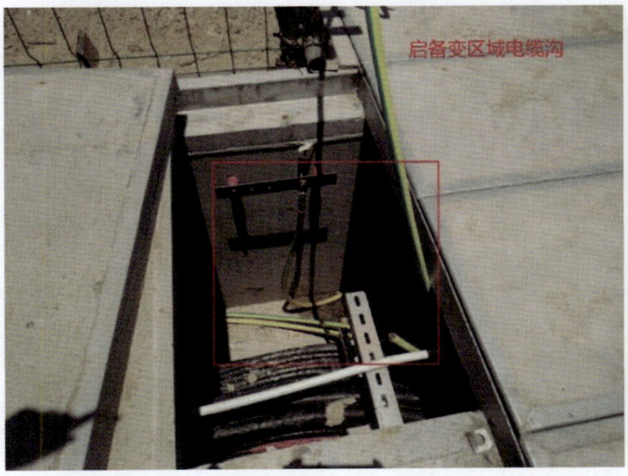

图 3-3-44 变压器区域等电位接地网未连通

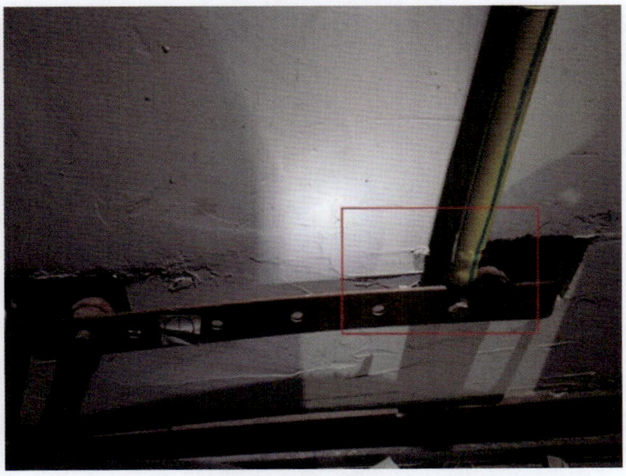

图 3-3-45 等电位接地网与主接地网的连接方式不正确

图 3-3-46　等电位接地铜排缺支撑绝缘子

图 3-3-47　等电位接地排上的接线鼻子与螺栓不匹配

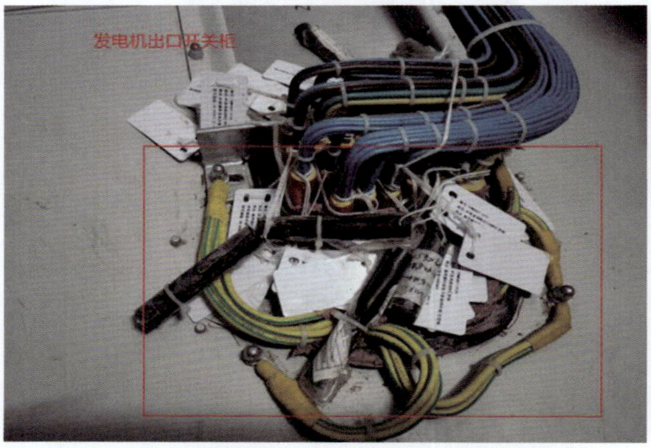

图 3-3-48　端子箱内缺等电位接地铜排

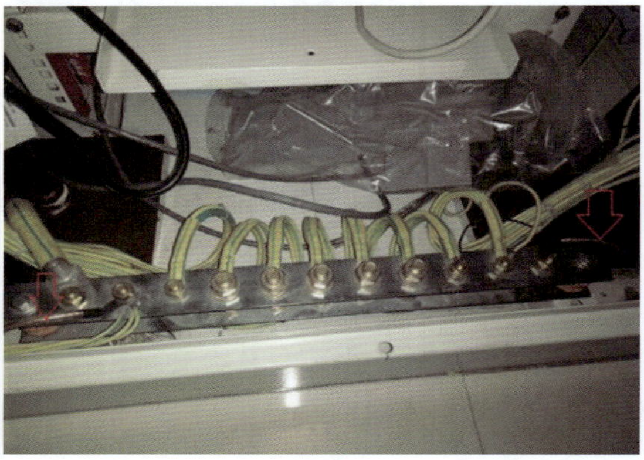

图 3-3-49　等电位接地排已直接接地

规定要求：GB/T 50976—2014 等电位接地网施工设计图，《继电保护及二次回路安装及验收规范》第 4.6.1 条规定：等电位接地网的敷设应根据开关场和一次设备安装的实际情况，与厂、站主接地网紧密连接。

GB 50169—2016《电气装置安装工程　接地装置施工及验收规范》第 4.9.1 条、第 4.9.2 条相关内容规定与上述规范规定一致。

预防措施：设计单位对全厂等电位接地网的设计应完善、要求应明确；施工阶段，施工单位班组技术人员要认真熟悉设计图纸并交底到位，作业人员要严格按设计图及相关规范的要求执行，增强责任心，工作认真仔细；验收阶段，监理工程师对全厂等电位接地网的连接情况进行重点检查。

四、继电保护及设备交接试验

继电保护试验主要包括升压站、发变组系统、厂用电系统等相关继电保护装置及设备的交接试验。在继电保护试验过程中，由于试验人员对相关规程规范的掌握和理解不够透彻以及验收检查不到位等原因，常见问题主要包括继电保护试验项目不全、断路器传动试验记录不规范、保护装置的静态调试报告不规范以及电气设备交接试验不规范等。

典型问题 1：电流、电压互感器二次回路在进行通流、通压试验时，未对互感器二次回路接地点的位置进行核查，对电流互感器的二次负载也未测量（见图 3-3-50）。

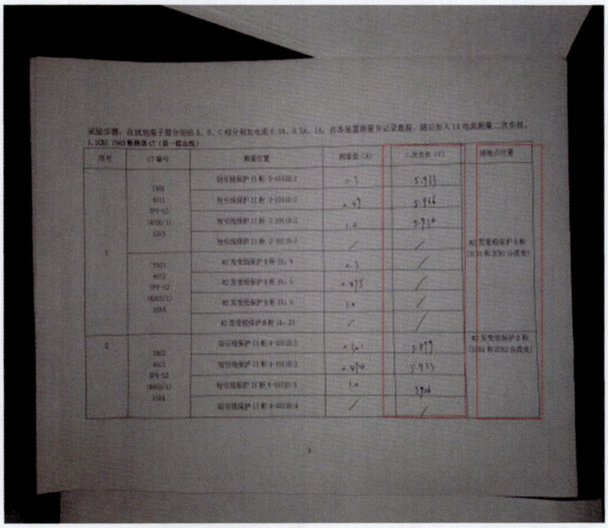

图 3-3-50　电流互感器二次负载测量、接地点核查记录已完善

规定要求：GB/T 50976—2014《继电保护及二次回路安装及验收规范》第 4.6.7 条规定：公用电压互感器的二次回路应在控制室内一点接地；公用电流互感器二次回路应在相关保护柜内一点接地；独立的电压互感器二次回路宜在配电装置端子箱处一点接地，其中性线名称应与公用回路中性线的名称相区别；独立的电流互感器二次回路，微机母线保护、微机主变压器保护等的电流回路，应在配电装置端子箱处一点接地。

GB 50169—2016《电气装置安装工程　接地装置施工及验收规范》第 4.9.4 条有关内容与上述规范规定一致。

预防措施：调试阶段，在对二次回路进行通流、通压试验时，调试人员应按设计要求对电流、电压互感器二次回路接地点位置进行核查；并按规范规定完成对电流互感器二次负载的测量，进一步增强责任心，工作务必认真仔细。

典型问题 2：断路器的传动验收记录中，对断路器相关二次回路的闭锁功能内容检查不全，缺少断路器三相不一致回路、防止断路器跳跃回路、操作闭锁功能、SF_6 气体压力低闭锁功能等内容（见图 3-3-51、图 3-3-52）。

规定要求：GB/T 50976—2014《继电保护及二次回路安装及验收规范》第 5.4.2 条第 4 款规定：应通过试验检验三相不一致保护和防止断路器跳跃功能的正确性。第 5.5.4 条规定：断路器气压、液压、SF_6 气体压力降低和弹簧未储能等禁止重合闸、禁止合闸及禁止分闸的回路接线、动作逻辑应正确。

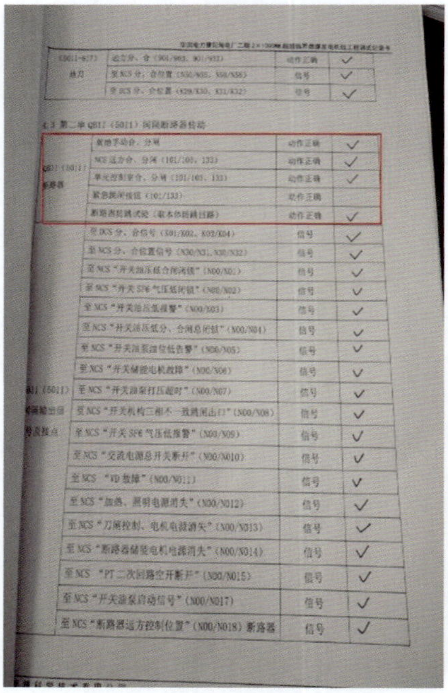

刀	远方分、合	动作正确	✓
	至NCS分、合位置	信号	✓
	至DCS分、合位置	信号	✓

4.3 第二串QB11（5011）间隔断路器检验

QB11（5011）断路器	就地手动合、分闸	动作正确	✓
	NCS远方合、分闸（101/103、133）	动作正确	✓
	单元控制室合、分闸（101/103、133）	动作正确	✓
	紧急跳闸按钮（101/133）	动作正确	
	断路器防跳试验（取本体防跳回路）	动作正确	✓
	至DCS分、合信号（X01/X02、X03/X04）	信号	✓
	至NCS分、合位置信号（N30/N31、N30/N32）	信号	✓
	至NCS“开关油压低合闸闭锁”（N00/N01）	信号	✓
	至NCS“开关SF6气压低闭锁”（N00/N02）	信号	✓
	至NCS“开关油压低报警”（N00/N03）	信号	✓
	至NCS“开关油压低分、合闸总闭锁”（N00/N04）	信号	✓
	至NCS“开关油泵油位低告警”（N00/N05）	信号	✓
	至NCS“开关储能电机故障”（N00/N06）	信号	✓
QB11（5011）断路器输出信号及接点	至NCS“开关油泵打压超时”（N00/N07）	信号	✓
	至NCS“开关机构三相不一致跳闸出口”（N00/N08）	信号	✓
	至NCS“开关SF6气压低报警”（N00/N09）	信号	✓
	至NCS“交流电源总开关断开”（N00/N010）	信号	✓
	至NCS “VD故障”（N00/N011）	信号	✓
	至NCS“加热、照明电源消失”（N00/N012）	信号	✓
	至NCS“刀闸控制、电机电源消失”（N00/N013）	信号	✓
	至NCS“断路器储能电机电源消失”（N00/N014）	信号	✓
	至NCS “PT二次回路空开断开”（N00/N015）	信号	✓
	至NCS“开关油泵启动信号”（N00/N017）	信号	✓
	至NCS“断路器远方控制位置”（N00/N018）断路器	信号	✓

图 4-3-51　断路器二次回路闭锁功能的检查内容不全

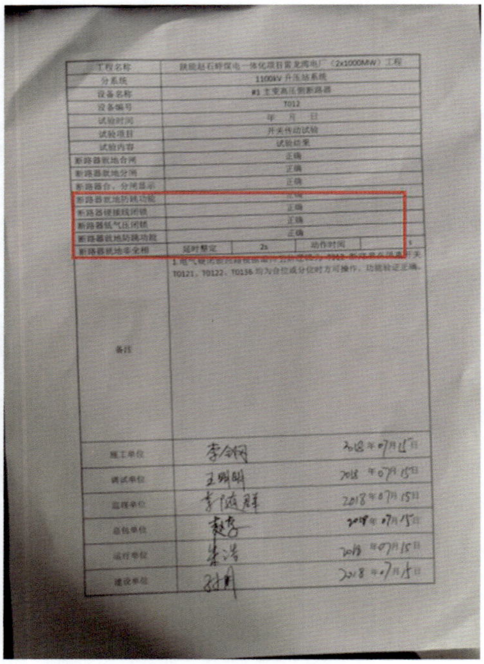

工程名称	陕能赵石畔煤电一体化项目雷龙湾电厂（2x1000MW）工程			
分系统	1100kV升压站系统			
设备名称	#1主变高压侧断路器			
设备编号	T012			
试验时间	年　月　日			
试验项目	开关传动试验			
试验内容	试验结果			
断路器就地合闸	正确			
断路器就地分闸	正确			
断路器合、分闸显示	正确			
断路器就地防跳功能	正确			
断路器硬接线闭锁	正确			
断路器低气压闭锁	正确			
断路器就地防跳功能	正确			
断路器就地非全相	延时整定	2s	动作时间	s
备注	T0121、T0122、T0136均为合位或分位时方可操作，功能验证正确。			
施工单位	李令同	2018年07月15日		
调试单位	王明明	2018年07月15日		
监理单位	李随群	2018年07月15日		
总包单位	赵李	2018年07月15日		
运行单位	朱浩	2018年07月15日		
建设单位	孙月	2018年07月15日		

图 3-3-52　已增加断路器二次回路闭锁功能的检查内容

DL/T 995—2016《继电保护和电网安全自动装置检验规程》第 5.3.6.3 条有关内容与上述规范规定一致。

预防措施：加强调试过程管理，调试措施中应明确质量控制要点，调试人员应严格按规范要求执行，进一步增强责任心，工作认真仔细；验收阶段，对此部分的传动内容进行重点检查。

典型问题 3：保护屏内的保护压板未采用双命名标识、非电量保护装置的面板功能指示灯标识不全（见图 3-3-53、图 3-3-54）。

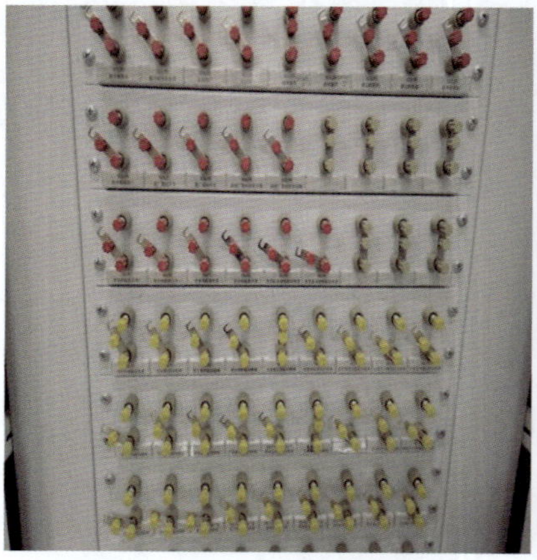

图 3-3-53　保护压板双命名标识未完善

图 3-3-54　非电量保护装置面板功能指示灯标识不全

规定要求：GB/T 50976—2014《继电保护及二次回路安装及验收规范》第 4.5.4 条规定：保护压板应使用双重编号，同一保护屏内的压板名称不应有重复。

预防措施：建设单位应加强生产准备管理，生产准备相关人员在调试试验验收完成后及时完善相关标识。

典型问题 4：保护装置的静态调试报告不规范，缺少装置的软件版本号、校验码等信息，缺二次回路绝缘电阻检查、逆变电源检查的内容，在开入、开出量检查项目栏未填写具体的检查内容等（见图 3-3-55、图 3-3-56）。

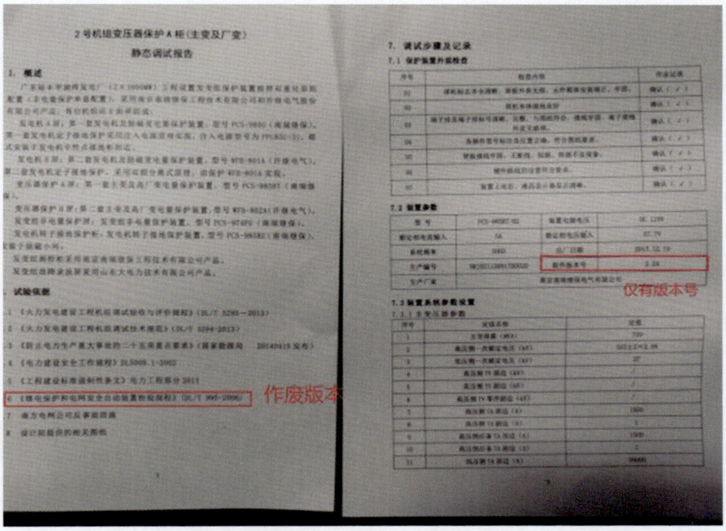

图 3-3-55　保护调试报告中缺版本号、校验码

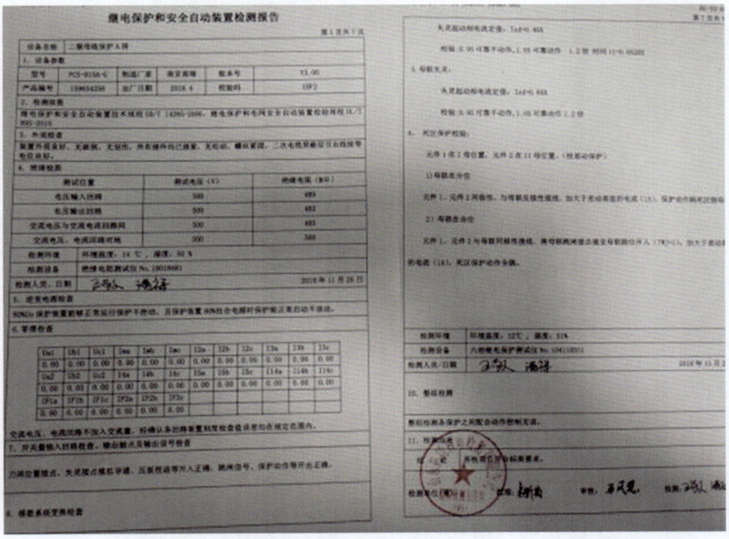

图 3-3-56　保护调试报告中开入、开出量栏未填写具体的检查内容

规定要求：GB/T 50976—2014《继电保护及二次回路安装及验收规范》第 6.1.3 条规定：用 500V 兆欧表测量装置的校验电阻值，阻值均应大于 20MΩ。第 6.1.4 条规定：装置上电后应能正常工作，检查装置软件版本号、校验码等信息，时钟功能应正常。第 6.1.5 条规定：拉合直流开关，逆变电源应可靠启动，逆变电源各级输出电压值应正常。第 6.1.6 条规定：对所有引入端子排的开关量输入回路依次加入激励量，接通、断开压板或连片及转动把手，装置应能正确反映状态变化。

DL/T 995—2016《继电保护和电网安全自动装置检验规程》第 5.3.3.7 条、第 5.3.3.8 条有关内容与上述规范规定一致。

预防措施：加强调试过程管理，调试措施（或方案）中应明确质量控制要点，调试人员应严格按规范要求执行，进一步增强责任心，工作认真仔细。

典型问题 5：电气设备的交接试验报告中存在试验项目不全，缺少变压器接线组别、变压器铁芯及夹件绝缘电阻、电力电缆相位检查、避雷器基座绝缘电阻、互感器励磁特性及交流耐压等试验项目。交接试验报告中存在试验数据不正确，常见问题有检查栏填写的变压器接线组别与名牌不符、填写的互感器实测变比与名牌不符、变压器及互感器交流耐压试验栏电压取值不正确等；部分电气设备的交接试验报告格式不准确（见图 3-3-57~ 图 3-3-59）。

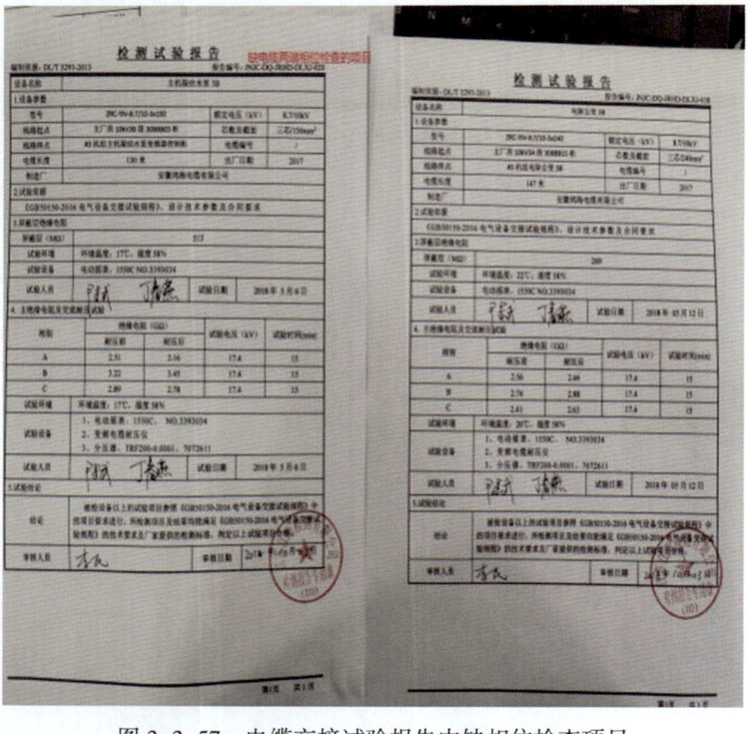

图 3-3-57　电缆交接试验报告中缺相位检查项目

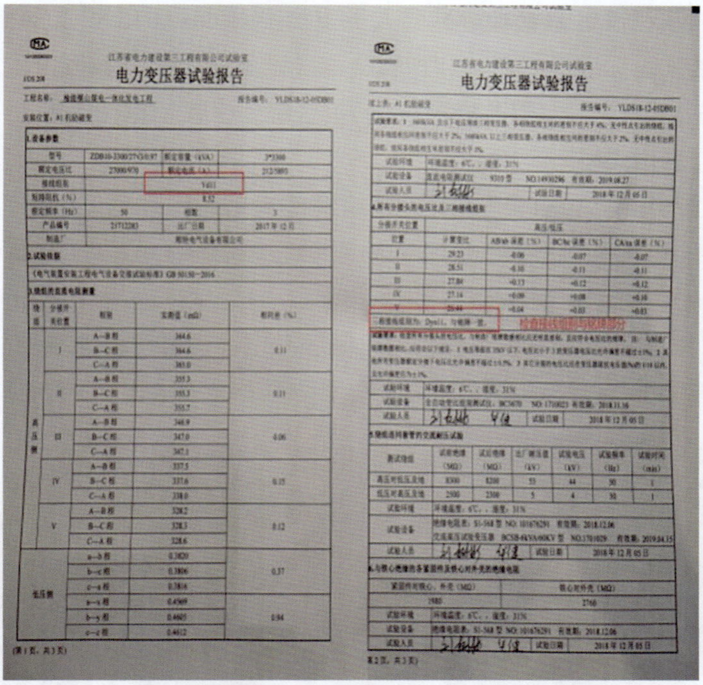

图 3–3–58　检查栏填写的变压器接线组别与铭牌不符

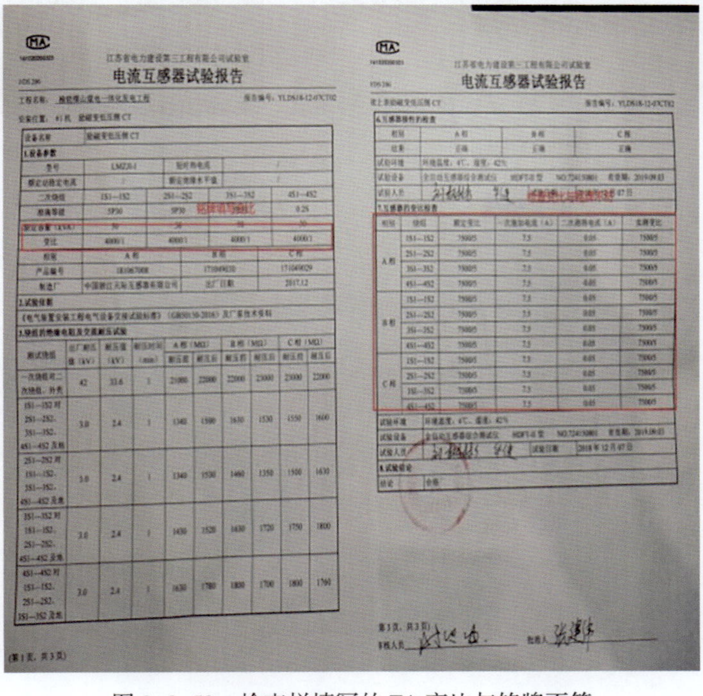

图 3–3–59　检查栏填写的 TA 变比与铭牌不符

规定要求：GB 50150—2016《电气装置安装工程　电气设备交接试验标准》规定，厂家技术要求。

预防措施：加强调试过程管理，试验人员应加强对 GB 50150—2016《电气装置安装工程　电气设备交接试验标准》的掌握和理解；电气设备的交接试验报告，参照 DL/T 5293—2013《电气设备安装工程　电气设备交接试验报告统一格式》执行。

五、电缆沟道及桥架

在电缆敷设过程中，常见问题主要包括电缆防火措施不规范、电缆沟道积水以及电缆桥架和竖井接地不规范等。产生上述问题的原因主要是施工人员对防火封堵工作不重视、封堵方法不合理以及电缆沟排水设计存在缺陷等。

典型问题 1：电缆防火措施不到位，常见问题有电缆沟道防火墙未刷防火涂料，盘柜底部防火封堵未完善、进盘电缆防火涂料未涂刷（见图 3-3-60~ 图 3-3-62）。

图 3-3-60　电缆沟道防火墙未刷防火涂料

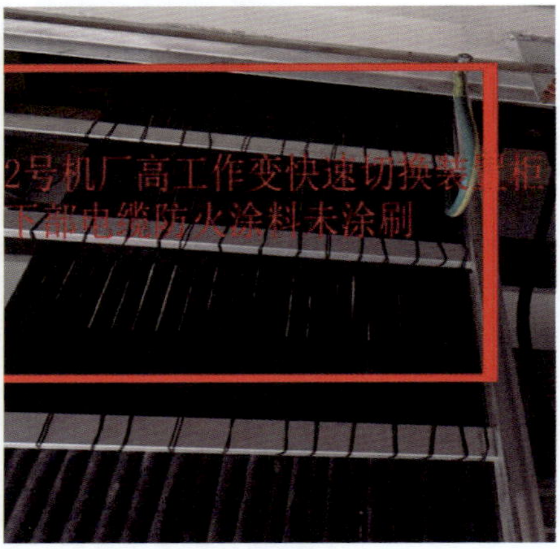

图 3-3-61 盘柜进盘电缆未刷防火涂料

图 3-3-62 端子箱内孔洞未封堵

规定要求：GB 50168—2018《电气装置安装工程　电缆线路施工及验收规范》第 8.0.2 条规定：在电缆贯穿墙壁、楼板的孔洞处，电缆进入盘、柜、箱、盒的孔洞处，电缆进出

电缆竖井的出入口处，

电缆桥架穿过墙壁、楼板的孔洞处，电缆导管进入电缆桥架、电缆竖井、电缆沟和电缆隧道的端口处采用防火封堵材料密实封堵。

预防措施：加强施工过程管理，在施工方案中应明确电缆防火封堵的质量控制要点；在完成电缆敷设后，施工单位应及时安排施工人员进行电缆防火封堵施工，避免遗漏。验收阶段，监理工程师对电缆防火封堵的相关部位进行重点检查。

典型问题2：电缆沟道盖板与沟道不匹配、盖板不齐全且有破损，电缆沟道内有杂物、积水现象（见图3-3-63、图3-3-64）。

图3-3-63 电缆沟内有积水

图3-3-64 电缆沟内杂物未清理

规定要求：GB 50168—2018《电气装置安装工程 电缆线路施工及验收规范》第9.0.1条第7款规定：电缆沟内应无杂物、积水，盖板应齐全；隧道内应无杂物，消防、监控、暖通、照明、通风、给排水等设施应符合设计要求。

预防措施：施工单位在电缆敷设前，应由土建专业完成电缆沟项目的质量验收，确认电气沟底部坡度、排水设施等满足设计要求。

典型问题3：电缆桥架、竖井接地不完善，存在未接地的情况（见图3-3-65、图3-3-66）。

图3-3-65 电缆竖井未接地

图3-3-66 电缆桥架未接地

规定要求：GB 50169—2016《电气装置安装工程　接地装置施工及验收规范》第 3.0.4 条规定：电缆桥架、支架和井架，配电装置的金属遮栏的金属部分必须接地。

预防措施：施工单位应严格按照设计图纸施工，在电缆桥架、井架等施工完成后，及时安排施工人员与主接地网连接。

六、其他

（一）主接地网

主接地网是对由埋在地下一定深度的多个金属接地极和由导体将这些接地极相互连接组成一网状结构的接地体的总称，包括升压站、主厂房、辅助厂房、脱硫系统等区域屋外接地装置的施工。在主接地网施工过程中，常见问题主要包括主接地网施工工艺不规范、施工完成后成品保护不到位等。

典型问题：主接地网的接地扁钢裸露在地面上、设备接地与主接地网连接时扁钢的搭接长度不够、扁钢的焊接工艺也不规范（见图 3-3-67~ 图 3-3-70）。

图 3-3-67　主接地网接地扁钢外露

图 3-3-68　接地扁钢的焊接方式不正确

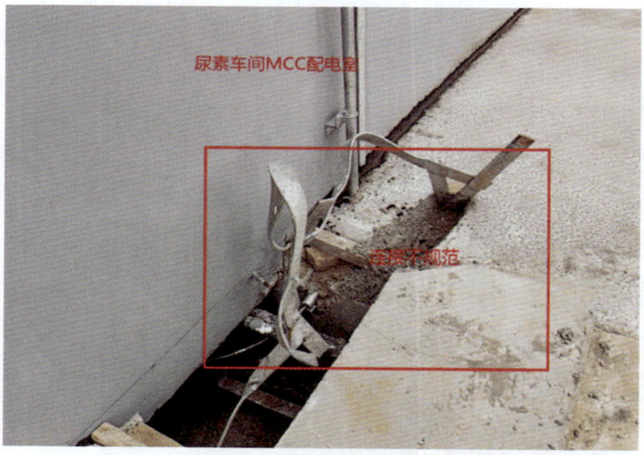

图 3-3-69　接地扁钢的连接不规范

图 3-3-70　接地扁钢搭接长度不够

规定要求：GB 50169—2016《电气装置安装工程 接地装置施工及验收规范》第 4.3.4 条规定：接地线、接地极采用电弧焊连接时应采用搭接焊、搭接长度扁钢应为其宽度的 2 倍且不得小于 3 个棱边焊接。

预防措施：施工单位应加强施工过程管理，在施工方案中明确主接地网质量控制要点，经审批后对现场作业人员进行技术交底；验收阶段，监理工程师对接地网施工路径、接地扁钢搭接长度及焊接质量进行重点检查；施工过程中不同专业队伍之间要加强协调、配合。

（二）蓄电池组

蓄电池组安装涉及台架安装、蓄电池安装、导线连接、蓄电池充放电及容量核对等，常见问题包括蓄电池组电源引出线不规范以及蓄电池组的蓄电池无标识等。

典型问题：蓄电池组电源引出电缆直接连接在极柱上，未采用过渡板连接；接线端子处未配绝缘防护罩，蓄电池组的蓄电池无编号（见图 3–3–71、图 3–3–72）。

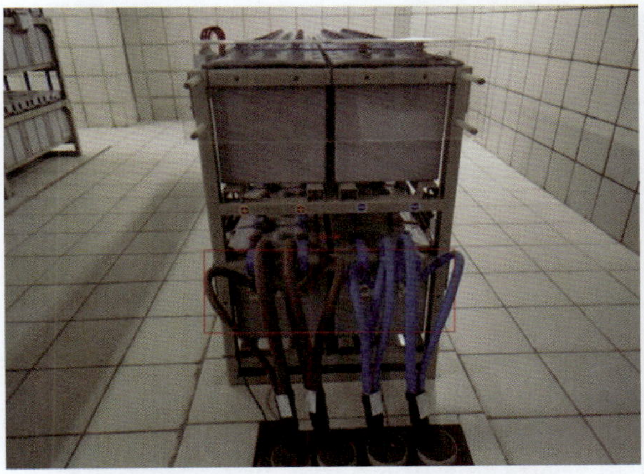

图 3–3–71 蓄电池组接线处无防护罩

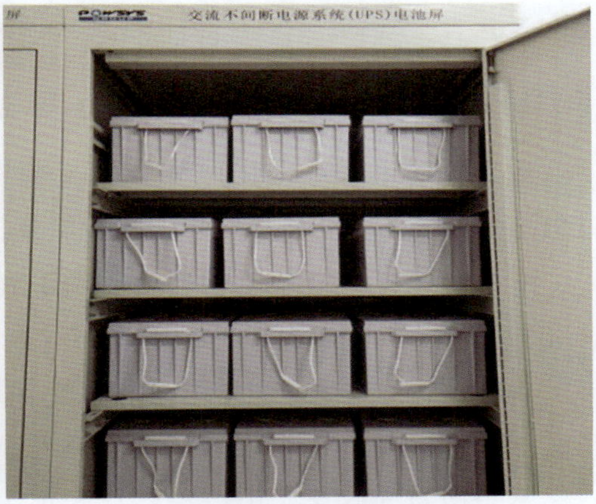

图 3–3–72 电池组的蓄电池无编号

规定要求：GB 50172—2012《电气装置安装工程 蓄电池施工及验收规范》第 4.1.4 条规定：电缆引出线正、负极的极性及标识应正确，且正极应为赭色，负极应为蓝色。蓄电池组电源引出电缆不应直接连接到极柱上，应采用过渡板连接。电缆接线端子处应有绝缘防护罩。第 4.1.5 条规定：蓄电池组的每个蓄电池应在外表面用耐酸材料标明编号。

预防措施：建设单位、设计单位应在订货技术协议中明确对蓄电池组电源引出电缆接线的要求，到货验收阶段发现不满足要求时联系厂家予以整改。

（三）电气档案资料

档案资料是各责任主体参加工程建设的真实反映，常见问题包括各类方案措施中引用失效的规程规范、隐蔽工程验收记录不规范以及施工资料记录不规范等。

典型问题 1：隐蔽工程验收记录不完整、签证不规范（如：变压器施工、母线装置施工、屋外接地装置施工等涉及的隐蔽签证）（见图 3–3–73）。

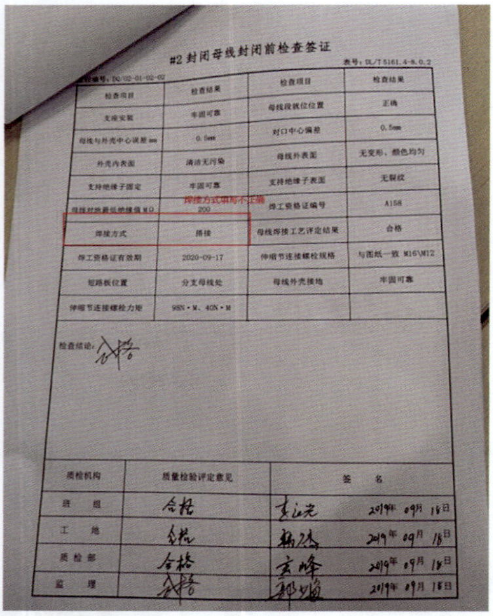

#2封闭母线封闭前检查签证

表号：DL/T 5161.4-8.0.2

检验编号：DQ-02-01-02-02

检查项目	检查结果	检查项目	检查结果
支座安装	牢固可靠	母线段就位位置	正确
母线与外壳中心误差mm	0.5mm	对口中心偏差	0.5mm
外壳内表面	清洁无污染	母线外表面	无变形、颜色均匀
支持绝缘子固定	牢固可靠	支持绝缘子表面	无裂纹
母线封闭前绝缘值MΩ	200	焊工资格证编号	A158
焊接方式	搭接	母线焊接工艺评定结果	合格
焊工资格证有效期	2020-09-17	伸缩节连接螺栓规格	与图纸一致 M16\M12
短路板位置	分支母线处	母线外壳接地	牢固可靠
伸缩节连接螺栓力矩	98N·M、40N·M		

检查结论：合格

质检机构	质量检验评定意见	签名	
班组	合格		2019年09月18日
工地	合格		2019年09月18日
质检部	合格		2019年09月18日
监理	合格		2019年09月18日

图 3-3-73　签证中填写的焊接方式不正确

规定要求：DL/T 5161.1—2002《电气装置安装工程　质量检验及评定规程》，DL/T 5161.1—2018《电气装置安装工程　质量检验及评定规程》（代替版）。

预防措施：施工单位在通知监理工程师进行隐蔽工程验收时应提前将隐蔽工程施工资料准备齐全，验收时，由监理工程师对施工资料进行复核，并形成隐蔽工程验收记录。

典型问题 2：施工资料填写不规范，常见问题有验评资料检验项目栏中填写的检查内容与实际工程不符；资料中填写的验收日期和实际施工日期不符；验评资料及试验报告人员签字不全或打印签字；电气设备试验报告中填写的试验使用的仪器、仪表记录不完整（见图 3-3-74）。

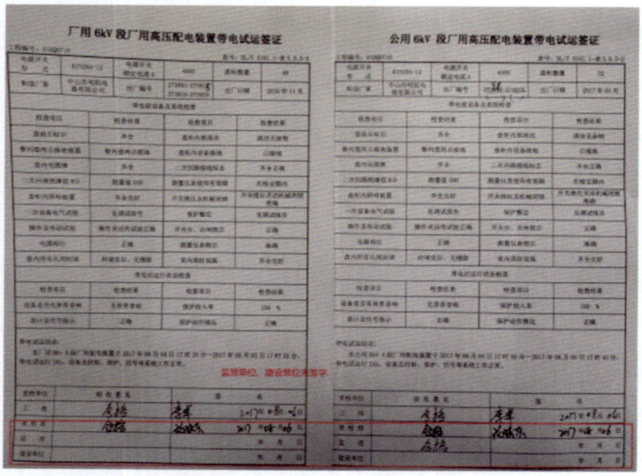

厂用6kV段厂用高压配电装置带电试运签证

公用6kV段厂用高压配电装置带电试运签证

图 3-3-74　签证中缺监理、建设单位的签字

规定要求：DL/T 241—2012《火电建设项目文件收集及档案整理规范》第 6.4.1 条规定：项目文件应齐全、完整、准确、系统，签章手续完备；其内容真实、可靠，与工程实际相符。

预防措施：试验报告应有试验人员编写，验评资料应有施工技术人员编写，不应由资料员编写，同时由相应的专业监理工程师审核。

第四节　热控专业

随着经济的不断发展，火力发电厂在电能质量上的要求越来越高，热工控制系统已成为火力发电机组经济稳定运行的重要保障。由于热控专业设备安装、调试易受机务专业施工影响，在施工前进行有效的策划能够提升热控专业整体质量水平。本节从控制系统安装调试、现场仪表及控制装置安装以及电缆敷设三个方面对监督检查过程中发现的典型问题进行分析，供有关人员参考。目前，热控专业常用的技术规范见表 3–4–1。

表 3–4–1　　热控专业常用的主要技术规范

序号	技术规范
1	DL/T 5210.4—2018《电力建设施工质量验收规程　第 4 部分：热工仪表及控制装置》
2	DL/T 5294—2013《火力发电建设工程机组调试技术规范》
3	DL/T 5210.6—2019《电力建设施工质量验收规程　第 6 部分：调整试验》
4	DL/T 5437—2009《火力发电建设工程启动试运及验收规程》
5	DL/T 1083—2019《火力发电厂分散控制系统技术条件》
6	GB/T 36293—2018《火力发电厂分散控制系统技术条件》

一、自动控制系统

自动控制系统是热控专业安装的核心，目前常见的国内外 DCS 系统厂家包括艾默生、ABB、西门子、FOXBORO、霍尼韦尔、和利时、国电智深和上海新华等。不同厂家的 DCS 系统对于安装调试的要求也不尽相同，在 DCS 系统安装和调试过程中，施工、调试单位技术人员应熟悉厂家要求及规程规范的规定，对现场施工及调试人员做好技术交底，严格按照设计图纸和厂家要求进行施工与调试。在控制系统安装调试过程中，常见问题有 DCS 系统接地不规范、DCS 系统受电操作不规范、DCS 逻辑修改及机组保护临时投退记录不规范以及计算机监系统设置不规范等。

典型问题 1：DCS 系统总接地处安装不规范，常见问题有未设置接地箱，无醒目的标识标记和接地符号，接地扁钢未涂刷黄绿色带等（见图 3–4–1）。

图 3-4-1　DCS 系统总接地处安装不规范

规定要求：GB 50169—2016《电气装置安装工程　接地装置施工及验收规范》第 4.2.7 条规定：明敷接地线，在导体的全长度或区间段及每个连接部位附近的表面，应涂以 15~100mm 度相等的绿色和黄色相间的条纹标识。当使用胶带时，应使用双色胶带。中性线宜涂淡蓝色标识。DL/T 5182—2004《火力发电厂热工自动化就地设备安装、管路及电缆设计技术规定》第 8.0.1 条规定：各计算机系统内不同性质的接地宜设置专用的计算机系统总接地箱。

预防措施：施工单位技术人员应熟悉有关厂家要求及规程规范规定，在编制施工方案时对 DCS 系统安装进行策划，并做好现场施工人员的技术交底；施工过程中，严格按照施工方案进行安装，监理等有关单位应严格按照标准、规范进行检查、验收。

典型问题 2：DCS 系统、热控阀门电源柜、仪表电源柜只有单路电源供电，电源柜柜门上仪表和指示灯显示不正确（见图 3-4-2）。

图 3-4-2　热控电源柜采用单路电源供电

规定要求：GB 50660—2011《大中型火力发电厂设计规范》第 15.11.1 条规定：控制柜

（盘）进线电源的电压等级不得超过 250V。进入控制装置柜（盘）的交、直流电源除停电一段时间不影响安全外，应各有两路，互为备用。第 15.11.2 条规定：每组交流动力电源配电箱应有两路输入电源，分别引自厂用低压母线的不同段。两路电源应互为备用，可设置自动切投装置。第 15.11.3 条规定：分散控制系统、汽轮机数字电液控制系统、锅炉保护系统等重要系统的供电电源应有两路，并应互为备用；一路应采用交流不间断电源，一路应采用交流不间断电源或厂用保安段电源。

预防措施：厂家及设计院应严格按照技术规范进行设计，施工单位应严格按照厂家及设计院的设计要求施工，保证双路电源供电正常且切换可靠。

典型问题 3：公用系统控制网络未实现多网通信，不能在多台机组的 DCS 画面上监视、控制公用系统设备（见图 3–4–3）。

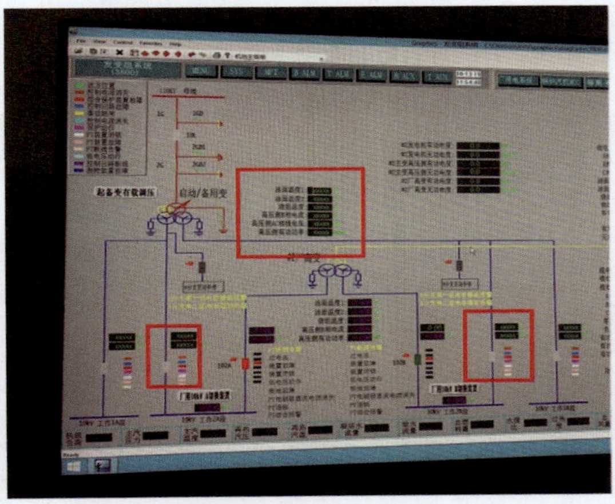

图 3–4–3　公用系统控制网络未实现多网通信

规定要求：GB 50660—2011《大中型火力发电厂设计规范》第 15.9.6 条规定：公用系统应能在多套控制系统中进行监视和控制。

预防措施：设计单位应按规范要求进行设计，建设单位应在 DCS 系统订货协议中明确公用系统多网配置的要求；在调试阶段，要求 DCS 厂家及调试单位对多网通信进行配置和调试，监理单位、建设单位要按规范进行验收。

典型问题 4：DCS 系统受电和复原调试中常见以下问题：①工程师站、电子间的空调未投入运行；② DCS 系统历史数据库配置未完；③ DCS 系统未进行机柜的供电电源、绝缘检查；④ DCS 系统未进行通道测试；⑤ DCS 系统未进行切换试验；⑥未进行 SOE 分辨率试验。

规定要求：DL/T 5294—2013《火力发电建设工程机组调试技术规范》第 8.3.2 条第 1 款规定：分散控制系统受电和复原调试应符合下列要求：①检查 DCS 系统受电条件：DCS 系统机柜安装就位正确、各机柜内设备完整，机柜间预置电缆和网络通信电缆安装完成，DCS

系统电源接线完成、机柜接地符合要求，测量绝缘电阻合格，工程师站、电子间装修完成，室内环境整洁、照明充足、环境温度、湿度符合要求；② DCS 控制系统受电：机柜、工程师站、历史站、操作员站、打印机等设备受电；③配合厂家对各控制器进行软件恢复，检查工程师站、历史站、操作员站、各控制器及模件功能，确认系统处于正常工作状态；④根据 DCS 系统 I/O 清册核查 I/O 模块类型和数量，进行通道测试；⑤系统电源、通信网络和控制器冗余切换试验；⑥检查报警、打印功能正常；⑦检查事件顺序记录 (SOE) 功能满足要求；⑧检查历史追忆功能和趋势功能满足要求。

预防措施：调试单位应按厂家要求及规程规范规定编制调试方案，严格按照方案进行 DCS 系统的受电和复原；验收阶段，监理工程师对此要进行重点检查、验收。

典型问题 5：事件顺序记录（SOE）分辨力测试中常见问题如下：① SOE 分辨力试验记录时序不正确；② SOE 记录中无测点名称、测点名称与实际不符；③ SOE 记录中测点的信号状态无显示（见图 3-4-4）。

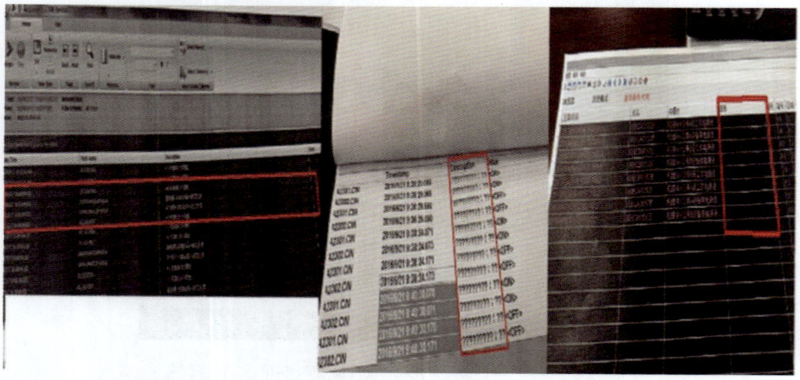

图 3-4-4　SOE 试验记录不规范

规定要求：DL/T 659—2016《火力发电厂分散控制系统验收测试规程》第 6.8.4 条规定：事故顺序记录分辨力不应超过 1ms；DL/T 1083—2019《火力发电厂分散控制系统技术条件》第 6.2.3.1 条规定：高速 SOE 的时间分辨力不低于 1ms。

预防措施：DCS 系统上电后，调试单位应尽快对事件顺序记录（SOE）分辨力进行测试，发现问题及时通知设备厂家或施工单位进行处理。

典型问题 6：DCS 逻辑修改及机组保护临时投退记录不规范，常见以下问题：①未填写修改内容；②审批手续不齐全；③未填写恢复记录。

规定要求：DL/T 5294—2013《火力发电建设工程机组调试技术规范》第 4.2.4 条第 2 款规定：试运过程中，需要对控制逻辑修改时，应履行报批手续。由提出单位以调试联络单的形式提出修改原因及建议，经建设、监理、设计、调试、生产运行等单位联合审批后，由 DCS 组态单位进行修改。第 4.2.5 条第 1 款规定：机组试运期间，如需临时退出热工或电气保护，应履行审批手续。

预防措施：调试阶段，监理单位应会同调试单位制定 DCS 逻辑修改及机组保护临时投退的相关管理措施，督促各参建单位严格按照规范、管理措施规定进行相应的审批手续并做好记录。

典型问题 7：模拟量控制系统调试常见以下问题：①缺少控制系统品质指标；②控制系统品质指标不满足规范规定。

规定要求：DL/T 657—2015《火力发电厂模拟量控制系统验收测试规程》第 4.1 条规定：调试方应按附录要求对系统进行扰动试验，按要求进行 CCS 负荷变动试验，测试结果填入相应表格。

预防措施：调试阶段，调试人员应熟悉规程规范的要求，严格按照规范规定进行调试，保证调节品质满足要求。

典型问题 8：计算机监视及控制系统设置不规范，常见问题如下：① DCS 画面上测点位置标识错误；② DCS 画面上文字描述错误；③ DCS 画面组态未完；④ DCS 画面上测点存在坏点；⑤ DCS 画面上测点数值显示不准确；⑥ DCS 画面上主要参数报警定值未设定；⑦ DCS 画面上参数报警值与正式版定值不一致（见图 3-4-5）。

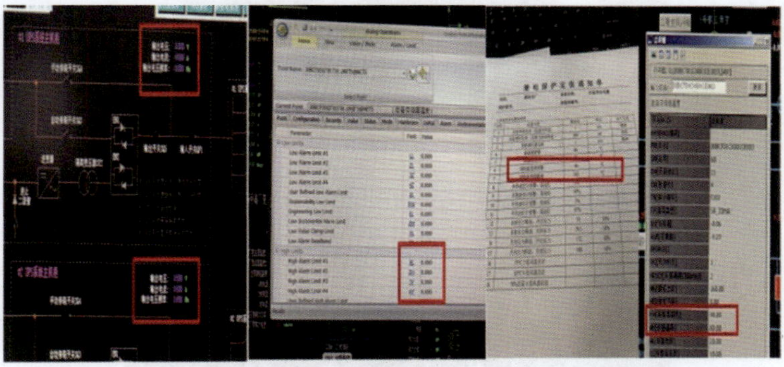

图 3-4-5 DCS 画面上参数报警值与正式版定值不一致

规定要求：DL/T 5294—2013《火力发电建设工程机组调试技术规范》第 8.3.2 条第 2 款规定：计算机监视及控制系统组态检查，参数、定值核查应符合下列要求：①根据计算机监视与控制系统组态 I/O 清单核对计算机监视及控制系统接线图。②按照热工检测及控制系统图，对各系统操作画面进行检查和完善。③根据逻辑图和自动调节系统原理图，逐项进行逻辑控制组态检查。④根据正式版定值和量程清单对计算机监视与控制系统组态定值和量程进行核查。

预防措施：在调试阶段，建设单位应要求 DCS 组态厂家认真核对 DCS 画面与现场状态的吻合度，按照保护定值清册核对定值；验收阶段，生产准备单位对此应进行重点检查。

典型问题 9：顺序控制系统调试常见以下问题：①机组整套启动试运前未完项目较多；②联锁保护定值设置与正式版保护定值不一致；③ DCS 组态逻辑错误。

规定要求：DL/T 5294—2013《火力发电建设工程机组调试技术规范》第 8.3.2 条第 3 款顺序控制系统调试应符合下列要求，第 3 项：联锁、保护逻辑传动试验；第 4 项：功能组及子功能组传动试验。

预防措施：调试阶段，调试单位要认真核对定值和组态逻辑，严格按照规范规定进行调试，保证每个设计项目均已完成调试。

二、仪表及控制装置安装

在仪表及控制装置安装过程中，常见问题有：电磁流量计未安装等电位线、仪表设备接地不规范以及热控设备未采取防雨防尘措施等。产生上述问题的主要原因是施工单位作业人员不熟悉所安装的仪表及控制装置的安装要求，在编制施工方案时未明确描述设备的安装工艺，对现场作业人员的技术交底针对性不够，在施工过程没有严格按照标准工艺进行施工等。

典型问题 1：电磁式流量计未安装等电位线（见图 3–4–6）。

图 3–4–6　电磁式流量计未安装等电位线

规定要求：DL 5190.4—2019《电力建设施工技术规范　第 4 部分：热工仪表及控制装置》第 4.4.21 条第 4 款规定：电磁流量计应保证流体、法兰、表壳处于同电位，接地应符合产品技术文件的要求。

预防措施：施工单位技术人员应熟悉有关规程规范的规定，做好现场作业人员的技术交底，施工过程中严格按照规范要求进行施工。

典型问题 2：仪表设备接地不规范，常见问题有电动阀门的电动头未接地，电控柜本体未接地，电控柜的柜门和柜体的接地线未安装（见图 3–4–7）。

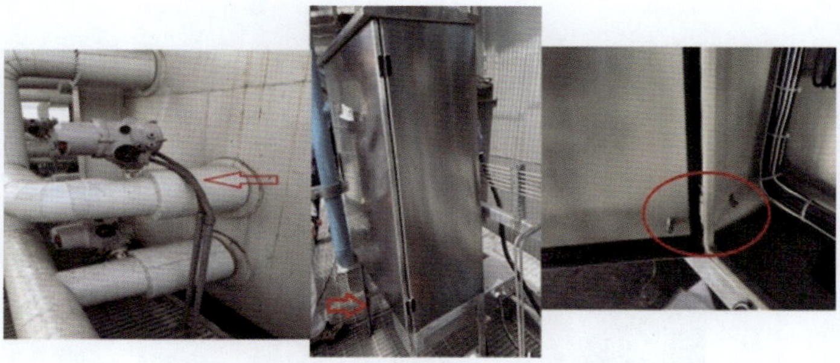

图 3-4-7　电动阀门的电动头未接地

规定要求： DL/T 5182—2004《火力发电厂热工自动化就地设备安装、管路及电缆设计技术规定》第 8.0.1 条规定，下列设备适当的金属部位应接地：电气设备的外壳或基础；不要求浮空的盘、台、箱、柜的框架。

预防措施： 安装阶段，施工单位技术人员在编制施工方案时要明确设备接地的相关要求，并组织现场作业人员技术交底，施工过程中严格按照标准工艺要求进行施工；验收阶段，监理工程师对此要进行重点检查。

典型问题 3： CEMS 装置取样的冷凝废液未设收集装置，排出的样气未引至室外（见图 3-4-8）。

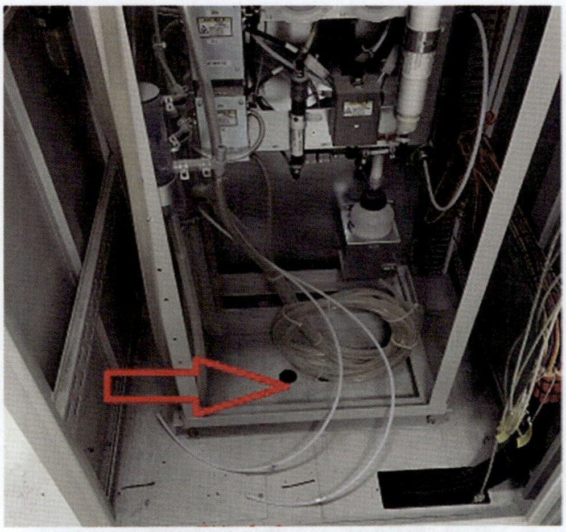

图 3-4-8　CEMS 装置取样的冷凝废液未设置收集装置

规定要求： DL/T 5417—2009《火电厂烟气脱硫工程施工质量验收及评定规程》第 8.3.20 条规定：烟气分析装置取样的冷凝废液应设收集装置，不可随意排放，排出的样气应引至分析室外。

预防措施： 施工单位技术人员应熟悉 CEMS 装置的安装要求，在 CEMS 装置安装前做好现场作业人员的技术交底工作，施工过程应严格按照标准工艺要求进行施工。

典型问题 4： 不锈钢管路与碳钢支吊架或管卡之间未采用不锈钢垫片隔离（见图 3-4-9）。

图 3-4-9　不锈钢管路与碳钢支架未加装不锈钢垫片隔离

规定要求：DL 5190.4—2019《电力建设施工技术规范　第 4 部分：热工仪表及控制装置》第 8.3.2 条规定：不锈钢管路与碳钢支吊架和管卡之间应采取防渗碳措施。

预防措施：施工单位技术人员应熟悉不锈钢管道安装的有关规程规范规定，在不锈钢管道布置施工前做好现场作业人员的技术交底工作，施工过程严格按照标准工艺要求进行施工；验收阶段，监理工程师对此要进行重点检查。

典型问题 5：在露天场所安装的热控设备无防雨防冻措施，在有粉尘的场所布置的热控设备无防尘密封措施（见图 3-4-10）。

图 3-4-10　热控设备未设置防雨设施

规定要求：DL 5190.4—2019《电力建设施工技术规范　第 4 部分：热工仪表及控制装

置》第 5.1.5 条规定：就地仪表安装在露天场所应有防雨、防冻、防晒措施，在有粉尘的场所应有防尘密封措施。

预防措施：设计单位在室外热控设备布置时应考虑防雨、防冻以及防尘相关措施，施工单位应严格按设计要求施工。

三、控制电缆敷设

在控制电缆敷设过程中，常见问题主要包括电缆保护管安装不规范、热控盘柜接线不规范、信号电缆与动力电缆混放、电缆防火措施不完善及特殊区域电缆敷设未考虑防腐或耐高温措施等。

典型问题 1：电缆保护管安装不规范，与电缆桥架（槽盒）连接处未使用专用接头固定，有焊接现象（见图 3-4-11）。

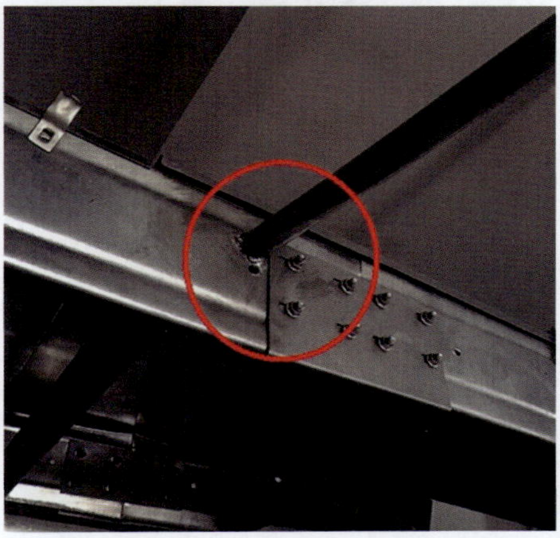

图 3-4-11　电缆保护管安装不规范

规定要求：DL 5190.4—2019《电力建设施工技术规范　第 4 部分：热工仪表及控制装置》第 7.3.6 条电缆保护管的连接应符合下列要求：第 4 款，与电缆桥架、电线槽连接，宜从其侧面用机械加工方法开孔，并使用专用接头固定。

预防措施：施工单位技术人员在编制施工方案时应明确电缆保护管的安装工艺要求，并做好现场施工人员的技术交底工作，施工过程应严格按照标准工艺要求进行施工。

典型问题 2：信号电缆和动力电缆混合敷设，电缆桥架上垂直敷设的电缆未按规定绑扎固定，电缆槽盒未盖板（见图 3-4-12）。

规定要求：DL 5190.4—2019《电力建设施工技术规范　第 4 部分：热工仪表及控制装置》第 7.2.6 条规定：电缆桥架和槽盒的盖板应固定牢靠，便于拆卸。第 7.4.13 条规定：信号电缆与动力电缆之间的距离应符合设计要求，设计未作规定时其最小距离应符合附录 E 的规定。第 7.4.17 条规定：电缆敷设应按顺序排列整齐，绑扎固定，不宜交叉，不得采用铁丝直接捆扎电缆，宜在以下部位设置绑扎点：第 1 款，垂直敷设时，在每一支架上；第 2 款，水平敷设时，在直线段的首末两端及每间隔 5~10m 处；第 3 款，电缆拐弯处；第 4 款，穿越保护管的两端；第 5 款，电缆引入表盘前 300~400mm 处；第 6 款，引入接线盒及端子排前 150~300mm 处。

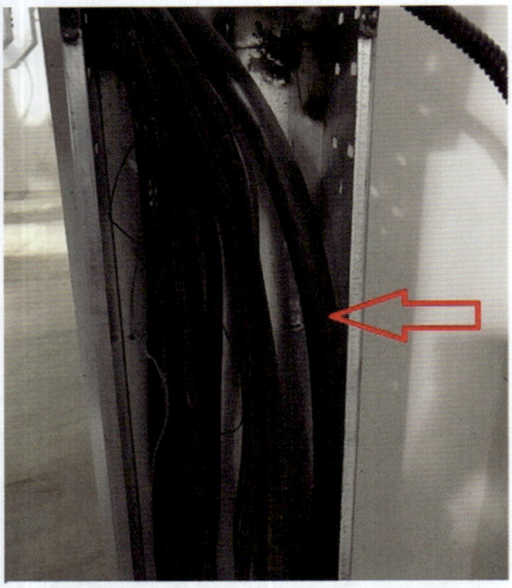

图 3-4-12　信号电缆和动力电缆混合敷设

预防措施： 施工单位技术人员应熟悉有关电缆敷设的规程规范规定，在施工方案中做好电缆敷设策划及主要质量控制点，经审批后组织现场作业人员进行技术交底。施工过程中应严格按照标准工艺要求进行施工，监理工程师加强中间过程验收，发现问题及时通知施工单位整改。

典型问题 3： 机柜内有屏蔽电缆、屏蔽补偿导线的屏蔽层未接地或已脱落，屏蔽层接地线超过 6 根压在同一个线鼻子上（见图 3-4-13）。

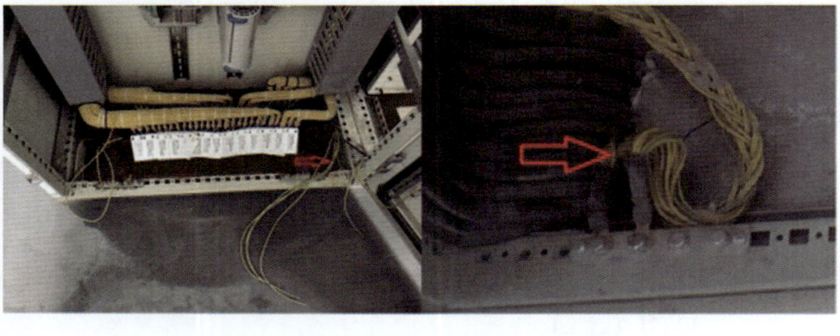

图 3-4-13　屏蔽层接地线安装不规范

规定要求： DL 5190.4—2019《电力建设施工技术规范　第 4 部分：热工仪表及控制装置》第 9.3.3 条屏蔽电缆、屏蔽补偿导线的屏蔽层均接地应符合下列规定：第 1 款，总屏蔽层及对角屏蔽层均必须接地；第 4 款，多根电缆屏蔽层的接地线汇总到同一柜内接地母线排时，应用截面积不小于 1mm^2 的黄绿相间接地软线压接，压接时接地软线应搪锡处理，屏蔽线宜在柜内接地母线排均匀布置，每个线鼻子内接地软线数量不得超过 6 根。

预防措施：施工单位应对现场作业人员做好技术交底工作，盘内接线施工过程应严格按照标准工艺要求进行施工。

典型问题 4：热控盘柜未进行防火封堵，电缆未涂刷防火涂料（见图 3–4–14）。

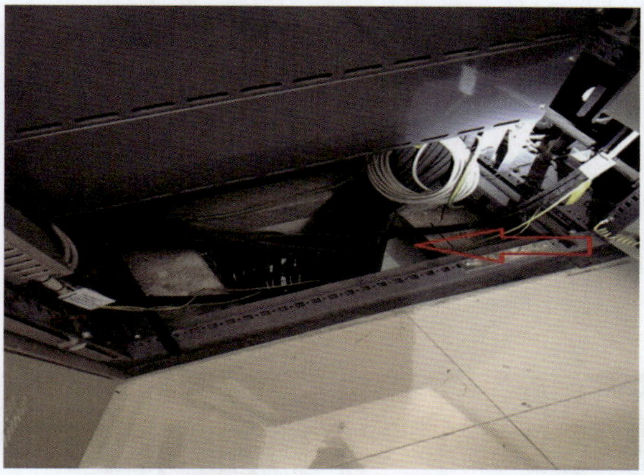

图 3–4–14 热控盘柜未进行防火封堵

规定要求：DL 5190.4—2019《电力建设施工技术规范 第 4 部分：热工仪表及控制装置》第 10.2.12 条对电缆防火阻燃应采取下列措施：第 1 款，在电缆穿过竖井、墙壁、楼板或进入盘、箱、柜、台的孔洞处及电缆保护管的管口处，用防火堵料封堵严密；第 2 款，在电缆沟和隧道中，按设计要求设置防火墙，防火隔离应严密；第 3 款，在盘、柜、箱底部的电缆应各刷长度为 1500mm 的阻燃涂料，涂料厚度不少于 1mm；第 4 款，在电缆或电缆桥架穿过墙壁、楼板、防火墙两侧的电缆应各刷长度为 1500mm 的阻燃涂料，涂料厚度不少于 1mm。

预防措施：施工单位技术人员应熟悉有关电缆阻燃封堵的规程规范要求，在现场盘柜接线完成后及时安排施工人员进行防火封堵；监理工程师应组织施工单位对电缆防火封堵情况进行专项检查验收。

典型问题 5：控制柜内电缆接线遗漏，有裸露的芯线未接入端子，芯线无回路编号，芯线导体裸露过长，电缆备用芯未处理（见图 3–4–15）。

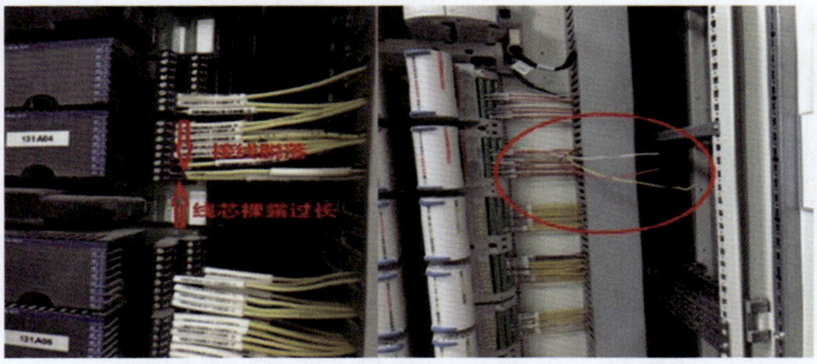

图 3–4–15 热控盘柜内电缆接线不规范

规定要求： DL 5190.4—2019《电力建设施工技术规范　第 4 部分：热工仪表及控制装置》第 7.5.5 条规定：芯线在端子的连接处应留有适当的余量，芯线的端头应有明显的不易脱落、褪色的回路编号标识，标识长度及字母排列方向应一致。

预防措施： 施工单位应对控制盘柜接线做好施工策划，在施工方案中明确接线施工工艺要求，并组织现场作业人员进行技术交底；施工过程中，施工单位质检员和监理工程师应加强中间过程验收。

典型问题 6： 酸碱区域内控制电缆槽盒未采取防腐措施，常见问题如下：①再生酸碱储罐及计量间内的电缆槽盒沿地面布置；②酸碱贮罐围堰内照明电缆、液位计电缆、电缆穿金属套管等在围堰内沿地面敷设；③电缆槽盒安装的酸泵的正下方，腐蚀严重（见图 3-4-16）。

图 3-4-16　酸碱区域内控制电缆槽盒未采取防腐措施

规定要求： DL 5182—2004《火力发电厂热工自动化就地设备安装、管路、电缆设计技术规定》第 7.1.2 条电缆通道路径选择，应符合下列规定：避免遭受机械性外力、过热、腐蚀及易燃易爆物等的危害，当必须经过有腐蚀、易燃或易爆危险的地方时，应采取相应措施。

DL/T 5227—2005《火力发电厂辅助系统（车间）热工自动化设计技术规定》第 4.5.5 条规定：锅炉补给水、凝结水精处理等具有腐蚀性介质的辅助车间，应采用耐腐蚀电缆桥架，架空布置，不应在车间内设置电缆沟。

预防措施： 对于锅炉补给水、凝结水精处理等具有腐蚀性介质的辅助车间，设计单位宜设计耐腐蚀电缆桥架，并在施工蓝图中明确电缆敷设路径。

典型问题 7：高温取样间内控制电缆与高温热力管道（取样管）的敷设距离过近（见图 3-4-17）。

图 3-4-17　高温取样间内控制电缆和热力管道距离过近

规定要求：DL 5190.4—2019《电力建设施工技术规范　第 4 部分：热工仪表及控制装置》第 7.4.7 条电缆敷设路径应符合设计要求并满足下列规定：第 2 款，明敷的电缆不宜平行敷设于热力管道上部，电缆与热力管道之间无隔板防护时，相互间距平行敷设时电缆与热力管道保温应大于 500mm，交叉敷设应大于 250mm，与其他管道平行敷设相互间距应大于 100mm。

预防措施：施工单位在敷设控制电缆时，应注意避让热力管道。

第五节　焊接专业

在火力发电建设工程中，焊接是一项非常重要的施工技术，直接关系到核心设备的安装质量，以及投产后的机组安全运行，焊接工程质量也是火电工程建设质量的核心。本节从焊材管理、焊接管理和现场焊接三个方面对监督检查过程中发现的焊接专业问题进行分类分析，引导施工单位进一步落实焊接管理主体责任，加强焊接人员队伍建设。目前，焊接专业常用的技术规范见表 3-5-1。

表 3-5-1　焊接专业常用的技术规范

序号	技术规范
1	DL/T 868—2014《焊接工艺评定规程》
2	NB/T 47014—2011《承压设备焊接工艺评定》
3	TSGZ 6002—2010《特种设备焊接操作人员考核细则》
4	DL/T 679—2012《焊工技术考核规程》

续表

序号	技术规范
5	DL/T 869—2012《火力发电厂焊接技术规程》
6	DL/T 819—2019《火力发电厂焊接热处理技术规程》
7	DL/T 752—2010《火力发电厂异种钢焊接技术规程》
8	DL/T 754—2013《母线焊接技术规程》
9	DL/T 678—2013《电力钢结构焊接通用技术条件》
10	DL/T 5210.5—2018《电力建设施工质量验收规程　第 5 部分：焊接》
11	JB/T 3223—2017《焊接材料质量管理规程》

一、焊材管理

焊材管理主要包括焊材仓储、焊材烘干、焊材发放及回收等内容，是保证焊接质量的基础。在工程管理过程中，不同种类的焊材混放、焊材发放及回收管理不规范等问题时有发生，严重影响了焊接质量。

（一）焊材仓储

焊材仓储管理是焊接材料管理中的重要一环，库房设置、货架摆放、验收入库、材料标识等是仓储管理的重点，实现焊材仓储标准化管理是提升焊材仓储质量的重要措施。

典型问题：焊材库焊接材料摆放不规范，常见问题有焊材的存放位置距地面和墙的距离不足 300mm，焊材标识牌标识错误，同种颜色的不同焊材存放未采取有效隔离措施，焊材堆放过高等（见图 3-5-1、图 3-5-2）。

图 3-5-1　同种颜色的不同焊材混放

图 3-5-2　焊材堆放过高

规定要求：JB/T 3223—2017《焊接材料质量管理规程》第 6.3 条规定：品种、型号 / 牌号、批号、规格、入库时间不同的焊接材料应分别存放、并有明确的标识，以免混杂。摆放高度或层数、与地面及墙面的距离等应视产品、包装情况和环境条件等进行相应规定，如货架距地面及墙壁的距离不小于 300mm，以利于安全和通风。

预防措施：在焊接分部工程开工前，施工单位应对焊材库的摆放进行策划；同时对焊材库的管理人员进行专业知识培训，使其掌握焊材存放的基本知识。监理工程师要对焊材库管理进行不定期的检查。

（二）焊材烘干

焊材在生产、运输以及储存过程中会因吸潮而使工艺性能降低，造成电弧不稳、飞溅增大，并容易产生气孔、裂纹等缺陷，因此，焊条使用前必须严格按工艺要求烘干。烘干焊条要避免把冷焊条放进高温箱内，也不能从高温箱中取出，要缓慢加热和冷却，以防止药皮因骤热或骤冷而产生开裂、脱落等现象。

典型问题 1：焊接材料烘干操作不规范，常见问题如下：①焊材烘干温度设置错误，如某施工单位二次烘干记录表中 J507 牌号的焊条烘干温度为 300℃，与焊条说明书不符；②同一烘干箱内不同种类的焊材混放，且标识错误；③烘干记录中的烘箱编号与库房内的烘箱标识不一致；④焊材烘焙记录任意涂改，且字迹不清晰（见图 3–5–3、图 3–5–4）。

规定要求：JB/T 3223—2017《焊接材料质量管理规程》第 7.3.2 条规定：焊接材料的烘干及保温应严格按焊接材料生产企业推荐的规范或有关技术要求执行。第 7.3.3 条规定：每个烘箱应附有标示牌，标明所装入焊接材料的型号 / 牌号、批号和烘干规范等。焊接材料原则上应按产品类型分别烘干，不同类型的焊接材料在下述条件下，允许同炉烘干：烘干规范相同；相互之间有明显的标记或隔断，不至于混杂；能够确保焊接材料的性能不受影响。

预防措施：施工单位焊材管理人员应熟悉焊材烘干的基本知识，并按规程规定做好烘干记录；烘干、保温设施应具有可靠的温度、时间控制及显示装置。监理工程师应对焊材烘干记录进行不定期抽查。

图 3–5–3　同一烘干箱内不同种类的焊材混放

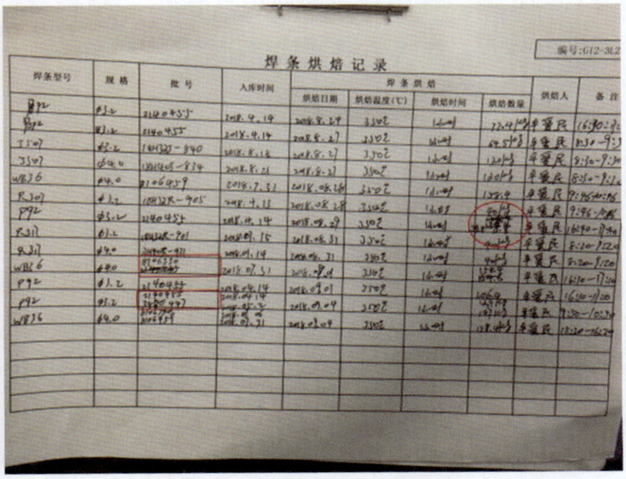

图 3–5–4　焊条烘焙记录上任意涂改

（三）焊材发放及回收

焊接材料的发放和回收记录是焊材使用追溯的重要文件，是焊接质量控制的关键点，为焊接质量问题分析原因提供证据。

典型问题：焊材发放、回收管理不规范，主要表现在：①焊材发放台账中未填写焊材回收数量，缺少焊材二次烘干记录。②焊条领用单上无焊材批号，可追溯性不强；③施工现场正在使用的焊条，缺少焊条领用记录（见图 3–5–5、图 3–5–6）。

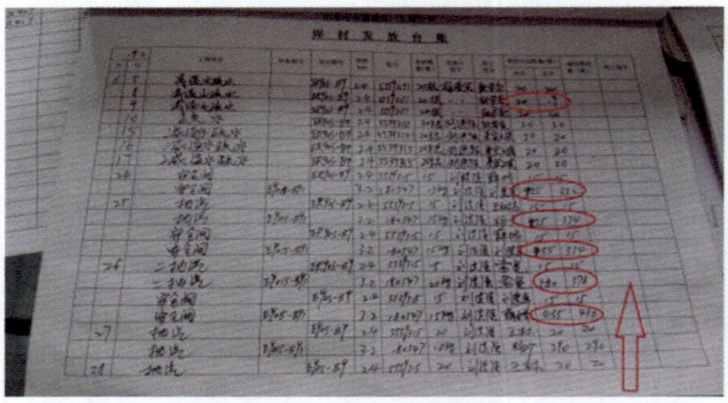

图 3–5–5　焊材发放台账中未填写焊材回收数量

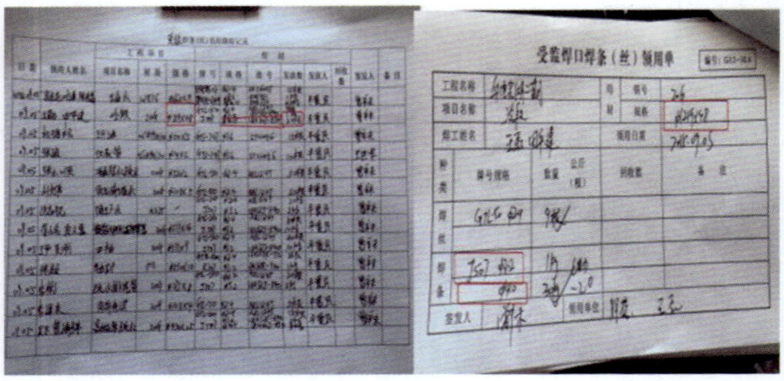

图 3–5–6　焊材领用单上无焊材批号

规定要求：JB/T 3223—2017《焊接材料质量管理规程》第 6.8.2 条规定：使用方对出库量应严格按产品消耗定额控制。根据施工条件、生产进度、配送方式等，尽量做到随用随出。焊接材料以出库单或报废材料的签批单为出库凭据，经仓储管理人员核准之后方可发放。第 7.1.1 条规定：使用方应设置焊接材料管理员，负责焊接材料的领用、保管、烘干、发放及回收，并做详细记录，以保证焊接材料使用的可追溯性。第 7.4 条规定：焊接结束后，剩余的焊接材料应回收。回收的焊接材料应满足下列条件：标记清楚；包装完整，或重新包装不影响再次使用；整洁、无污染。

预防措施：施工单位应按规程规定设焊接材料管理员负责焊材的发放及回收工作，并做好详细记录，保证焊材的使用具有可追溯性；监理工程师对焊材的发放及回收管理进行不定期的检查，发现问题及时通知施工单位整改。

二、焊接管理

焊接管理方面发现的常见问题主要包括焊接工程质量验收文件、热处理工艺卡编制不规范等问题。

（一）焊接质量验收

焊接工程施工质量验收应按照已审批的施工质量验收范围划分表组织验收。焊接工程一览表和焊接工艺卡作为现场焊接质量管控的重要记录，其对焊工现场作业和质量追溯具有重要的指导作用。

典型问题 1：《焊接工程一览表》编写不规范，主要表现在：缺少检验比例、焊接工艺评定编号、焊接工艺卡编号、热处理工艺卡编号、焊后热处理加热方法等内容，编审批人员未签字（见图 3–5–7）。

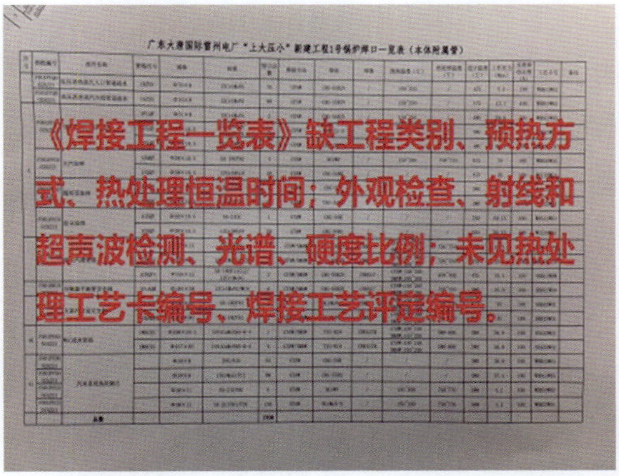

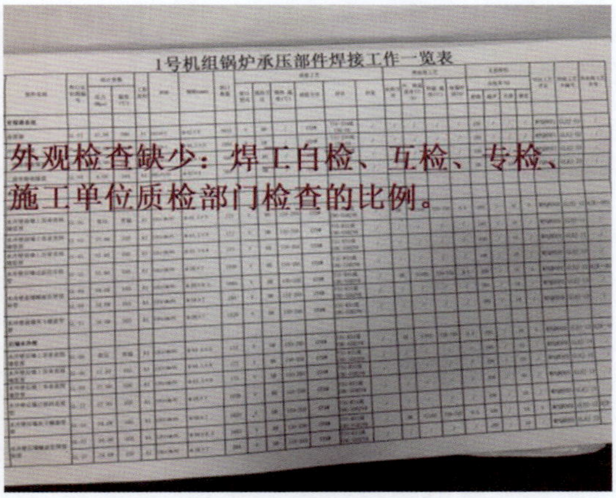

图 3-5-7 《焊接工程一览表》编写不规范

规定要求：DL/T 869—2012《火力发电厂焊接技术规程》第 9 条施工单位应向有关单位移交的技术资料：第 a) 款，《焊接工程一览表》。

预防措施：焊接技术人员应熟悉有关焊接的规程规范，焊接工程一览表要清楚地描述焊接工艺全过程；施工单位要加强质量意识教育，严肃资料的编审批制度，编审批人员要对资料的真实性负责。监理工程师要对焊接工程一览表进行不定期抽查，发现问题及时通知施工单位整改。

典型问题 2：焊接工艺卡编写不规范，常见问题如下：①电压、焊接速度等工艺参数未填写；②预热温度、加热方法、层间温度等参数填写错误；③工艺卡中焊接层数、焊接电流、焊接电压等参数与焊接工艺评定报告中的参数不一致；④焊接工艺卡中工艺参数与现场施焊控制参数不一致（见图 3-5-8）。

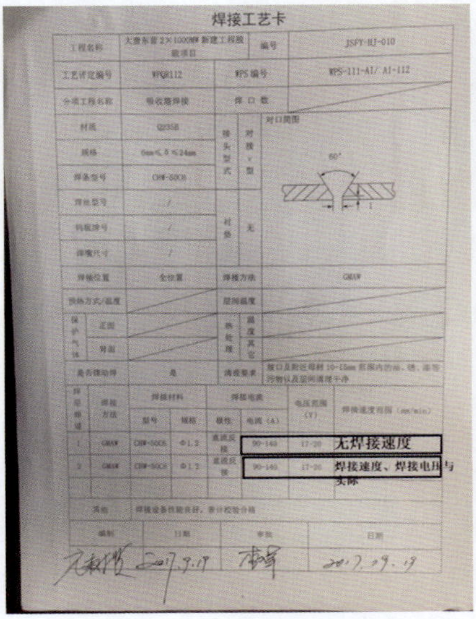

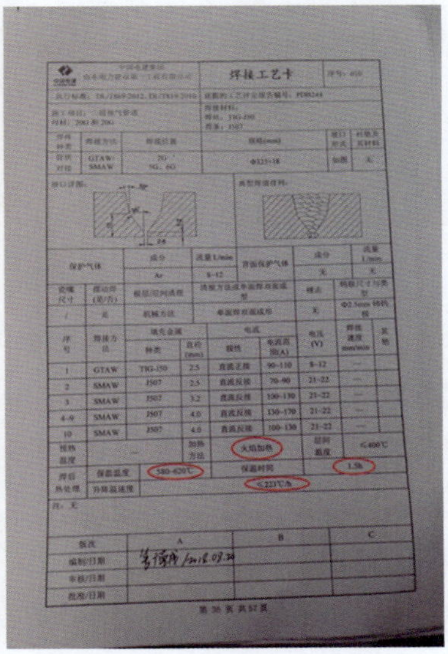

图 3-5-8　焊接工艺卡编写不规范

规定要求：DL/T 869—2012《火力发电厂焊接技术规程》第3.1.2条规定：焊接工程应按照DL/T 868—2014《焊接工艺评定规程》进行焊接工艺评定，编制焊接工艺（作业）指导书，必要时应编制焊接施工措施文件。第3.2.3.4条焊工与焊机操作工，第d款规定：当作业条件与焊接工艺（作业）指导书规定不符时，应停止或拒绝施焊。在作业过程中发现重大质量问题时，应停止施焊并及时报告有关人员，不得自行处理。

预防措施：焊接工艺卡是焊工现场施焊的指导性文件，施工单位应按照有关规程规定加强管理；同时，对焊接技术人员加强专业技术培训，使其具备相应的专业知识。

典型问题3：焊接工程质量验收记录填写不规范，常见问题有焊接检验批工程质量验收记录中未填写验收意见，检查结论与焊接工程外观质量测量检查记录不一致；焊接工程外观质量观感检查表填写不规范，焊工签字不全、质检员确认复查日期滞后、复查用语不规范、无检查结论等（见图3-5-9）。

规定要求：DL/T 5210.5—2018《电力建设施工质量验收规程　第5部分：焊接》第3.0.7条焊接检验批验收应符合下列规定：第3款，该检验批次的焊接工序文件及过程记录齐全；第6款，施工单位已完成该检验批焊接工程外观质量观感检查并形成表5.1.11《焊接工程外观质量观感检查表》；第7款，施工单位已按本规程规定的比例对该检验批焊接工程外观质量进行测量检查并填写表5.1.10《焊接工程外观质量测量检查表》。

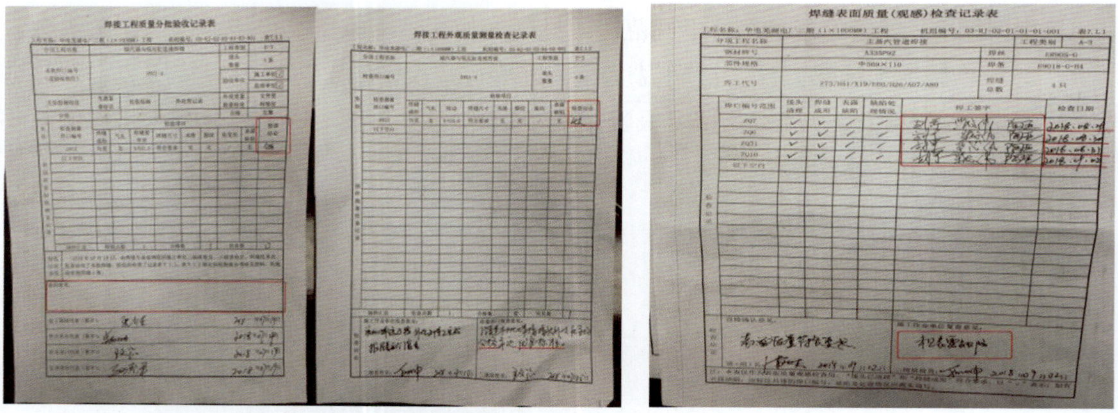

图3-5-9　焊接工程质量验收记录填写不规范

预防措施：建设单位、监理单位和施工单位参与焊接工程质量验收的各级人员要按有关规程规定履行相应职责，验收时如实记录现场实体质量，用词准确、规范，并保证验收资料的完整性。

（二）热处理管理

在火力发电工程中，热处理工艺流程一般包括：①工艺文件的确定：工艺评定、热处理作业指导书或工艺卡；②预热：预热方法的选择、预热温度符合工艺卡、加热宽度符合要求；③重新预热和后热；④焊后热处理：加热方法的选择，热电偶布置、加热宽度、保温宽度、升降温速度、恒温温度及恒温时间等工艺参数满足规程规定；⑤质量检查和技术文件。常见问题主要有工艺参数错误以及未按照工艺要求进行热处理等。

典型问题 1：热处理工艺卡编写不规范，常见问题如下：①加热宽度、保温宽度参数错误；②层间温度错误；③恒温时间与工艺曲线不符；④热电偶布置数量不符合规程规定（见图 3-5-10、图 3-5-11）。

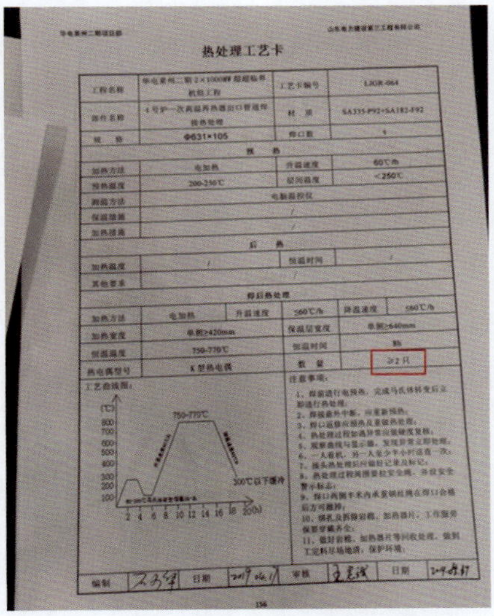

图 3-5-10 热电偶布置数量不符合规程规定

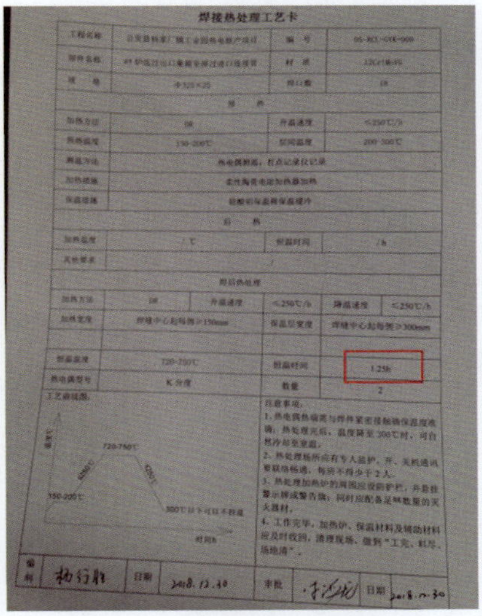

图 3-5-11 恒温时间不符合规程规定

规定要求：DL/T 819—2019《火力发电厂焊接热处理技术规程》第 7.2.2 条热电偶安装应满足下列要求：第 a）款，热电偶的安装位置与数量，应以保证测温和控温准确可靠、有代表性为原则；第 b）款，预热时，控温热电偶应布置在加热区以内，监测热电偶应尽可能靠近待焊坡口，必要时，应使用其他测温方法检测待焊坡口处的温度。

第 6.4.3 条，管道对接接头加热宽度应根据加热方法及外径（D）与壁厚（δ）的比值来选取，但不小于 100mm。加热中心应位于焊缝中心，并应采取措施降低周向和径向的温差，且应符合下列规定：

（1）当采用感应加热时，应按下述方式确定加热宽带：①当 $D/\delta \leqslant 15$ 时，加热宽度从焊缝中心起，每侧不小于管子壁厚的 5 倍；②当 $D/\delta > 15$ 时，加热宽度从焊缝中心起，每侧不小于管子壁厚的 6 倍。

（2）当采用柔性陶瓷电阻加热、远红外辐射加热时，按下述方式确定加热宽度：①当 $D/\delta \leqslant 10$ 时，加热宽度从焊缝中心起，每侧不小于管子壁厚的 6 倍；②当 $10 < D/\delta \leqslant 20$ 时，加热宽度从焊缝中心起，每侧不小于管子壁厚的 7 倍；③当 $20 < D/\delta \leqslant 40$ 时，加热宽度从焊缝中心起，每侧不小于管子壁厚的 9 倍；④当 $40 < D/\delta \leqslant 70$ 时，加热宽度从焊缝中心起，每侧不小于管子壁厚的 12 倍；⑤当 $D/\delta > 70$ 时，加热宽度从焊缝中心起，每侧不小于管子壁厚的 15 倍。

（3）管座焊件的加热，主管侧宜采用整圈加热或环形加热的方法，主管与接管侧的加热宽度按主管与接管的厚度分别确定。

第 8.2.1 条规定：焊接热处理的保温宽度从焊缝中心算起，每侧应比加热宽度增加至少 2 倍壁厚，且不少于 150mm。第 8.2.2 条规定：焊后热处理的保温厚度不超过 80mm，保温层外表面温度以不高于 60℃为宜。感应加热时，可适当减小保温厚度。可以通过改变保温层厚度来调整管道加热部分的温差。

预防措施： 热处理工艺卡是热处理操作人员现场热处理操作的依据，热处理技术人员应严格按照规程规定和焊接工艺评定编制热处理工艺卡，并组织技术交底。

典型问题 2： 焊接热处理操作管理不规范，常见问题有施工单位缺少焊接热处理操作记录；焊后热处理质量评价表填写不规范，如评价人未签名，未填写日期，评价结论不合格等；缺少返修焊缝的焊后热处理质量评价表（见图 3-5-12、图 3-5-13）。

规定要求： DL/T 819—2019《火力发电厂焊接热处理技术规程》第 9.1.2 条热处理工在焊接热处理工作中应进行现场工作记录（格式参见附录 B 中表 B.2），工作完成后应自检，并经热处理技术人员确认，符合下列要求：①工艺参数在控制范围内，并有自动记录曲线；②热电偶无损坏，无位移；③热处理记录曲线与工艺卡吻合。第 9.1.3 条规定：焊接热处理技术人员或焊接工程师应在热处理工自检合格的基础上，对同类焊件进行不少于 20%（马氏体型耐热钢焊件应不少于 50%）的抽查。检查相关记录、察看经焊后热处理的焊件外观，进行质量评价，其内容符合附录 E 的规定。评价项目包含该表中所有检查项目。

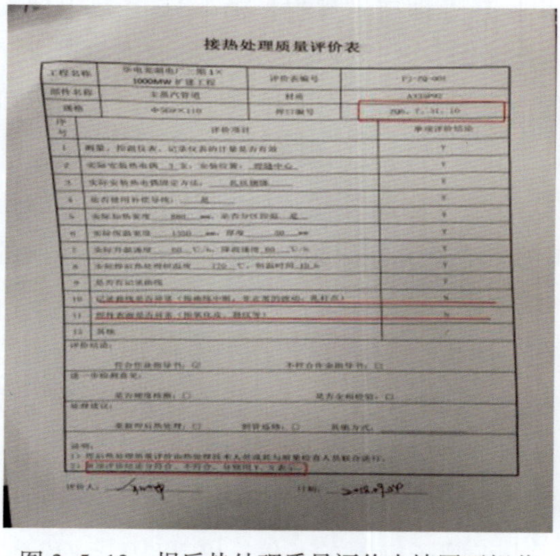
接热处理质量评价表

图 3-5-12　焊后热处理质量评价表填写不规范

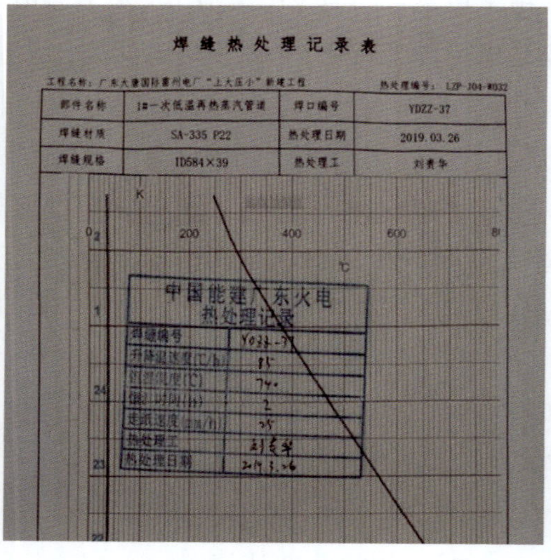
焊 缝 热 处 理 记 录 表

部件名称	1#一次低温再热蒸汽管道	焊口编号	YDZZ-37
焊缝材质	SA-335 P22	热处理日期	2019.03.26
焊缝规格	ID584×39	热处理工	刘贵华

图 3-5-13　未填写焊接热处理操作记录

预防措施： 施工单位应加强焊接热处理人员的专业培训；热处理操作人员要熟知自己的岗位职责，如实记录整个热处理过程，焊接热处理技术人员应按照规程规定的比例对焊后热处理质量做出评价。监理工程师应对施工单位的热处理操作加强检查，发现问题及时整改。

三、现场焊接

现场焊接是保证焊接质量的核心，引导焊接人员加强焊接工艺过程控制是提升焊接质量的关键。在现场焊接施工过程中，常见问题包括焊前预热不规范、焊缝成型不良、焊后热处理操作不规范等。

（一）焊前预热

在火力发电工程中，常用的焊前预热加热方法包括柔性陶瓷电阻加热、感应加热和火焰加热。根据不同的施工环境、部件材质、部件规格、部件形状、工艺要求合理选择预热方法。常见的问题有：未按规程规定进行预热、预热方法选择错误、预热温度不符合要求、预热记录和测温不准确等。

典型问题：焊前预热不规范，常见问题有在锅炉主钢梁上焊接管道支吊架、栏杆等缺少焊前预热记录；大口径管道焊前预热时热电偶离焊接坡口距离过大（见图 3-5-14、图 3-5-15）。

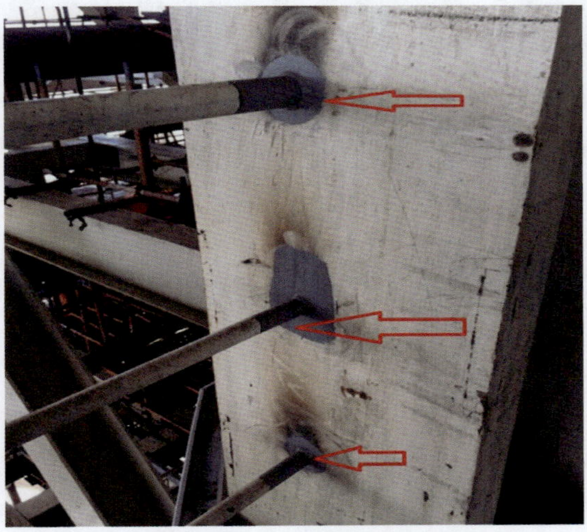

图 3-5-14　锅炉主钢梁上焊接栏杆缺少预热记录

图 3-5-15　热电偶离焊接坡口距离过大

规定要求：DL/T 869—2012《火力发电厂焊接技术规程》第 5.2.2 条的规定：各种钢材施焊的预热及层间温度见表 3（Q345 钢 $\delta \geq 30$ 预热 100~150℃）。

DL/T 819—2019《火力发电厂焊接热处理技术规程》第 7.2.2 条第 b）款规定：预热时，控温热电偶应布置在加热区以内，监测热电偶应尽可能靠近待焊坡口，必要时，应使用其他测温方法检测待焊坡口处的温度。

预防措施：焊接技术人员应熟悉有关焊前预热的规程规范要求，在焊接工艺卡中明确焊前预热温度，并组织焊接人员技术交底；焊前预热时要按规程规定做好预热记录。

（二）焊缝质量

焊接工程根据各部件的温度、压力、管径、壁厚及钢结构的载荷情况将焊接接头分为三类，对不同类别的焊接接头检验范围、方法、比例、质量标准等做了详细的规定，在施工过程中要对照检查，发现问题及时整改。

典型问题 1：焊缝成型不良，存在咬边、折口、错口现象，常见问题有焊缝表面存在夹渣、气孔缺陷，飞溅未打磨，焊缝与母材未圆滑过渡；焊缝咬边、焊缝余高超标、焊缝低于母材；焊缝错口、折口超标（见图 3-5-16）。

图 3-5-16　焊缝成型差

规定要求：DL/T 869—2012《火力发电厂焊接技术规程》第 5.3.13 条规定：焊口焊完后应进行清理，经自检合格。打上钢印或做出永久性标记。第 7.1.1 条规定：焊缝边缘应圆滑过渡到母材，焊缝外形尺寸应符合设计要求，其允许尺寸见表 6。第 7.1.2 条规定：焊接角变形应符合表 7 的规定。第 7.1.3 条规定：焊缝表露缺陷应符合表 8 的要求。第 7.1.4 条管子、管道的外壁错口值不应超过以下规定：①锅炉受热面管子，外壁错口值不大于 10%δ，且不大于 1mm；②其他管道，外壁错口值不大于 10%δ，且不大于 4mm。

预防措施：施工单位应对焊工加强岗前培训，经考试合格后方允许上岗焊接；焊工在完成焊口焊接后，应按规程规定进行自检，发现问题及时联系焊接技术人员处理。

典型问题 2：不锈钢管道焊缝表面过热、氧化，颜色为黑色或灰色（见图 3-5-17）。

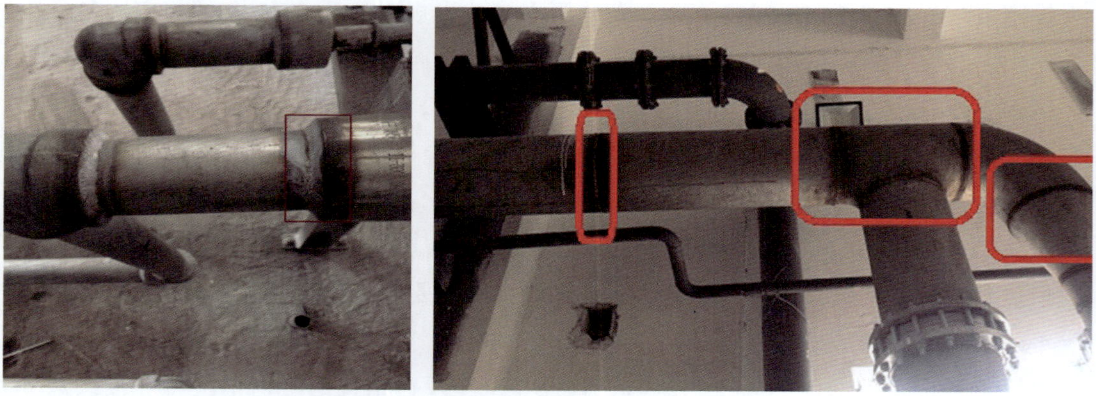

图 3-5-17　不锈钢管道焊缝表面过热氧化

规定要求：DL/T 869—2012《火力发电厂焊接技术规程》附录 E 第 E.11 条规定：不锈钢焊缝表面色泽不应出现灰色和黑色。

预防措施：在不锈钢管道施焊前，焊接技术人员应对焊工进行有针对性的焊前技术交底，并组织有效的岗前练习；焊接过程中，焊工应严格控制焊接过程工艺参数，不定期的测量焊接层间温度，焊接技术人员加强过程检查。

典型问题 3：焊缝硬度值超标，超过或低于规范规定，主要以 T/P91、T/92 的焊口硬度值超标为主。如某工程分隔屏 B3-5H 焊缝 303HB、分隔屏出口集箱手孔 1 号焊缝 362HB、流体冷却夹管 H1 号焊缝 304HB、H2# 焊缝 337；某工程过热器低温出口到高温进口管道 GRDCDGJ-12 号焊接接头，规格为 Φ406×65mm，材质为 SA335-P91，经硬度检测：上侧母材硬度值分别为 162、172、171、172HB，上侧热影响区硬度值分别为 173、168、173、169HB。

规定要求：DL/T 869—2012《火力发电厂焊接技术规程》附录 F《9%-12%Cr 马氏体耐热钢焊接技术特殊要求》第 F.3.3 条规定：硬度合格指标 180~270HBW。

DL/T 438—2016《火力发电厂金属技术监督规程》附录 C 电站常用金属材料硬度值。

预防措施：热处理操作人员应严格按照热处理工艺卡要求进行焊后热处理。对于焊缝硬度偏高的情况热处理技术人员要分析原因，及时进行整改；对于母材硬度偏低的情况需要进行金相分析，以便进一步查找问题原因，制定处理方案。

（三）热处理操作

热处理操作的关键点：①热电偶的安装与布置：热电偶的正确布置是正确反映部件温度的前提，反映所关心区域内温度以及温度梯度是否超出预定范围及热处理工作是否正常；②加热宽度和保温宽度控制：焊后热处理过程中，从加热中心区向两侧延伸存在温度梯度，对焊缝热处理均温区温差有较大影响，且温差随管道管径以及壁厚的增加而加大，应设置合理的加热宽度和保温宽度，减少温差影响；③保温时间：焊后热处理的保温直接影响焊缝硬度和塑性，保温时间应根据管道材质、壁厚、加热温度、加热方式、保温散热条件等综合考虑；④补偿导线：补偿导线布置应远离供电线路，尽可能布置在温度较低的环境，补偿导线与热电偶及仪表端子的接头处于相同的环境中，补偿导线与热电偶连接必须采用连接座可靠连接，不得拧在一起。

典型问题 1：焊接热处理曲线异常，常见问题：①在焊前预热和焊后热处理阶段，自动记录曲线未说明走纸速度；②焊接和热处理过程中，温度自动记录曲线出现异常，热处理技术人员未对产生异常问题进行记录及说明；③焊接过程中层间温度超出规程规定；④焊后热处理曲线的恒温温度不符合规程规定（见图 3-5-18、图 3-5-19）。

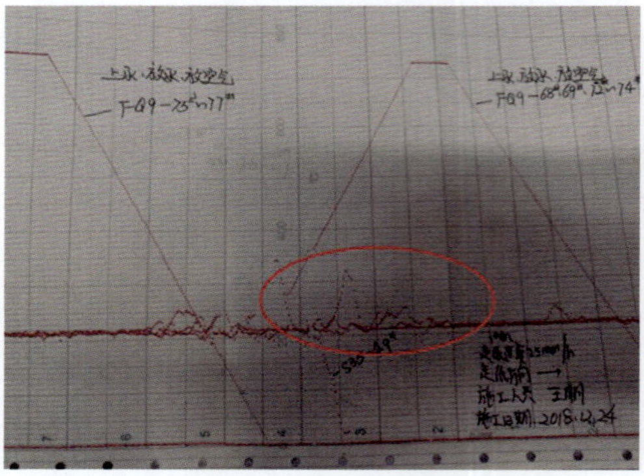

图 3–5–18　热处理曲线异常，未记录原因

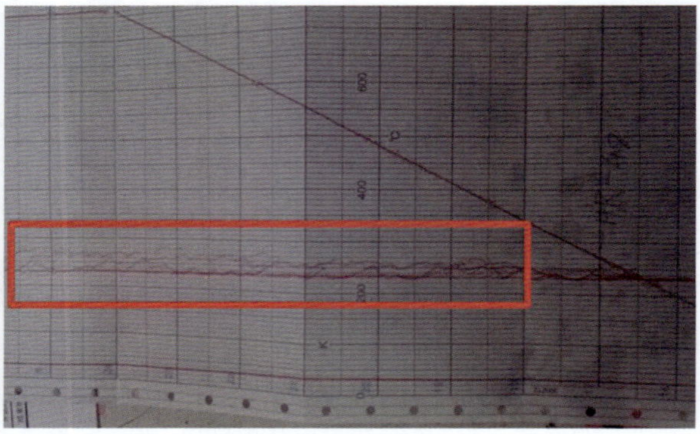

图 3–5–19　SA335–P91 钢焊接层间温度超温

规定要求：DL/T 819—2019《火力发电厂焊接热处理技术规程》第 9.1.2 条热处理工在焊接热处理工作中应进行现场工作记录，工作完成后应自检，并经热处理技术人员确认，符合下列要求：①工艺参数在控制范围内，并有自动记录曲线；②热电偶无损坏，无位移；③焊接热处理记录曲线与工艺卡吻合。

预防措施：焊接热处理是保证焊缝质量的关键程序，而热处理质量由过程控制予以保证。热处理操作人员应严格按照热处理工艺卡进行操作，升温前对各项参数予以确认，热处理过程中发现问题及时联系热处理技术人员处理，分析原因并做好记录。

典型问题 2：热电偶及补偿导线使用不规范，常见问题有热电偶未按支编号；未提供补偿导线质量证明书，导线连接不规范；热电偶计量标签上未填写允许误差数值（见图 3–5–20、图 3–5–21）。

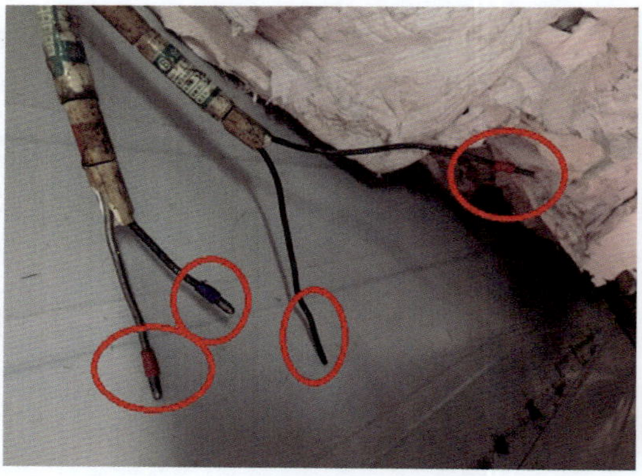

图 3–5–20　热电偶未按支编号

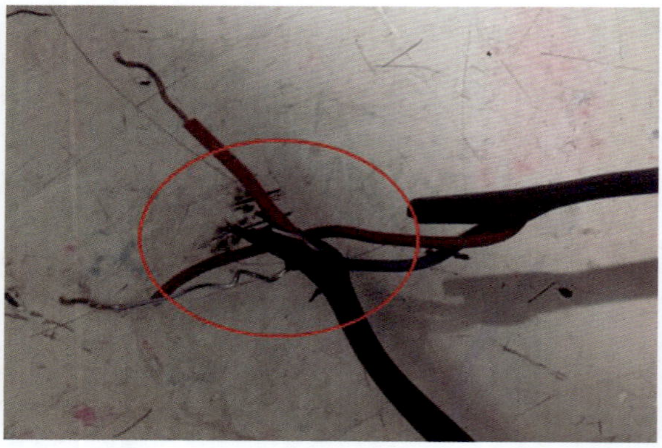

图 3–5–21　补偿导线连接不规范

规定要求：DL/T 819—2019《火力发电厂焊接热处理技术规程》第 4.2.4 条规定：设备的控温精度应在 ±5℃以内。对计算机温度控制系统，其显示装置应有冷端温度自动补偿装置，且其显示温度应以自动记录仪的显示温度为准进行调整。第 7.2.5 条第 b 款规定：补偿导线与热电偶连接时，同极性应相接并连接牢固。

预防措施：热处理技术人员和热处理工应熟悉规程规范规定和相应专业知识；热电偶应按规程规定进行计量检定，并按支进行编号标识；补偿导线与热电偶连接时同极性相接并连接牢固。

第六节 机组调试

机组调试是全面检验主机及其配套系统的设备制造、设计、施工质量的重要环节，是保证机组形成生产能力、发挥投资效益的关键性程序。机组调试涉及汽机、锅炉、电气、热控等各个专业，涵盖内容较多，本节仅从调试方案、调试质量验收、调试过程控制三个方面对监督检查过程发现的问题进行分类分析，供有关人员参考。目前，机组调试常用的技术规范见表 3–6–1。

表 3–6–1 机组调试常用的技术规范

序号	技术规范
1	DL/T 5294—2013《火力发电建设工程机组调试技术规范》
2	DL/T 5210.6—2019《电力建设施工质量验收规程 第 6 部分：调整试验》
3	DL/T 5437—2009《火力发电建设工程启动试运及验收规程》
4	DL/T 1213—2013《火力发电机组辅机故障减负荷技术规程》
5	DL/T 1616—2016《火力发电机组性能试验导则》
6	DL/T 852—2016《锅炉启动调试导则》
7	DL/T 863—2016《汽轮机启动调试导则》

一、调试方案

编制调试方案是机组调试工作的基础，常见问题主要包括调试方案中引用过期标准和重要项目调试方案审批不规范等。

典型问题 1：调试及性能试验方案中编制依据引用的部分标准已过期（见图 3–6–1）。

规定要求：DL/T 5294—2013《火力发电建设工程机组调试技术规范》第 2.0.5 条规定：机组调试工作应按照国家和行业现行的相关标准，设计和设备技术文件要求，以及经审批的调试、试验措施进行。

预防措施：标准是机组调试及性能试验的重要依据，标准引用不规范将造成试验程序、方法及结论的差异，调试单位、监理单位和建设单位应在机组调试及性能试验措施编制和审核过程中严格把关，避免因使用过期标准而影响调试质量。

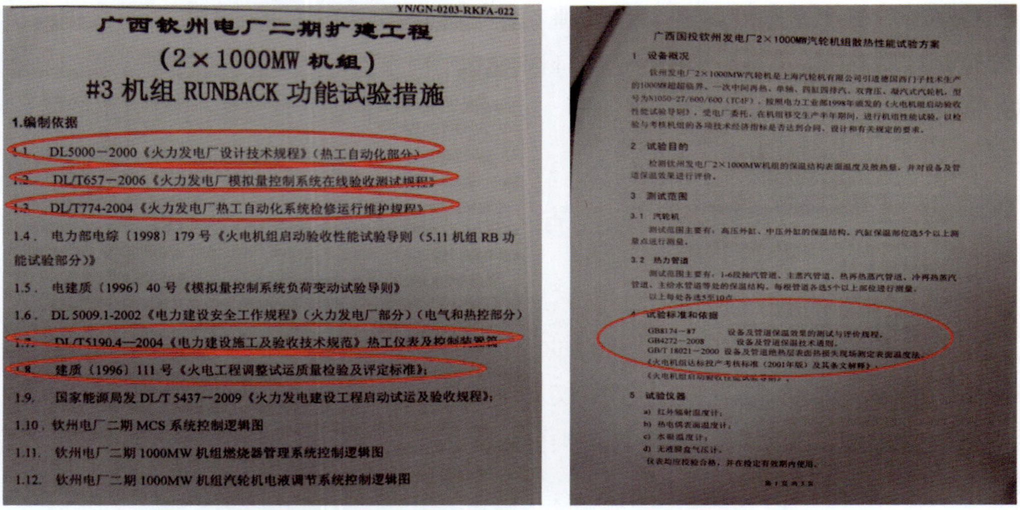

YN/GN-0203-RKFA-022

广西钦州电厂二期扩建工程

（2×1000MW 机组）

#3 机组 RUNBACK 功能试验措施

1.编制依据

1.1. DL5000—2000《火力发电厂设计技术规程》（热工自动化部分）

1.2. DL/T657—2006《火力发电厂模拟量控制系统在线验收测试规程》

1.3. DL/T774-2004《火力发电厂热工自动化系统检修运行维护规程》

1.4. 电力部电综〔1998〕179 号《火电机组启动验收性能试验导则（5.11 机组 RB 功能试验部分）》

1.5. 电建质〔1996〕40 号《模拟量控制系统负荷变动试验导则》

1.6. DL 5009.1-2002《电力建设安全工作规程》（火力发电厂部分）（电气和热控部分）

1.7. DL/T5190.4—2004《电力建设施工及验收技术规范》热工仪表及控制装置篇

1.8. 建质〔1996〕111 号《火电工程调整试运质量检验及评定标准》；

1.9. 国家能源局发 DL/T 5437—2009《火力发电建设工程启动试运及验收规程》；

1.10. 钦州电厂二期 MCS 系统控制逻辑图

1.11. 钦州电厂二期 1000MW 机组燃烧器管理系统控制逻辑图

1.12. 钦州电厂二期 1000MW 机组汽轮机电液调节系统控制逻辑图

广西国投钦州发电厂2×1000MW汽轮机组散热性能试验方案

1 设备概况

钦州发电厂2×1000MW汽轮机是上海汽轮机有限公司引进德国西门子技术生产的1000MW超超临界、一次中间再热、单轴、四缸四排汽、双背压、凝汽式汽轮机，型号为N1050-27/600/600（TC4F）。按照电力工业部1998年颁发的《火电机组启动验收性能试验导则》，受电厂委托，在机组移交生产半年期间，进行机组性能试验，以检验与考核机组的各项技术经济指标是否达到合同、设计和有关规定的要求。

2 试验目的

检测钦州发电厂2×1000MW机组的保温结构表面温度及散热量，并对设备及管道保温效果进行评价。

3 测试范围

3.1 汽轮机

测试范围主要有：高压外缸、中压外缸的保温结构。汽缸保温部位选5个以上测量点进行测量。

3.2 热力管道

测试范围主要有：1-6段抽汽管道、主蒸汽管道、热再热蒸汽管道、冷再热蒸汽管道、主给水管道等处的保温结构。每根管道各选5个以上部位进行测量。

以上每处各选5至10点

4 试验标准和依据

GB8174—87 设备及管道保温效果的测试与评价规程。

GB4272—2008 设备及管道保温技术通则。

GB/T 18021—2000 设备及管道绝热层表面热损失现场测定表面温度法。

《火电机组达标投产考核标准（2001年版）及其条文解释》。

《火电机组启动验收性能试验导则》。

5 试验仪器

a) 红外辐射温度计；

b) 热电偶表面温度计；

c) 水银温度计；

d) 无液膜盒气压计。

仪表均应校验合格，并在检定有效期内使用。

图 3-6-1　调试及性能试验方案中引用技术标准不正确

典型问题 2： 调试大纲、重要项目调试方案或措施和分系统调试及整套启动试运计划未经过试运总指挥批准。如《500kV 高压输电线路及升压变电站受电调试措施》等（见图 3-6-2）。

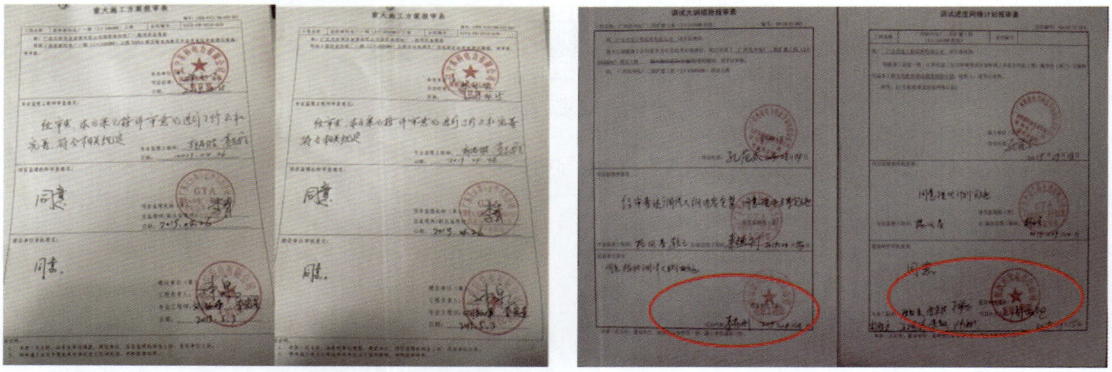

图 3-6-2　重要项目的调试方案未经试运总指挥批准

规定要求： DL/T 5437—2009《火力发电建设工程启动试运及验收规程》第 3.2.2.3 条第 3 款规定：审批重要项目的调试方案或措施（如调试大纲、升压站及厂用电受电措施、化学清洗措施、蒸汽管道吹管措施、锅炉整套启动措施、汽机整套启动措施、电气整套启动措施、甩负荷试验措施等）和单机试运计划、分系统试运计划及整套启动试运计划。

预防措施： 审批重要项目的调试方案或措施是试运指挥部的职责，建设单位在审定调试方案报审表式样时，审批栏目中需要有相应的试运指挥部签字栏。

二、调试质量验收

在分系统调试和整套启动试运质量验收过程中，常见问题主要包括调试质量验收表中检验项目不全或者重要设备未组织验收等。

典型问题 1：分系统调试单位工程验收表中检验项目有漏项，检查结果无结论。如发电机水冷系统、空气预热器、真空系统及吸收塔系统单位工程的验收表中重要检验项目遗漏（见图 3-6-3）。

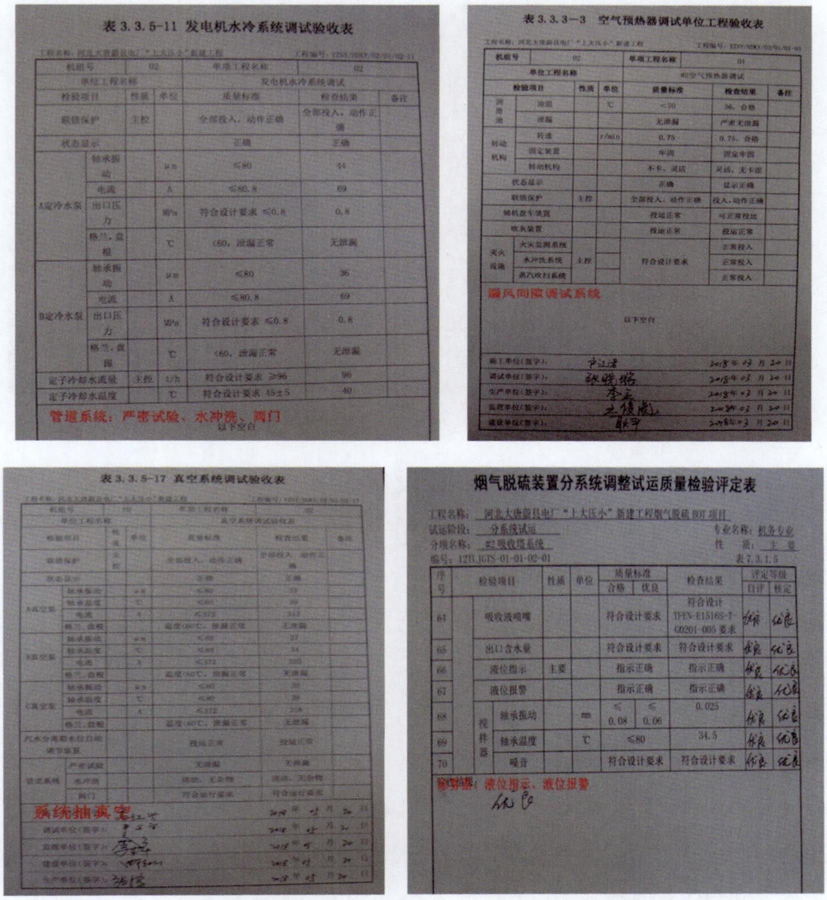

表 3.3.5-11 发电机水冷系统调试验收表

检验项目		性质	单位	质量标准	检查结果	备注
联锁保护		主控		全部投入，动作正确	全部投入，动作正确	
状态显示				正确	正确	
A定冷水泵	轴承振动		μm	≤80	44	
	电流		A	≤80.8	69	
	出口压力		MPa	符合设计要求 ≤0.8	0.8	
	格兰，盘根		℃	<60，泄漏正常	无泄漏	
B定冷水泵	轴承振动		μm	≤80	36	
	电流		A	≤80.8	69	
	出口压力		MPa	符合设计要求 ≤0.8	0.8	
	格兰，盘根		℃	<60，泄漏正常	无泄漏	
定子冷却水流量		主控	t/h	符合设计要求 ≥96	96	
定子冷却水温度			℃	符合设计要求 45±5	40	

管道系统：严密试验、水冲洗、阀门

以下空白

表 3.3.3—3 空气预热器调试单位工程验收表

检验项目		性质	单位	质量标准	检查结果	备注
润滑油	油温		℃	<70	36，合格	
	泄漏			无泄漏	严密无泄漏	
转动机构	转速		r/min	0.75	0.75，合格	
	固定装置			牢固	固定牢固	
	转动机构			不卡，灵活	灵活，无卡涩	
状态显示				正确	显示正确	
联锁保护		主控		全部投入，动作正确	投入，动作正确	
辅机盘车装置				投运正常	可正常投运	
吹灰装置				投运正常	投运正常	
灭火设施	火灾监测系统	主控		符合设计要求	正常投入	
	水冲洗系统				正常投入	
	蒸汽吹扫系统				正常投入	

漏风间隙调试系统

以下空白

施工单位（签字）： 2018年03月20日
调试单位（签字）： 2018年03月20日
生产单位（签字）： 2018年03月20日
监理单位（签字）： 2018年03月20日
建设单位（签字）： 2018年03月20日

表 3.3.5-17 真空系统调试验收表

检验项目		性质	单位	质量标准	检查结果	备注
联锁保护		主控		全部投入，动作正确	全部投入，动作正确	
状态显示				正确	正确	
A真空泵	电流		A	≤372	313	
	格兰，盘根			温度<60℃，泄漏正常	无泄漏	
B真空泵	电流		A	≤372	320	
	格兰，盘根			温度<60℃，泄漏正常	无泄漏	
C真空泵	电流		A	≤372	318	
	格兰，盘根			温度<60℃，泄漏正常	无泄漏	
汽水分离器水位自动调节装置				投运正常	投运正常	
管道系统	严密试验			无泄漏	无泄漏	
	水冲洗			清洁，无杂物	清洁，无杂物	
	阀门			符合运行要求	符合运行要求	

系统抽真空

调试单位（签字）：
监理单位（签字）：
建设单位（签字）：
生产单位（签字）：

烟气脱硫装置分系统调整试运质量检验评定表

工程名称：河北大唐蔚县电厂“上大压小”新建工程烟气脱硫BOT项目
试运阶段：分系统试运　　专业名称：机务专业
分项名称：#2吸收塔系统　　性　质：主要
编号：12TLJGTS-01-01-02-01　　表 7.3.1.5

序号	检验项目		性质	单位	质量标准 合格	质量标准 优良	检查结果	评定等级 自评	评定等级 核定
64	吸收液喷嘴				符合设计要求		符合设计 TPEN-E1516S-T-G0201-005 要求		
65	出口含水量				符合设计要求		符合设计要求		
66	液位指示		主要		指示正确		指示正确		
67	液位报警				指示正确		指示正确		
68	搅拌器	轴承振动		mm	≤0.08	≤0.06	0.025		
69		轴承温度		℃	≤80		34.5		
70		噪音			符合设计要求		符合设计要求		

除雾器：液位指示、液位报警

图 3-6-3　调试质量验收表中检验项目有漏项

规定要求：DL/T 5210.6—2019《电力建设施工质量验收规程　第 6 部分：调整试验》第 3.0.5 条规定：调试项目实施完毕，调试单位应自检合格后报监理单位进行验收。第 3.0.10 条规定：调试质量验收文件应内容齐全，定性项目描述准确，定量项目数据齐全、准确，形成材料和字迹符合档案管理要求。第 3.0.11 条规定：调试质量验收只设“合格”质量标准。

预防措施：调试质量验收前，调试单位应自检合格，再由监理单位组织，施工、调试、生产和建设等单位参加验收，调试质量验收文件应内容齐全，定性项目定性准确，定量项目数据齐全、准确，制成材料和字迹符合耐久性保存要求。

典型问题 2：机组单位工程中送风机、引风机、一次风机、凝结泵、浆液循环泵、氧化风机等主要设备未分别组织验收（见图 3–6–4）。

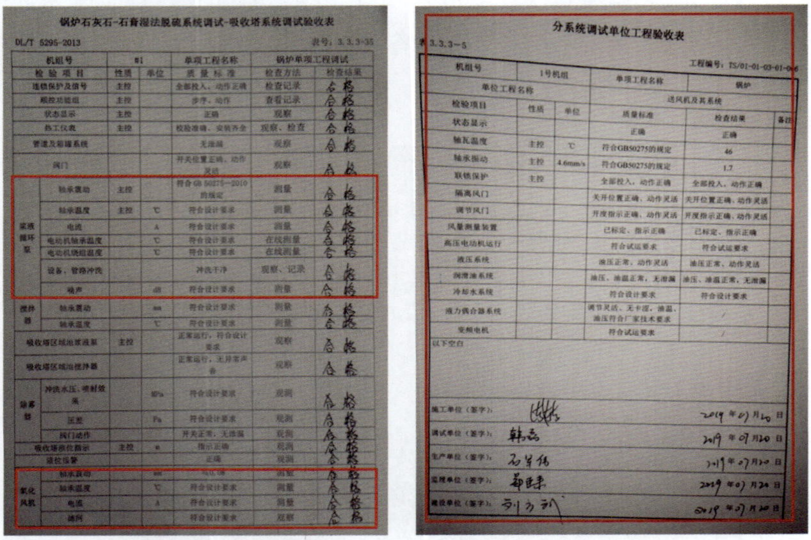

图 3–6–4　未按实际设备数量组织验收

规定要求：DL/T 5210.6—2019《电力建设施工质量验收规程　第 6 部分：调整试验》第 3.0.4 条第 5 款规定：分项工程中如有多台主要设备，应对全部主要设备分别进行验收，在原分项工程编号后加英文字母区分。

预防措施：现场工程技术人员对规程规范要认真学习，在组织单位工程调试质量验收时严格执行验收规程。

三、调试过程控制

在调试过程中，常见问题主要包括电气热工保护定值清单管理不规范、整套启动试运检查表签字不规范、保护连锁试验未实际传动以及机组性能试验和 RB 试验不符合要求等。

典型问题 1：电气、热工保护定值清单管理不规范，常见以下问题：①保护定值清单未履行审批手续，保护定值修改审批手续不全；②保护定值不齐全；③保护定值清单未及时升版；④保护定值设置不合理；⑤保护试验卡中的定值与定值清单不一致（见图 3–6–5、图 3–6–6）。

规定要求：DL/T 5294—2013《火力发电建设工程机组调试技术规范》第 4.2.3 条热工和电气保护定值修改审批应符合下列程序：第 1 款，机组分部试运前，生产单位负责提供机组热工和电气保护定值，建设单位负责组织设计、生产、调试、施工、监理等单位相关人员，进行一次全面审查，形成正式定值清单。第 2 款，生产单位将此清单以正式文件形式发给施工和调试等单位。第 3 款，机组试运期间，如需修改热工和电气保护定值，应履行报批手续。由提出修改单位申请，说明修改原因，经生产单位批准后许可实施。

第 4.2.2 条第 1 款第 2 项规定：调试单位应完成 DCS 系统组态检查，按照生产单位提供的联锁、保护定值清单完成报警、联锁、保护设定值检查，完成相关报警及联锁、保护逻辑传动试验。

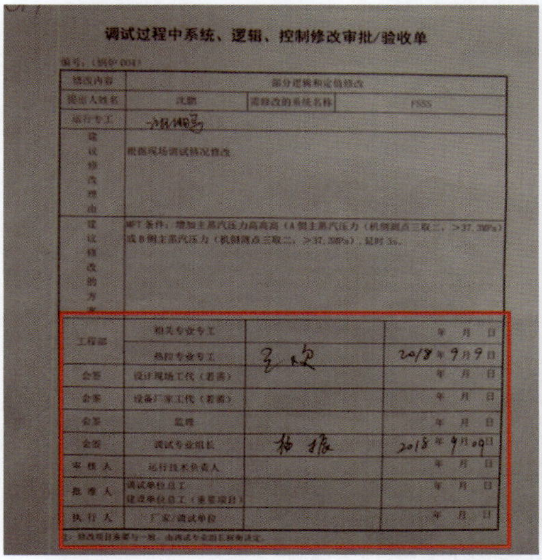
调试过程中系统、逻辑、控制修改审批/验收单

修改内容	部分逻辑和定值修改		
提出人姓名	沈鹏	需修改的系统名称	FSSS
建议修改理由	根据现场调试情况修改		
建议修改的方案	MFT条件：增加主蒸汽压力高高高（A侧主蒸汽压力（机侧测点三取二，>37.3MPa）或B侧主蒸汽压力（机侧测点三取二，>37.3MPa），延时3s。		
工程部	相关专业专工		年 月 日
	热控专业专工		2018年9月9日
会签	设计现场工代（若需）		年 月 日
会签	设备厂家工代（若需）		年 月 日
会签	监理		年 月 日
会签	调试专业组长		2018年9月09日
审核人	运行技术负责人		年 月 日
批准人	调试单位总工 建设单位总工（重要项目）		年 月 日
执行人	厂家/调试单位		年 月 日

图 3-6-5 保护定值修改审批不规范

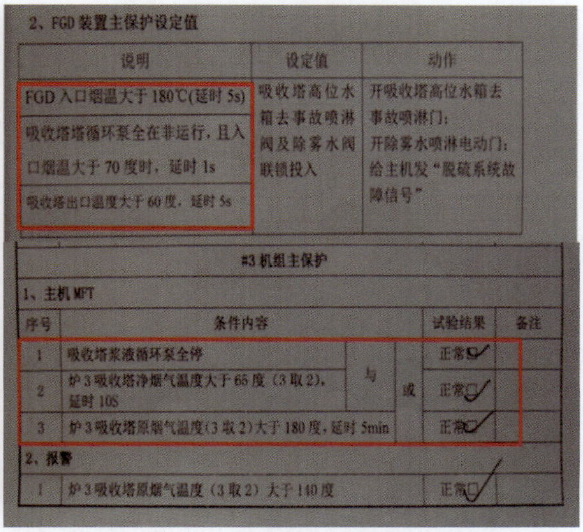
2、FGD 装置主保护设定值

说明	设定值	动作
FGD 入口烟温大于 180℃(延时 5s) 吸收塔循环泵全在非运行，且入口烟温大于 70 度时，延时 1s 吸收塔出口温度大于 60 度，延时 5s	吸收塔高位水箱去事故喷淋阀及除雾水阀联锁投入	开吸收塔高位水箱去事故喷淋门； 开除雾水喷淋电动门； 给主机发“脱硫系统故障信号”

#3 机组主保护

1、主机 MFT

序号	条件内容			试验结果	备注
1	吸收塔浆液循环泵全停	与	或	正常	
2	炉 3 吸收塔净烟气温度大于 65 度（3 取 2），延时 10S			正常	
3	炉 3 吸收塔原烟气温度(3 取 2)大于 180 度，延时 5min			正常	

2、报警

序号	条件内容	试验结果	备注
1	炉 3 吸收塔原烟气温度（3 取 2）大于 140 度	正常	

图 3-6-6 保护试验卡中的定值与定值清单不一致

预防措施：电气、热控定值的设置正确与否直接影响设备和系统的安全，建设单位、生产单位、调试单位要认真整理和审核保护定值，严格履行审批手续。

典型问题 2：调试措施技术交底时间滞后与系统试运条件检查时间（见图 3-6-7）。

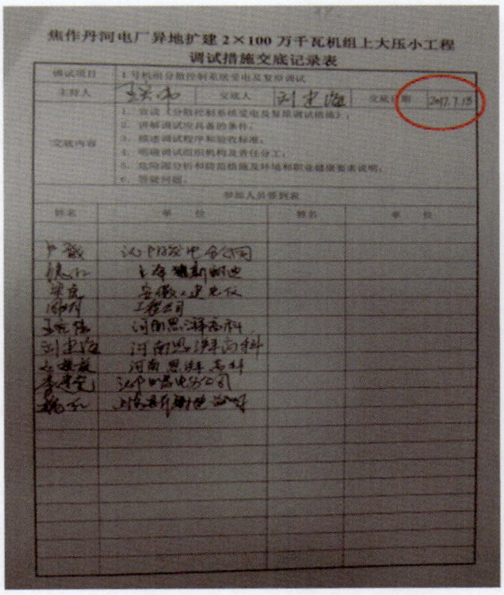
焦作丹河电厂异地扩建 2×100 万千瓦机组上大压小工程
调试措施交底记录表

交底日期 2017.7.15

参加人员签到表

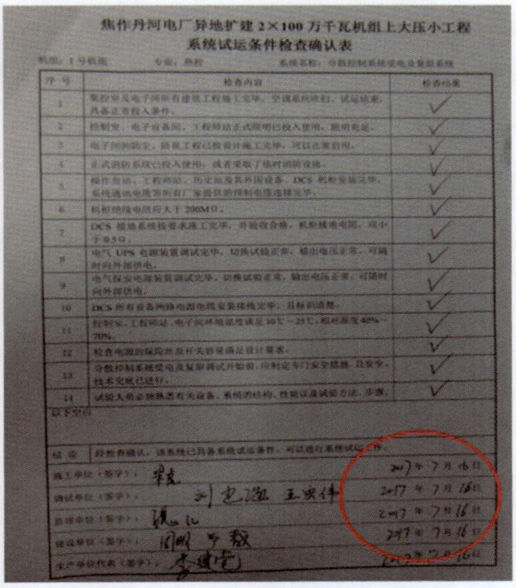
焦作丹河电厂异地扩建 2×100 万千瓦机组上大压小工程
系统试运条件检查确认表

序号	检查内容	检查结果
6	机柜绝缘电阻应大于 200MΩ。	√
10	DCS 所有设备网路电源电线安装接线完毕，且标识清楚。	√

2017 年 7 月 16 日

图 3-6-7 调试措施交底时间滞后与系统试运条件检查时间

规定要求：DL/T 5294—2013《火电发电建设工程机组调试技术规范》第 4.1.5 条规定：调试工作前，调试人员应向参加人员进行调试措施交底并做好记录。

预防措施：调试措施技术交底是保障分系统调试和整套启动试运的基础，只有进行好前期工作才能保障后期的调试结果。

典型问题 3： 脱硫、脱硝系统整套启动前部分启动条件检查项未闭环（见图 3-6-8）。

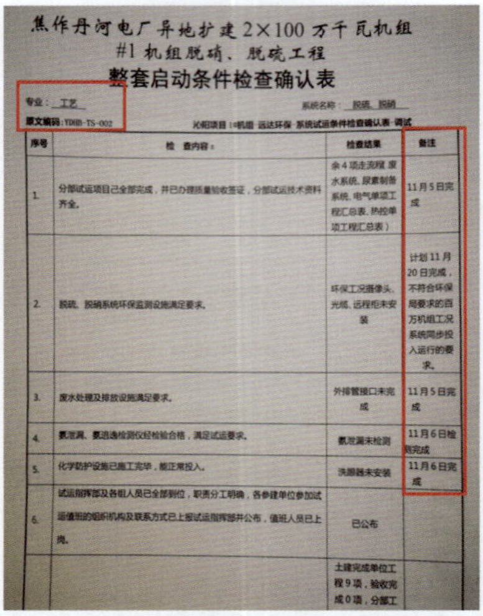
焦作丹河电厂异地扩建 2×100 万千瓦机组
#1 机组脱硝、脱硫工程
整套启动条件检查确认表

专业：工艺　　系统名称：脱硫、脱硝
原文编码：YDHB-TS-002　　沁阳项目 1#机组 远达环保 系统试运条件检查确认表 调试

序号	检查内容：	检查结果	备注
1.	分部试运项目已全部完成，并已办理质量验收签证，分部试运技术资料齐全。	余 4 项走流程（废水系统、尿素制备系统、电气单项工程汇总表、热控单项工程汇总表）	11 月 5 日完成
2.	脱硫、脱硝系统环保监测设施满足要求。	环保工况摄像头、光缆、远程柜未安装	计划 11 月 20 日完成，不符合环保局要求的百万机组工况系统同步投入运行的要求。
3.	废水处理及排放设施满足要求。	外排管接口未完成	11 月 5 日完成
4.	氨泄漏、氨逃逸检测仪经检验合格，满足试运要求。	氨泄漏未检测	11 月 6 日检测完成
5.	化学防护设施已施工完毕，能正常投入。	洗眼器未安装	11 月 6 日完成
6.	试运指挥部及各组人员已全部到位，职责分工明确，各参建单位参加试运值班的组织机构及联系方式已上报试运指挥部并公布，值班人员已上岗。	已公布	
		土建完成单位工程 9 项，验收完成 0 项，分部工	

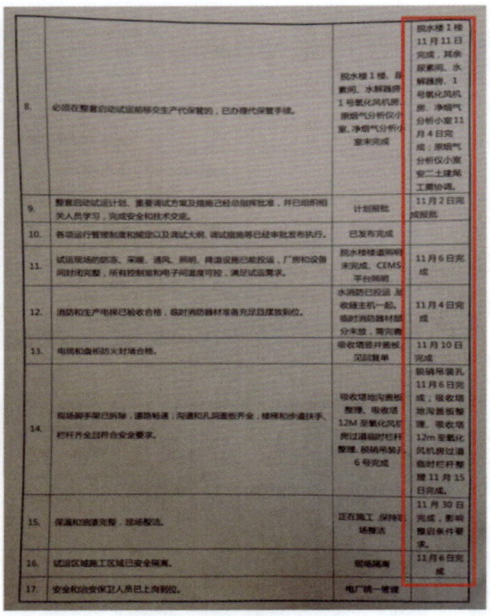
序号	检查内容	检查结果	备注
8.	必须在整套启动试运前移交生产代保管的，已办理代保管手续。	脱水楼 1 楼、尿素间、水解器房、1 号氧化风机房、原烟气分析仪小室、净烟气分析小室未完成	脱水楼 1 楼 11 月 11 日完成，其余尿素间、水解器房、1 号氧化风机房、净烟气分析小室 11 月 4 日完成；原烟气分析仪小室安二土建局工期协调。
9.	整套启动试运计划、重要调试方案及措施已经总指挥批准，并已组织相关人员学习，完成安全和技术交底。	计划报批	11 月 2 日完成报批
10.	各项运行管理制度和规定以及调试大纲、调试措施等已经审批发布执行。	已发布完成	
11.	试运现场的防冻、采暖、通风、照明、降温设施已能投运，厂房和设备间封闭完整，所有控制室和电子间温度可控，满足试运需求。	脱水楼楼道照明未完成、CEMS 平台照明	11 月 6 日完成
12.	消防和生产电梯已验收合格，临时消防器材准备充足且摆放到位。	水消防已投运，随收随主机一起。临时消防器材部分未放，需完善	11 月 4 日完成
13.	电缆和盘柜防火封堵合格。	吸收塔竖井盖板见回复单	11 月 10 日完成
14.	现场脚手架已拆除，道路畅通，沟道和孔洞盖板齐全，楼梯和步道扶手、栏杆齐全且符合安全要求。	吸收塔地沟盖板整理、吸收塔 12M 至氧化风机房过道临时栏杆整理、脱硝吊装孔 6 号完成	脱硝吊装孔 11 月 6 日完成；吸收塔地沟盖板整理、吸收塔 12m 至氧化风机房过道临时栏杆整理 11 月 15 日完成。
15.	保温和油漆完整，现场整洁。	正在施工，保持现场整洁	11 月 30 日完成，影响整启条件要求。
16.	试运区域施工区域已安全隔离。	现场隔离	11 月 6 日完成
17.	安全和治安保卫人员已上岗到位。	电厂统一管理	

图 3-6-8　脱硫、脱硝系统整套启动条件检查项未闭环

规定要求： DL/T 5294—2013《火电发电建设工程机组调试技术规范》第 4.2.2 条第 2 款规定：调试单位应按分系统调试条件检查表组织调试、施工、监理、建设、生产等单位对试运条件进行检查确认签证。第 3 款规定：调试单位按整套启动试运条件检查确认表组织调试、施工、监理、建设、生产等单位进行检查确认签证，报请试运指挥部总指挥批准。

预防措施： 机组整套启动条件检查的确认关系着机组设备及人身安全，各参建单位在分系统和机组整套启动条件检查时时应严格检查验收，保证各系统的完整性和合理性，不得留有安全隐患。

典型问题 4：《X 号机组结束满负荷试运条件检查确认表》和《X 号机组启动试运条件检查确认表》等表式，建设、生产、调试、施工及监理单位代表签字人的资格，均不符合规程规定。

规定要求： DL/T 5210.6—2019《电力建设施工质量验收规程　第 6 部分：调整试验》第 5.1.1 条规定：机组整套启动调试分项工程质量验收表应由各单位的专业工程师签字。单位代表签字的验收表应由各单位出任的试运指挥部的副总指挥签字。

预防措施： 试运指挥部有组织和协调各组及各阶段验收签证工作的职责，为保障工程调试质量，试运指挥部成员应代表相关参建单位参加机组启动试运条件检查确认和机组结束满负荷试运条件检查确认等重要验收活动。

典型问题 5： 汽动给水泵润滑油压力保护联锁试验未采用物理方法进行实际传动（见图 3-6-9）。

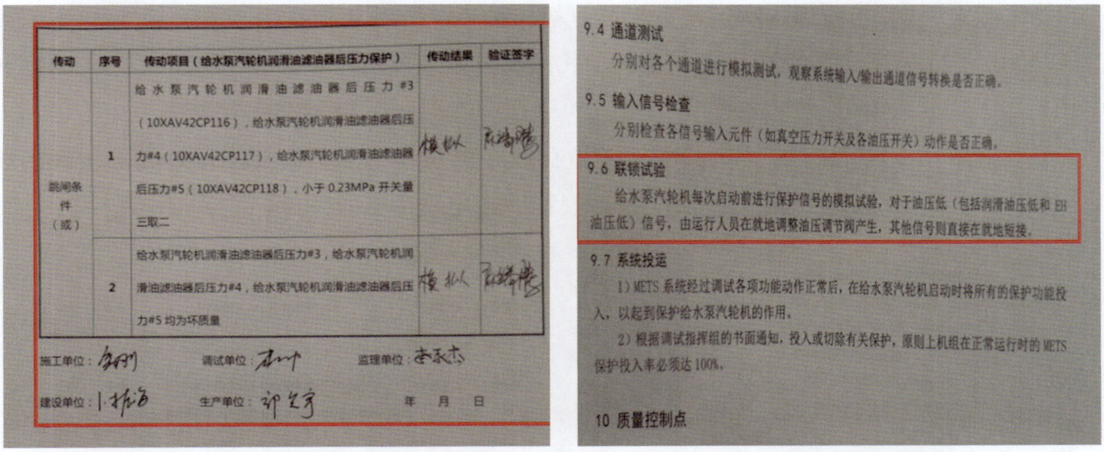

传动	序号	传动项目（给水泵汽轮机润滑油滤油器后压力保护）	传动结果	验证签字
跳闸条件（或）	1	给水泵汽轮机润滑油滤油器后压力#3（10XAV42CP116），给水泵汽轮机润滑油滤油器后压力#4（10XAV42CP117），给水泵汽轮机润滑油滤油器后压力#5（10XAV42CP118），小于 0.23MPa 开关量三取二	模拟	
	2	给水泵汽轮机润滑油滤油器后压力#3，给水泵汽轮机润滑油滤油器后压力#4，给水泵汽轮机润滑油滤油器后压力#5 均为坏质量	模拟	

施工单位： 调试单位： 监理单位：

建设单位： 生产单位： 年 月 日

9.4 通道测试

分别对各个通道进行模拟测试，观察系统输入/输出通道信号转换是否正确。

9.5 输入信号检查

分别检查各信号输入元件（如真空压力开关及各油压开关）动作是否正确。

9.6 联锁试验

给水泵汽轮机每次启动前进行保护信号的模拟试验，对于油压低（包括润滑油压低和 EH 油压低）信号，由运行人员在就地调整油压调节阀产生，其他信号则直接在就地短接。

9.7 系统投运

1）METS 系统经过调试各项功能动作正常后，在给水泵汽轮机启动时将所有的保护功能投入，以起到保护给水泵汽轮机的作用。

2）根据调试指挥组的书面通知，投入或切除有关保护，原则上机组在正常运行时的 METS 保护投入率必须达 100%。

10 质量控制点

图 3-6-9 汽动给水泵润滑油压力保护联锁试验未采用物理方法传动

规定要求：《防止电力生产事故的二十五项重点要求》（国能安全〔2014〕161 号）第 8.4.6 条规定：润滑油压低报警、联启油泵、跳闸保护、停止盘车定值及测点安装位置应按照制造商要求整定和安装，整定值应满足直流油泵联启的同时必须跳闸停机。对各压力开关应采用现场试验系统进行校验，润滑油压低时应能正确、可靠的联动交流、直流润滑油泵。

预防措施：保护联锁传动试验是单体试运及分系统调试前必须进行的试验，在保护联锁传动试验时应严格按照调试技术规范和调试方案进行保护联锁试验，并记录签证。

典型问题 6：RB 试验时机组负荷小于 90% 额定负荷（见图 3-6-10）。

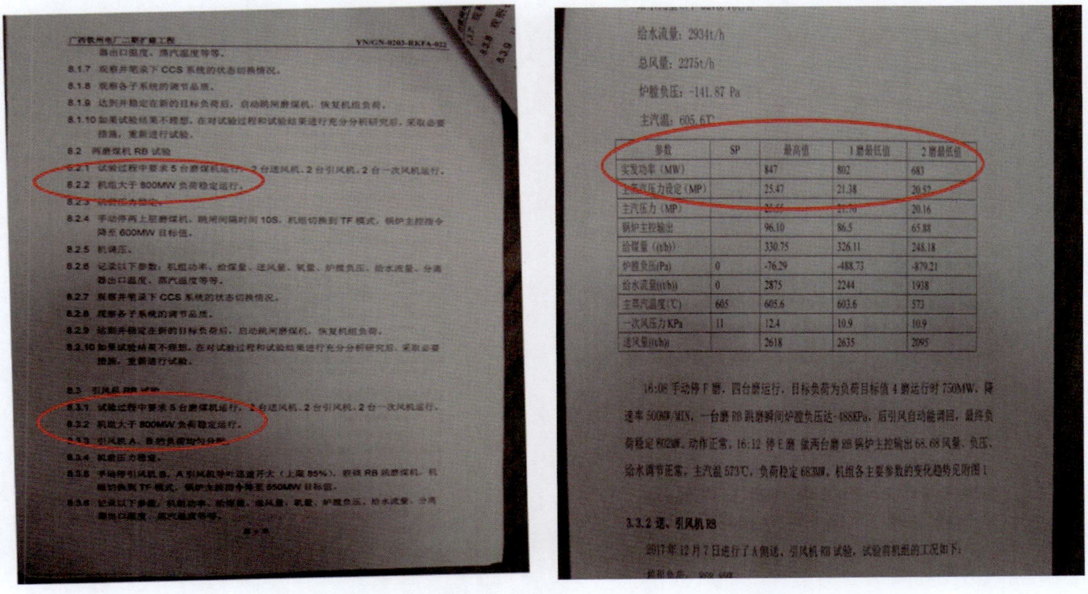

8.2.1 试验过程中要求 5 台磨煤机运行，2 台送风机、2 台引风机、2 台一次风机运行。

8.2.2 机组大于 800MW 负荷稳定运行。

8.2.4 手动停两上层磨煤机，跳闸间隔时间 10S，机组切换到 TF 模式，锅炉主控指令降至 600MW 目标值。

8.2.5 机调压。

8.2.7 观察并笔录下 CCS 系统的状态切换情况。

8.2.8 观察各子系统的调节品质。

8.3 引风机 RB 试验

8.3.1 试验过程中要求 5 台磨煤机运行，2 台送风机、2 台引风机、2 台一次风机运行。

8.3.2 机组大于 800MW 负荷稳定运行。

给水流量：2934t/h

总风量：2275t/h

炉膛负压：-141.87 Pa

主汽温：605.6℃

参数	SP	最高值	1 磨最低值	2 磨最低值
实发功率（MW）		847	802	683
主蒸汽压力设定（MP）		25.47	21.38	20.52
主汽压力（MP）		[illegible]	[illegible]	20.16
锅炉主控输出		96.10	86.5	65.88
给煤量（t/h）		330.75	326.11	248.18
炉膛负压(Pa)	0	-76.29	-488.73	-879.21
给水流量(t/h)	0	2875	2244	1938
主蒸汽温度(℃)	605	605.6	603.6	573
一次风压力 KPa	11	12.4	10.9	10.9
送风量(t/h)		2618	2635	2095

16:08 手动停 F 磨，四台磨运行，目标负荷为负荷目标值 4 磨运行时 750MW，降速率 500MW/MIN，一台磨 RB 跳磨瞬间炉膛负压达-488KPa，后引风自动能调回，最终负荷稳定 802MW，动作正常，16:12 停 E 磨 做两台磨 RB 锅炉主控输出 68.68 风量、负压、给水调节正常，主汽温 573℃，负荷稳定 683MW，机组各主要参数的变化趋势见附图 1

3.3.2 送、引风机 RB

2017 年 12 月 7 日进行了 A 侧送、引风机 RB 试验，试验前机组的工况如下：

图 3-6-10 RB 试验时机组负荷小于 90% 额定负荷

规定要求：DL/T 1213—2013《火力发电机组辅机故障减负荷技术规程》第 5.2.3.2 条第 a 款规定：在 90% 额定负荷以上进行 RB 正式试验，以考核机组和 CCS 在 RB 工况下的控制能力。

预防措施：试验负荷如小于 90% 额定负荷或在低负荷工况下，不能有效的考核机组和 CCS 在 RB 动作期间的控制能力，故应按照规程的规定进行有效的试验。

第四章　检验检测

在建设过程中，充分发挥质量检验检测作用，是保证工程质量的重要措施。本章对火电建设过程中发现的土建、金属及电气专业检验检测问题进行分类整理，供有关人员参考。

第一节　土建检测

工程材料试验与建筑工程施工质量检测，是保证建筑工程质量的重要措施。土建检测主要包括原材料进场检测试验、施工过程质量检测试验和工程实体质量与使用功能检测试验。常见问题主要包括原材料未按规定组织进场检测、施工过程中未按规定进行过程控制以及工程实体质量检测结果不符合规定等。

在火力发电工程中，土建检测常用的技术规范见表 4–1–1。

表 4–1–1　土建检测常用的技术规范

序号	技术规范
1	DL/T 5710—2014《电力建设土建工程施工技术检验规范》
2	GB/T 14902—2012《预拌混凝土》
3	GB/T 25181—2010《预拌砂浆》
4	JGJ/T 220—2010《抹灰砂浆技术规程》
5	JGJ/T 322—2013《混凝土中氯离子含量检测技术规程》
6	JC/T 986—2018《水泥基灌浆材料》
7	GB 50618—2011《房屋建筑和市政基础设施工程质量检测技术管理规范》
8	GB/T 50784—2013《混凝土结构现场检测技术标准》
9	GB/T 50107—2010《混凝土强度检验评定标准》
10	GB 50325—2020《民用建设工程室内环境污染控制标准》
11	JGJ/T 23—2011《回弹法检测混凝土抗压强度技术规程》
12	JGJ/T 384—2016《钻芯法检测混凝土强度技术规程》

续表

序号	技术规范
13	JGJ/T 152—2019《混凝土中钢筋检测技术规程》
14	GB/T 50315—2011《砌体工程现场检测技术标准》
15	JGJ/T 136—2017《贯入法检测砌筑砂浆抗压强度技术规程》
16	JGJ/T 110—2017《建筑工程饰面砖粘结强度检验标准》

一、原材料检测

原材料进场检测是保证施工质量的重要手段，由于施工单位编制的检测试验计划操作性不强，导致现场取样及见证人员对原材料的组批规则、取样数量及样品规格不熟悉，易造成应检测的产品没有取样检测或抽检批次不足，委托检测项目不全，检测结果不符合设计或规范要求等。

典型问题 1：未按规定提供原材料进场复试报告。

案例 1：某工程缺少加气混凝土砌块的进场复试报告。

规定要求：GB 50203—2011《砌体结构工程施工质量验收规范》第 9.2.1 条规定：烧结空心砖、小砌块和砌筑砂浆的强度等级应符合设计要求。

案例 2：缺少 3 号储煤罐钢网架防火涂料进场复试报告。

规定要求：GB 50205—2020《钢结构工程施工质量验收标准》第 14.3.2 条规定：钢结构防火涂料的粘结强度、抗压强度应符合国家现行标准。

案例 3：某工程缺少主厂房围护结构用岩棉的进场复试报告。

规定要求：GB 50411—2019《建筑节能工程施工质量验收标准》第 4.2.2 条规定：墙体节能工程使用的材料、产品进场时，应对其下列性能进行复验，复验应为见证取样检验：保温隔热材料的导热系数。

预防措施：原材料进入施工现场后，施工单位应按照已审批的检测试验计划要求取样送检，检测报告经报审同意后，原材料方可用于工程实体施工。

典型问题 2：原材料检测报告中检验的项目不全。

案例 1：防水卷材的进场复试报告中缺少低温柔度和可溶物含量检测项目（见图 4-1-1）。

规定要求：GB 50207—2012《屋面工程质量验收规范》附录 A.0.1 规定：高聚物改性沥青防水卷材应对可溶物含量、拉力、最大拉力时延伸率、耐热度、低温柔度和不透水性进行检测。

防水卷材检验报告

报告编号：FS－17－07－0002

第1页，共1页

样品名称	[illegible]防水卷材（SBS）	样品来源	见证取样
委托单位	湖北省电力建设第二工程公司		
工程名称	湖北能源集团鄂州电厂三期2×1050MW超超临界燃煤机组扩建工程		
使用部位	碎煤机室屋面	检验类别	评定
见证单位	湖北鄂电建设监理有限责任公司	收样日期	2017.7.25
见证人	张奎	试验日期	2017.7.26
检验设备	TSF-1、TSF-2、TSH-3	报告日期	2017.8.01
检验依据	GB 18242—2008 GB/T 328.8—2007 GB/T 328.10—2007 GB/T 328.11—2007	抽样数量（m²）	1
厂家标号	湖北宜民防水科技有限公司 SBS I G PE 3.0 10	代表批量（m²）	1200

序号	检测项目	标准要求	试验结果	单项评定
1	最大峰拉力（N/50mm）	纵向≥350、横向≥350	纵向350、横向355	合格
2	最大峰时延伸率（%）	—	纵向33，横向35	合格
3	耐热度	90℃滑动≤2mm，无流淌、滴落	1.8mm，无流淌、滴落	合格
4	不透水性	0.2MPa，30min不透水	不透水	合格
5		以下空白		
6				
7				
8				
9				

评定结论	该产品所检指标符合GB 18242—2008 G PE Ⅰ型标准要求		
备注	该样品厚度3.0mm	检验单位	湖北才力建筑测试有限公司（盖章）

试验室名称：湖北才力建筑测试有限公司
试验室地址：武汉市黄陂区盘龙城经济开发区卓尔优势企业总部基地61栋[illegible]
邮编：430000
联系电话：027-61907062

图 4-1-1 防水卷材检测报告中检测项目不全

案例 2：大六角高强度螺栓连接副检测报告中缺少楔负载和螺母保证载荷检测项目（见图 4-1-2）。

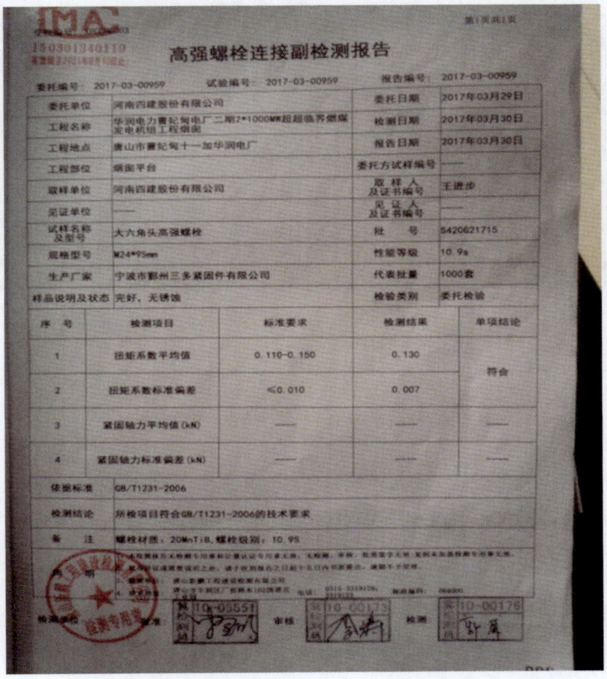

150301340119

第1页共1页

高强螺栓连接副检测报告

委托编号：2017-03-00959　试验编号：2017-03-00959　报告编号：2017-03-00959

委托单位	河南四建股份有限公司	委托日期	2017年03月29日
工程名称	华润电力曹妃甸电厂二期2*1000MW超超临界燃煤发电机组工程烟囱	检测日期	2017年03月30日
工程地点	唐山市曹妃甸十一加华润电厂	报告日期	2017年03月30日
工程部位	烟囱平台	委托方试样编号	——
取样单位	河南四建股份有限公司	取样人及证书编号	王进步
见证单位	——	见证人及证书编号	——
试样名称及型号	大六角头高强螺栓	批号	S420621715
规格型号	M24*95mm	性能等级	10.9s
生产厂家	宁波市鄞州三多紧固件有限公司	代表批量	1000套
样品说明及状态	完好，无锈蚀	检验类别	委托检验

序号	检测项目	标准要求	检测结果	单项结论
1	扭矩系数平均值	0.110-0.150	0.130	符合
2	扭矩系数标准偏差	≤0.010	0.007	
3	紧固轴力平均值（kN）	——	——	——
4	紧固轴力标准偏差（kN）	——	——	——

依据标准	GB/T1231-2006
检测结论	所检项目符合GB/T1231-2006的技术要求
备注	螺栓材质：20MnTiB，螺栓级别：10.9S
声明	[illegible]

检测单位　批准　审核　检测

图 4-1-2 高强度连接副的检测项目不全

规定要求：JGJ 82—2011《钢结构高强度螺栓连接技术规程》第 6.3.2 条规定：高强度大六角头螺栓连接副进行扭矩系数、螺栓楔负载、螺母保证载荷检验，其检验方法和结果应符合现行国家标准 GB/T 1231—2006《钢结构用高强度大六角螺栓、大六角螺母、垫圈技术条件》规定。

案例 3：混凝土拌合用水的检测报告中缺少不溶物、可溶物、硫酸根离子和碱含量检测项目。

规定要求：JGJ 63—2006《混凝土用水标准》第 3.1.1 条规定：混凝土拌合用水质中 pH 值、不溶物、可溶物、氯离子、硫酸根离子、碱含量指标应符合标准规定值。

案例 4：混凝土外加剂进场复试检测项目不全，缺少物理性指标。如：未检测混凝土凝结时间之差、抗压强度比等项目（见图 4-1-3）。

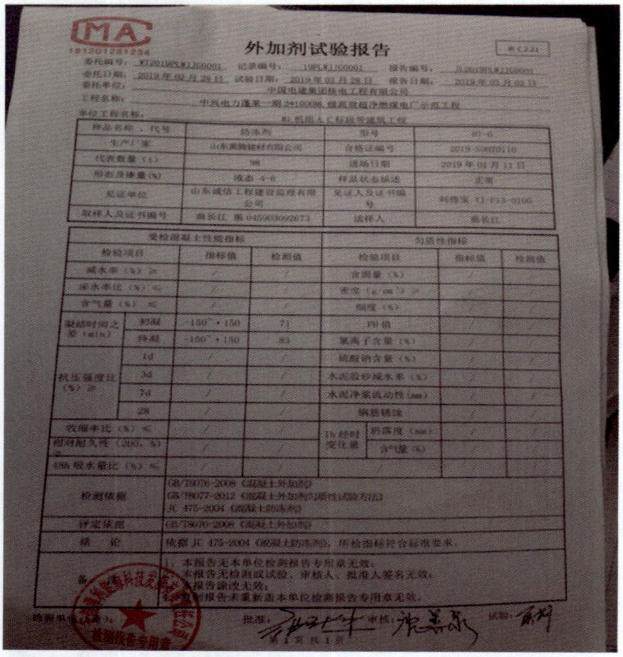

外加剂试验报告

委托日期：2019 年 02 月 28 日　试验日期：2019 年 02 月 28 日　报告日期：2019 年 03 月 02 日

委托单位：中国电建集团核电工程有限公司

样品名称、代号	防冻剂	型号	[illegible]
生产厂家	[illegible]	合格证编号	[illegible]
代表数量（t）	98	进场日期	2019 年 01 月 11 日
形态及掺量（%）	液态 4-6	样品状态描述	正常
见证单位	山东诚信工程建设监理有限公司	见证人及证书编号	[illegible]
取样人及证书编号	[illegible]	送样人	[illegible]

受检混凝土性能指标				匀质性指标		
检验项目		指标值	检测值	检验项目	指标值	检测值
减水率（%）≥		/	/	含固量（%）	/	/
泌水率比（%）≤		/	/	密度（g/cm³）≥	/	/
含气量（%）≤		/	/	细度（%）	/	/
凝结时间之差（min）	初凝	-150～+150	71	PH 值	/	/
	终凝	-150～+150	83	氯离子含量（%）	/	/
抗压强度比（%）≥	1d	/	/	硫酸钠含量（%）	/	/
	3d	/	/	水泥胶砂减水率（%）	/	/
	7d	/	/	水泥净浆流动性（mm）	/	/
	28	/	/	钢筋锈蚀	/	/
收缩率比（%）≤		/	/	1h 经时变化量 坍落度（mm）	/	/
相对耐久性（200，%）≥		/	/	1h 经时变化量 含气量（%）	/	/
48h 吸水量比（%）≤		/	/	/	/	/

检测依据	GB/T8076-2008《混凝土外加剂》 GB/T8077-2012《混凝土外加剂匀质性试验方法》 JC 475-2004《混凝土防冻剂》
评定依据	GB/T8076-2008《混凝土外加剂》
结论	依据 JC 475-2004《混凝土防冻剂》，所检指标符合标准要求。
备注	1、本报告无本单位检测报告专用章无效。 本报告无检测或试验、审核人、批准人签名无效。 报告涂改无效。 复制报告未重新盖本单位检测报告专用章无效。

批准：　审核：　试验：

图 4-1-3　混凝土外加剂进场复验检测项目不全

规定要求：GB 50204—2015《混凝土结构工程施工质量验收规范》第 7.2.2 条规定：混凝土外加剂进场时，应对其品种、性能、出厂日期等进行检查，并应对外加剂的相关性能指标进行检验，检验结果应符合现行国家标准 GB 8076—2008《混凝土外加剂》和 GB 50119—2013《混凝土外加剂应用技术规范》等的规定。

预防措施：委托单位应按照验收规范规定的检验项目进行委托检测，委托单位在收到检测报告后应对报告中检测项目进行核对和确认，然后报监理单位和建设单位审核。

二、施工过程检测

施工过程检测是保证施工过程中建（构）筑物质量安全的重要措施。由于施工单位技术人员未按规定进行留样或留样数量不足以及未按规定委托检测或委托检测项目数量不足等，特别是未组织有资质的检测单位对半成品和施工过程质量控制参数进行检测，导致施工单位凭经验施工，极易形成质量隐患。

典型问题1：钢结构安装单位缺少钢结构高强度螺栓连接摩擦面抗滑移系数的检测报告。

规定要求：GB 50205—2020《钢结构工程施工质量验收标准》第6.3.1条规定：钢结构制作和安装单位应分别进行高强度螺栓连接副摩擦面（含涂层摩擦面）的抗滑系数试验和复验，现场处理的构件摩擦应单独进行摩擦面抗滑移系数试验，其结果应符合设计要求。

预防措施：钢结构制作单位在提供钢结构构件时，应同时向安装单位提供高强度螺栓连接副摩擦板抗滑移系数检测用试件，安装单位应及时委托有资质的检测单位进行检测。

典型问题2：钢筋机械连接接头工艺检验记录中残余变形无两侧仪表数据测试值（见图4–1–4）。

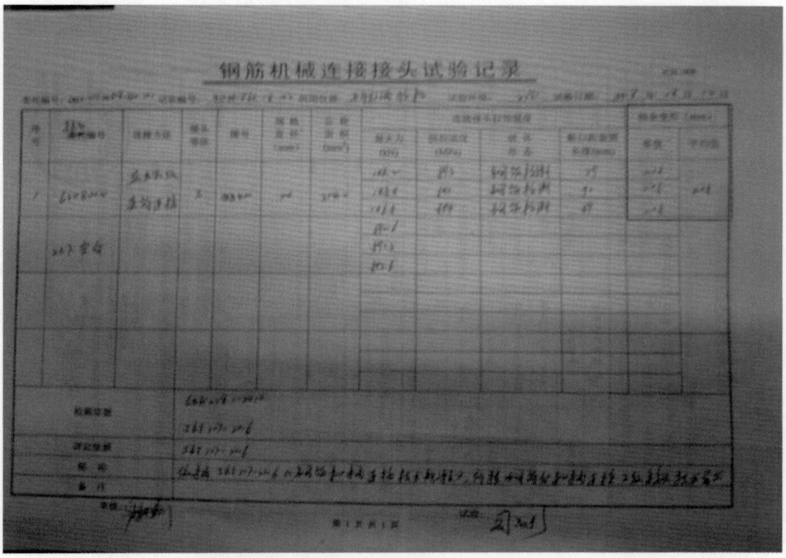
钢筋机械连接接头试验记录

图4–1–4 钢筋接头检验记录数据不全

规定要求：JGJ 107—2016《钢筋机械连接技术规程》附录A.1.1第1款规定：单向拉伸和反复拉压试验时的变形测量仪表应在钢筋两侧对称布置，两侧测点的相对偏差不宜大于5mm，且两侧仪表应能独立读取各自变形值。应取钢筋两侧仪表读数的平均值计算残余变形值。

预防措施：检验检测单位应严格按照检验检测标准编制记录表格，表格内的信息应能反映整个检验检测过程。

典型问题3：冷却塔X柱墩及支撑墙的混凝土有抗冻指标，未在施工现场浇注时进行含气量检验。

规定要求：GB 50204—2015《混凝土结构施工质量验收规范》第 7.3.7 条规定：混凝土有抗冻要求时，应在施工现场进行混凝土含气量检验，其检验结果应符合国家现行有关标准的规定和设计要求。

预防措施：混凝土含气量是控制混凝土抗冻融性能的重要指标，如果混凝土的含气量达不到标准的要求，极可能造成混凝土抗冻融性能不符合设计要求，因此在浇筑有抗冻融指标要求的混凝土应对混凝土的含气量进行控制。

典型问题 4：存在冬期施工的现场，缺少混凝土受冻临界强度检测报告。

规定要求：JGJ/T 104—2011《建筑工程冬期施工规程》第 6.1.1 条第 1 款对冬期浇筑的混凝土其受冻临界强度规定如下：采用蓄热法、暖棚法、加热法等施工的普通混凝土，采用硅酸盐水泥、普通硅酸盐水泥配制时，其受冻临界强度不应小于设计混凝土强度等级值的 30%；采用矿渣硅酸盐水泥、粉煤灰硅酸水泥、火山灰质硅酸盐水泥、复合硅酸盐水泥时，不应小于设计混凝土强度等级值的 40%。

预防措施：混凝土工程在进入冬期施工时，施工单位应派专人负责混凝土的保温措施及保温时间，在浇筑混凝土时技术人员应对冬期浇筑的混凝土制作用于检测混凝土冬期受冻临界强度的同条件养护试块。

典型问题 5：缺少混凝土结构植筋的锚固承载力检测报告。

规定要求：JGJ 145—2013《混凝土结构后锚固技术规程》第 9.6.4 条第 3 款对后锚固质量检验规定如下：应按本规程附录 C 进行锚固承载力检验。

预防措施：工程开工前施工单位应根据施工图纸与验收规程编制工程实体试验检测计划，计划中应包含混凝土结构植筋的相关检验项目，在混凝土分部工程验收时应查阅锚固承载力检测报告。

典型问题 6：混凝土浇筑时标准养护试块留置数量不足。

规定要求：GB 50204—2015《混凝土结构工程施工质量验收规范》第 7.4.1 条规定：混凝土的强度等级必须符合设计要求。用于检验混凝土强度的试件应在浇筑地点随机抽取。检测数量：对同一配合比混凝土，取样与试件留置应符合下列规定：①每拌制 100 盘且不超过 $100m^3$ 时，取样不得少于一次；②每工作班拌制不足 100 盘时，取样不得少于一次；③连续浇筑超过 $1000m^3$ 时，每 $200m^3$ 取样不得少于一次；④每次取样应至少留置一组试件。

预防措施：施工单位在编制试验检测计划前，应按图纸计算混凝土浇筑量，根据标准对试件的留置规定，列入试验检测计划，同时取样人员应注意取样的均匀性。

典型问题 7：混凝土后锚固承载力检测报告中检测数量不足（见图 4–1–5）。

规定要求：JGJ 145—2013《混凝土结构后锚固技术规程》附录 C.2.3 第 2 款规定：现场非破损检验的抽样数量，应符合下列规定，第 2 项，植筋锚固质量的非破损检验：①对重要结构构件及生命线工程的非结构构件，应取每一检验批植筋总数的 3% 且不少于 5 件进行检验；②对一般结构构件，应取每一检验批植筋总数的 1% 且不少于 3 件进行检验；③对非生命线工程的非结构构件，应取每一检验批锚固件总数的 0.1% 且不少于 3 件进行检验。

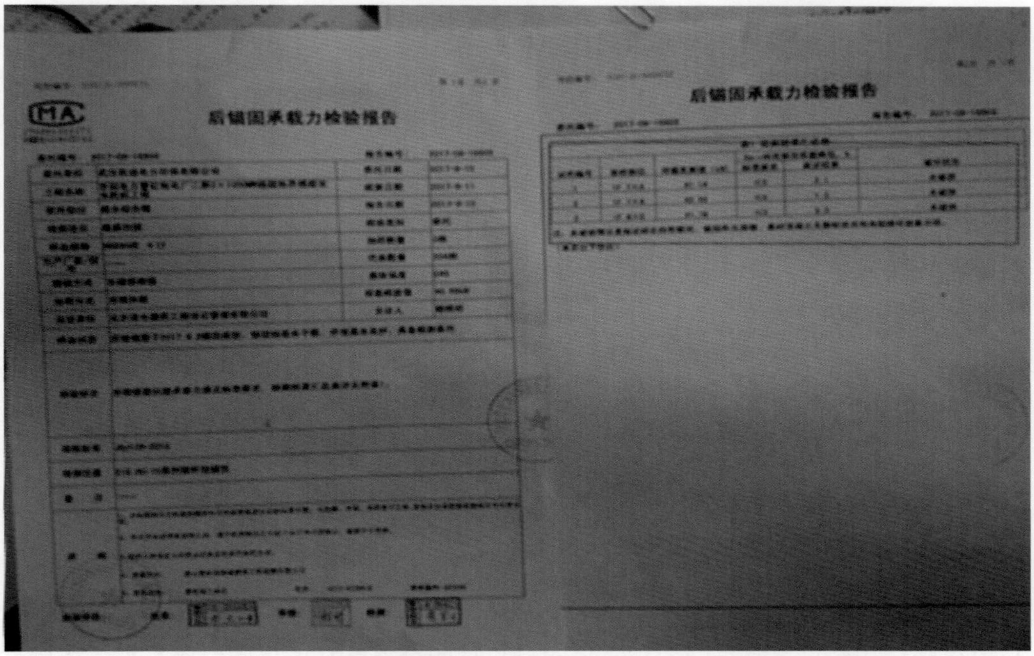

图 4–1–5 检测报告中检测数量不足

预防措施：对于混凝土结构植筋，施工单位应按植筋的牌号、直径汇总数量，向检测单位提供检测基数，检测单位应按标准要求比例抽检，并对检测的每根钢筋出具检测报告。

典型问题 8：填充墙砌体植筋锚固力现场抽查结果不符合标准规定。

规定要求：GB 50203—2011《砌体结构工程施工质量验收规范》第 9.2.3 条规定：填充墙与承重墙、柱、梁的连接钢筋，当采用化学植筋的连接方式时，应进行实体检测。锚固钢筋拉拔试验的轴向受拉非破坏承载力检验值应为 6.0kN。

预防措施：填充墙砌体植筋时，应严格控制孔径和孔深，注胶施工应从孔底向外均匀、缓慢地进行，同时应注意排除孔内的空气，注胶量应以植入锚筋后略有胶液被挤出为宜。植筋在使用前需清除表面的浮锈和污渍。

典型问题 9：填充墙体植筋锚固力检测报告中依据标准不正确，缺少抽样基数，检测数量不足（见图 4–1–6）。

规定要求：GB 50203—2011《砌体结构工程施工质量验收规范》第 9.2.3 条规定：填充墙与承重墙、柱、梁的连接钢筋，当采用化学植筋的连接方式时，应进行实体检测。锚固钢筋拉拔试验的轴向受拉非破坏承载力检验值应为 6.0kN。抽检钢筋在检验值作用下应基材无裂缝、钢筋无滑移宏观裂损现象；持荷 2min 期间荷载值降低不大于 5%。

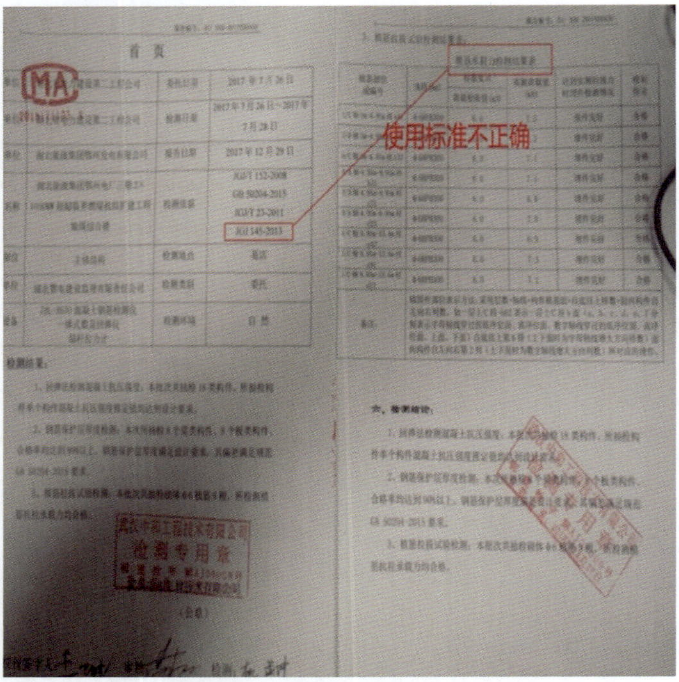

图 4-1-6　填充墙体植筋锚固力检测依据标准不正确

预防措施：在进行检验检测前检验检测机构检测人员应弄清检测对象、检测使用标准，选择对应检测仪器，包括仪器的量程和精度。检测报告在进行审核及批准时，相关人员应对所使用的检测方法和验收标准进行确认。

三、工程实体质量与使用功能检测

工程实体检测是比较容易忽视的检测项目，但却是影响分部工程和单位工程验收的重要内容，也将影响后期的使用功能。工程实体检测由于检测项目繁杂、验收标准多，还有检测标准值在设计图纸、验收标准和检测标准中均有规定，因此经常存在实体检测项目不全或未进行检测、检测结果未确认等问题。

典型问题 1：混凝土结构钢筋保护层厚度不符合标准规定。

规定要求：GB 50204—2015《混凝土结构工程施工质量验收规范》中附录 E.0.4 钢筋保护层厚度检验时，纵向受力钢筋保护层厚度的允许偏差应符合梁（+10，−7）的规定。

预防措施：混凝土结构中梁、板在浇筑混凝土前应对钢筋保护层进行检查验收，在浇筑混凝土过程中应注意钢筋保护层专用垫块的位置，确保钢筋混凝土保护层厚度符合标准要求。

典型问题 2：饰面砖拉伸粘结强度检测结果不符合规定（见图 4-1-7）。

规定要求：JGJ/T 110—2017《建筑工程饰面砖粘结强度检验标准》第 6.0.2 条规定：现场粘贴的同类饰面砖，当一组试样均符合判定指标要求时，判定其粘结强度合格；当一组试样均不符合判定指标要求时，判定其粘结强度不合格；当一组试样仅符合判定指标的一项要求时，应在该组试样取样检验批内重新抽取两组试样检验，若检验结果仍有一项不符合判定指标要求时，判定其粘结强度不合格。判定指标应符合下列规定：①每组试样平均粘结强度不应小于 0.4MPa。②每组允许有一个试样的粘结强度小于 0.4MPa，但不应小于 0.3MPa。

图 4–1–7 饰面砖拉伸粘结强度检测报告不符合规定

预防措施：粘贴饰面砖应自上而下粘贴，采用齿形抹刀在找平基层上刮粘结材料并在饰面砖背面满刮粘结材料，粘结层总厚度宜为 3~8mm，粘结时应敲实，不得振动或移动饰面砖。

典型问题 3：抹灰砂浆粘结强度检测结果不符合规定（见图 4–1–8）。

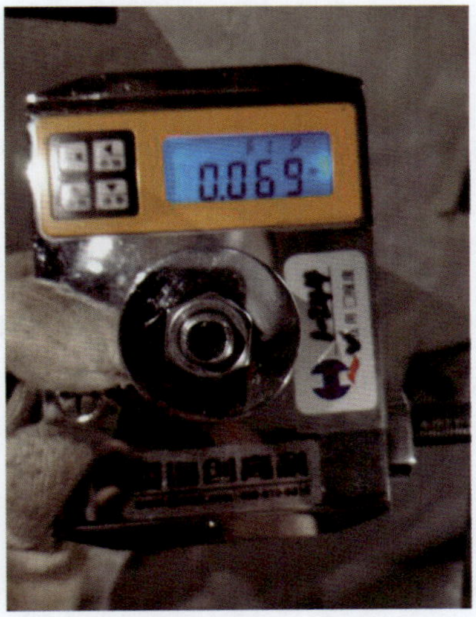

图 4–1–8 抹灰砂浆粘结强度不符合规定

规定要求：JGJ/T 220—2010《抹灰砂浆技术规程》第 7.0.10 条规定：同一验收批的抹灰层拉伸粘结强度平均值应大于或等于规定值。

预防措施：在抹灰前应清除砌体基层表面杂物、残留灰浆，抹灰前一天浇水润湿，抹灰时，墙面不得存有明水；对于混凝土基层表面需抹界面砂浆。

典型问题 4：缺少外窗气密性检测报告。

规定要求：GB 50411—2019《建筑节能工程施工质量验收规范》第 17.1.1 条规定：建筑围护结构节能工程施工完成后，应对围护结构的外墙节能构造和外窗气密性能进行现场实体检验。

预防措施：建筑围护结构施工完成后，施工单位应及时委托对外窗气密性进行检测，以满足验收规范要求。

典型问题 5：缺少室内环境污染浓度检测报告。

规定要求：GB 50325—2010《民用建筑工程室内环境污染控制规范》第 6.0.4 条规定：民用建筑工程验收时，必须进行室内环境污染物浓度检测，其限量应符合规定。

预防措施：施工单位在编制检验检测计划时应将员工生活和主要工作的区域的室内环境污染检测列入，在人员入驻前应进行检测，检测结果符合要求方可进驻。

典型问题 6：灰库工程实体检测项目缺少钢筋直径、间距和规格，检测依据标准错误。

规定要求：GB 50669—2011《钢筋混凝土筒仓施工与质量验收规范》附录 A.0.2 规定：筒体结构实体检验的项目包括混凝土强度、钢筋保护层厚度、钢筋规格和间距以及约定的其他项目。

预防措施：灰库属于筒体结构，结构实体检测应按专项标准要求进行检测，其检测结果应按专项标准进行评定。

第二节　金属检测

随着火力发电工程机组参数逐步提升，对金属焊缝的化学成分、组织结构及使用性能提出更高的要求，因此金属检测无论是在工程建设还是生产过程中都非常重要。但是由于受客观条件限制，检测效率、检测机构组织能力以及检测人员技术水平等因素影响，施工现场会出现很多质量问题，本节针对不同检测方法经常出现的典型质量问题进行分析。目前，金属检测常用的技术规范见表 4-2-1。

表 4-2-1　金属检测常用行的技术规范

序号	技术规范
1	DL/T 821—2017《金属熔化焊对接接头射线检测技术和质量分级》
2	DL/T 820—2019《管道焊接接头超声波检验技术规程》
3	DL/T 505—2016《汽轮机主轴焊缝超声波检测规程》
4	DL/T 297—2011《汽轮发电机合金轴瓦超声波检测》
5	DL/T 714—2011《汽轮机叶片超声波检验技术导则》

续表

序号	技术规范
6	DL/T 694—2012《高温紧固螺栓超声检测技术导则》
7	DL/T 991—2006《电力设备金属光谱分析技术导则》
8	DL/T 884—2019《火电厂金相检验与评定技术导则》

一、射线检测

射线检测，通过射源（X、γ 射线）对金属焊缝进行内部缺陷透照的检测；因为其可记录、直观、可靠，目前在火电机组壁厚不大于 20mm 的焊缝优先采用，尤其是锅炉受热面管道焊缝经常采取 100% 射线检测。由于放射性同位素的严格管理，时常发生放射源进场不及时以及现场施工工作量大、时间有限，检测机构管理不到位，检测人员不细心等因素，导致施工现场焊缝漏检或射线底片评定错误等问题经常发生。

典型问题 1：射源选用存在问题：射源选用不正确，采用 Ir192 放射源透照厚度小于 20mm 被检工件，导致灰雾度大，几何不清晰度增加；或采用 X 射线透照壁厚大于或等于 8mm 小直径管，边蚀效应严重，灵敏度达不到要求，透照宽容度降低，导致漏检（见图 4-2-1、图 4-2-2）。

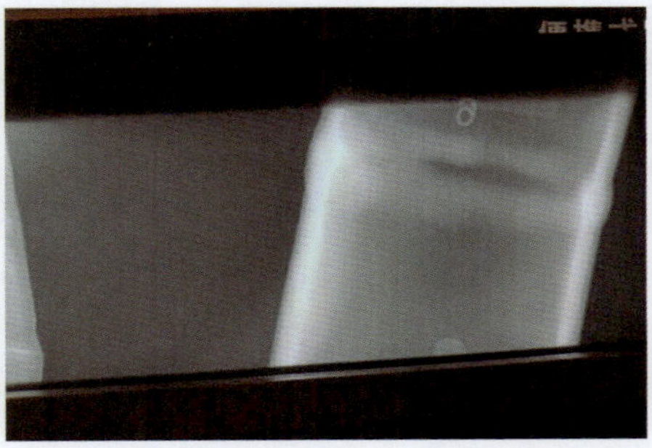

图 4-2-1　采用铱 192 透照 $\Phi57\times4$mm 小径管，灰雾度大，几何不清晰度增加，像质计不可见

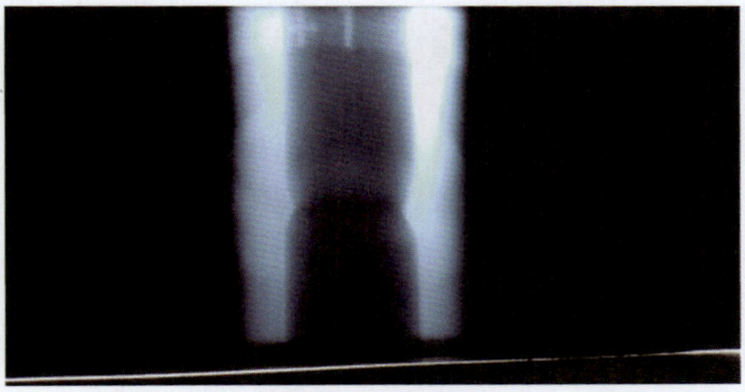

图 4-2-2　X 射线机透照 规格为 $\Phi44.5\times13$mm 小径管对接接头边蚀严重，像指计不清晰

规定要求：DL/T 821—2017《金属熔化焊对接接头射线检测技术和质量分级》第 4.5.3 条规定：底片或影像上显示的像质计指数应满足第 5.2.1.5 款表 7 的要求；在黑度均匀的有效评定范围内 I 型像质计应至少能识别 2 根金属丝，Ⅱ型像质计金属丝清晰可见。

预防措施：被检工件透照厚度不小于 10mm 且透照厚度差较大、小直径壁厚大于 8mm 时，宜采用伽马射线源透照，同时胶片等级应提高一个等级。当透照厚度小于 20mm 时，不应采用铱 192 放射源进行透照。

典型问题 2：射线底片评定时存在缺陷错判、漏评现象，导致焊接质量不合格的焊缝未被发现，使现场安装的对接接头存在质量隐患（见图 4-2-3、图 4-2-4）。

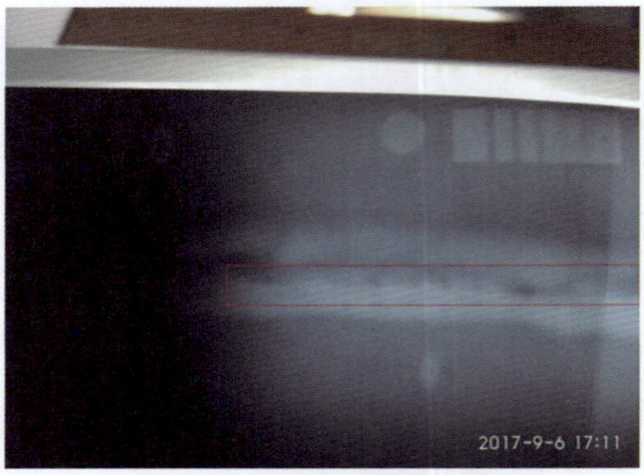

图 4-2-3 三段抽汽管道对接接头射线底片存在未熔合，现场实际评定为条形缺陷

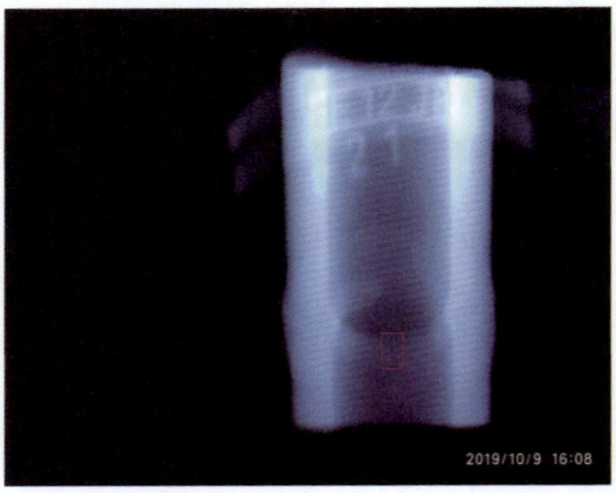

图 4-2-4 主蒸汽疏水管道对接接头射线底片存在横向裂纹未识别

规定要求：DL/T 869—2012《火力发电厂焊接技术规程》第 7.2.5 条表 9 规定：按照 DL/T 821—2017《金属熔化焊对接接头射线检测技术和质量分级》实施射线检测时，对Ⅰ、Ⅱ类焊接接头底片评定为Ⅱ级合格。Ⅲ类焊接接头属于锅炉范围内焊接接头底片评定为Ⅱ级合格，锅炉范围外焊接接头底片评定为Ⅲ级合格。

预防措施：检测机构加强内部培训以提高评片人员技术水平，加强对底片的复评工作，检测机构定期组织高级人员对底片进行抽查复评。

典型问题 3：射线底片黑度不达标，评定区域内存在伪缺陷（见图 4-2-5、图 4-2-6）。

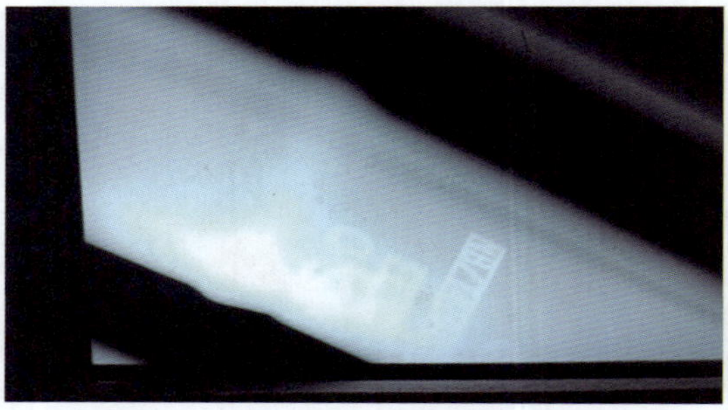

图 4-2-5 底片黑度 1.3，底片质量不合格

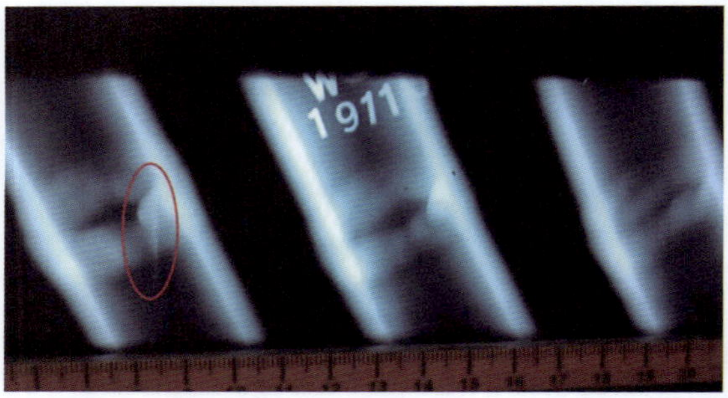

图 4-2-6 底片评定区内存在伪缺陷

规定要求：DL/T 821—2017《金属熔化焊对接接头射线检测技术和质量分级》第 4.5.1 条第 1 款规定，底片评定范围内的黑度 D 应满足下列规定：① A 级：$1.5 \leqslant D \leqslant 4.5$；② AB 级：$2.0 \leqslant D \leqslant 4.5$；③ B 级：$2.3 \leqslant D \leqslant 4.5$。第 2 款规定：透照小直径管或截面厚度变化大的工件，底片评定范围内的最低允许黑度为 1.5。第 4.5.4 条规定：底片有效评定范围内不应存在干扰缺陷影像识别的水迹、划痕、显影条纹、折痕、指纹、压痕等伪缺陷影像。

预防措施：根据不同的被检工件由持有射线Ⅱ级或Ⅲ级检测人员编制操作指导书，操作指导书首次应用时，经现场验证，并对现场实施检测的人员进行技术交底，现场透照时，应严格按照操作指导书上的技术参数进行透照及底片处理。

典型问题 4： 射线检测错用像质计，规格为 Φ48 × 12.5mm 管子对接接头射线检测时选用低级别的像质计（见图 4-2-7）。

图 4-2-7　规格为 Φ48 × 12.5mm 管子对接接头射线检测时选用低级别的像质计“专 10”

规定要求： DL/T 821—2017《金属熔化焊对接接头射线检测技术和质量分级》第 5.2.1.5 条表 7 规定：像质指数的选择，AB 级透照厚度为 Ta，当 $Ta > 30$mm 时，像质指数应选择 11。

预防措施： 检测机构应由持有射线Ⅱ级或Ⅲ级检测人员编制具有可操作性的作业指导书，指导书中须明确像质计的选用，并进行技术交底。

二、超声检测

超声检测，通过声波反射、折射和衍射原理对金属及焊缝内部缺陷进行检测，由于其方便、快捷和对危险性缺陷比较敏感，在火力发电工程中应用广泛，并作为射线检测的重要补充措施。但由于检测人员个人能力和职业素养高低不同，经常发生焊缝区域打磨不彻底，甚至发生焊口漏检等严重问题，给工程质量留下重大隐患。

典型问题 1： 管道对接接头超声波探头扫查区域内临时铁件或飞溅未清除，影响探头与扫查面的接触，造成漏检；甚至现场未见打磨痕迹，超声检测报告已出具（见图 4-2-8）。

图 4-2-8　管道对接接头焊缝未打磨

规定要求： DL/T 820—2019《管道焊接接头超声波检验技术规程》第 4.5.1.3 条规定：

检验面探头移动区应清除焊接飞溅、锈蚀、氧化物及油垢，必要时，表面应打磨平滑、打磨宽度至少为探头移动范围。

预防措施：检测机构应将不同规格的管道超声检测需打磨的宽度及表面要求编成规程或作业文件，对打磨人员进行交底，如果表面打磨不符合规程规定，不允许进行超声检测，直至打磨符合规定方可实施检测。建设单位和监理单位应加强现场检测的监督管理。

典型问题 2：现场对焊口进行超声检测抽查时，存在超标缺陷漏检，或将超标缺陷作为可记录缺陷。

规定要求：DL/T 869—2012《火力发电厂焊接技术规程》第 7.2.5 条表 9 规定：按照 DL/T 820—2019《管道焊接接头超声波检验技术规程》实施超声检测时，对Ⅰ、Ⅱ类焊接接头质量等级Ⅰ级评定合格。Ⅲ类焊接接头属于锅炉范围内焊接接头质量等级Ⅰ级合格，锅炉范围外焊接接头质量等级Ⅱ级合格。

预防措施：检测机构应选派有经验的超声检测人员派驻现场，加强内部培训提高检测人员技术水平，开展超声检测复核工作，检测机构定期组织高级人员或技术精湛的检测人员对已超声检测的焊缝进行抽检复核。

典型问题 3：对大于 M32 柔性有中心孔螺栓超声检测时，缺少对中心孔内壁缺陷的检测（见图 4-2-9）。

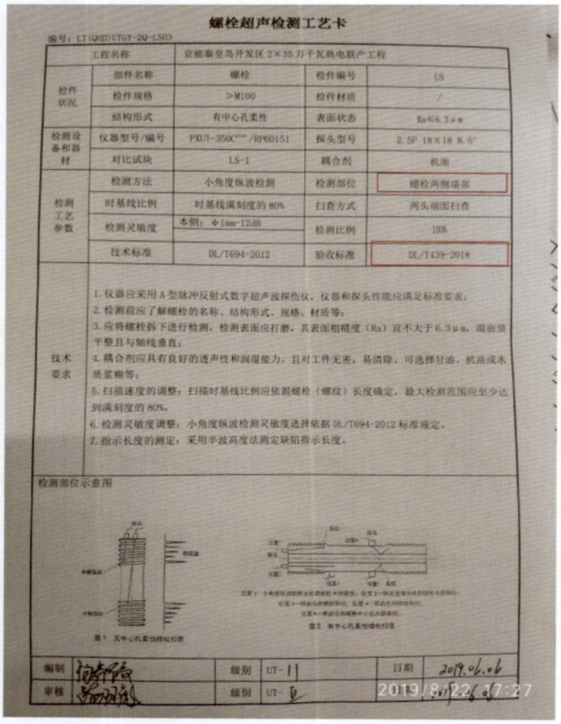

螺栓超声检测工艺卡

编号：LT(QHD)UTGY-2Q-LS03

工程名称		京能秦皇岛开发区 2×35 万千瓦热电联产工程		
检件状况	部件名称	螺栓	检件编号	LS
	检件规格	>M100	检件材质	/
	结构形式	有中心孔柔性	表面状态	Ra≤6.3μm
检测设备和器材	仪器型号/编号	PXUT-350C/RP60151	探头型号	2.5P 18×18 8.5°
	对比试块	LS-1	耦合剂	机油
检测工艺参数	检测方法	小角度纵波检测	检测部位	螺栓两侧端部
	时基线比例	时基线满刻度的 80%	扫查方式	两头端面扫查
	检测灵敏度	本侧：φ1mm-12dB	检测比例	100%
	技术标准	DL/T694-2012	验收标准	DL/T439-2018

技术要求：

1. 仪器应采用 A 型脉冲反射式数字超声波探伤仪，仪器和探头性能应满足标准要求；
2. 检测前应了解螺栓的名称、结构形式、规格、材质等；
3. 应将螺栓拆下进行检测，检测表面应打磨，其表面粗糙度（Ra）宜不大于 6.3μm，端面须平整且与轴线垂直；
4. 耦合剂应具有良好的透声性和润湿能力，且对工件无害，易清除，可选择甘油、机油或水质浆糊等；
5. 扫描速度的调整：扫描时基线比例应依据螺栓（螺纹）长度确定，最大检测范围应至少达到满刻度的 80%。
6. 检测灵敏度调整：小角度纵波检测灵敏度选择依据 DL/T694-2012 标准规定。
7. 指示长度的测定：采用半波高度法测定缺陷指示长度。

检测部位示意图

编制	[illegible]	级别	UT-Ⅱ	日期	2019.06.06
审核	[illegible]	级别	UT-Ⅲ		

2019/8/22 17:27

图 4-2-9　对大于 M32 柔性有中心孔螺栓超声检测时，缺少对中心孔内壁缺陷检测

规定要求：DL/T 694—2012《高温紧固螺栓超声波检测技术导则》第 3.6.5 条规定：应确定螺栓的检测区域，螺栓的检测区域应覆盖螺栓的全体积。应关注应力集中部位，如接合面附近一至三道螺栓根部，螺栓中心孔内壁高温加热区，马氏体钢及镍基高温合金螺栓光杆内外壁以及全通孔螺栓中心孔的底部等。

预防措施：由持超声检测Ⅱ级或Ⅲ级检测人员编制螺栓超声检测工艺卡，经现场技术负责人审核后，进行技术交底。

三、理化试验

施工现场金属与焊接材料成分、组织的检测试验主要是通过光谱分析、硬度试验和金相检验来实现的。光谱分析主要复核合金材质和焊缝的合金元素含量，这是防止现场用错材质的重要技术措施；硬度和金相检验主要是对热处理后焊缝及母材组织进行现场复检，由于受制于效率和成本因素影响，现场普遍采用硬度检测方式，金相检验只针对重要部件和部位。

典型问题 1：脱硫吸收塔内合金部件未进行光谱复查。

规定要求：DL/T 5210.2—2018《电力建设施工质量验收规程　第 2 部分：锅炉机组》第 11.2.1 条吸收塔附件安装规定：“工序：合金部件安装；检验项目：材质；性质：主控；质量标准：无错用；检验方法和器具：光谱分析，并出具报告。”

预防措施：监理单位应敦促脱硫吸收塔制作安装单位编制吸收塔制作安装检验计划，并报备，监理单位及相关管理部门加强对计划执行情况的监督。

典型问题 2：材质为 P91/92 的主蒸汽管道环焊缝焊接接头硬度检测时沿圆周方向测两个部位或缺失对近焊缝区母材的硬度检测（见图 4-2-10）。

图 4-2-10　硬度检测点数不满足要求

规定要求：DL/T 438—2016《火力发电厂金属技术监督规程》第 7.1.9 条 d) 款规定：环焊缝焊接接头硬度检测尽可能在圆周四等分位置，若由于场地限制，可不在四等分位置，但至少在圆周测 3 个部位，每个部位应包括焊缝和邻近母材。

预防措施：检测机构应由持有中级及以上资格的力学检测人员编制硬度检测工艺卡，经现场技术负责人审核后，进行交底并严格按照工艺卡的规定实施检测。

典型问题 3：对主蒸汽管道对接接头进行金相检测时，缺少对焊缝热影响区的检测（见图 4–2–11）。

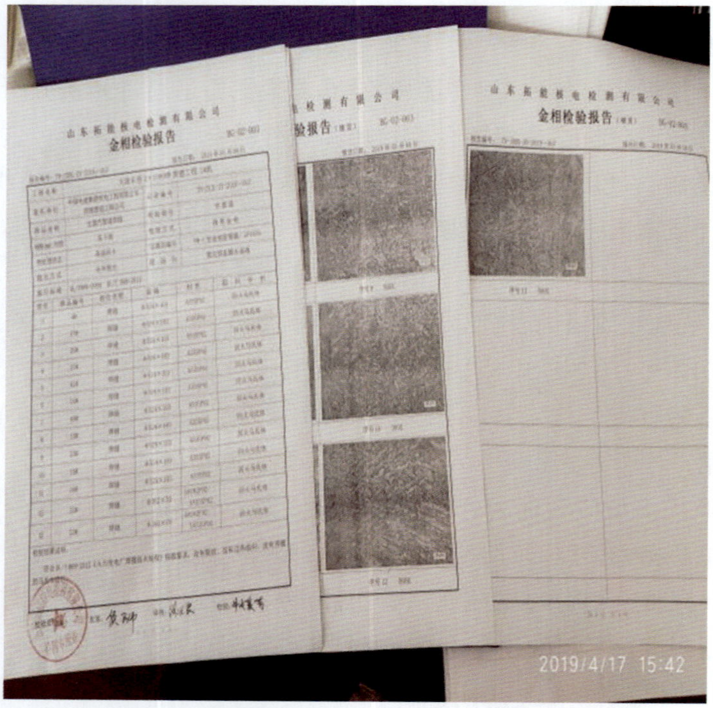

图 4–2–11　对主蒸汽管道对接接头进行金相检测时，未包含热影响区的金相检测

规定要求：DL/T 884—2019《火电厂金相检验和评定技术导则》中第 4.2.2.1 条规定：焊接接头的取样一般应包括焊缝、热影响区及母材。

预防措施：检测机构应由持有中级及以上资格的金相检验人员编制金相检验工艺卡，经现场技术负责人审核后，进行交底并严格按照工艺卡的规定实施金相检测。

四、其他

检验检测是施工现场质量控制的重要技术措施，从设计和施工策划的角度提前为检验检测预留操作空间是保证检测质量的关键。同时，检测人员应按规程规定进行检测作业，保证现场施工质量缺陷应检尽检。

典型问题 1：由于设计原因，接头焊缝布置不便于无损检测的实施（见图 4–2–12）。

规定要求：DL/T 612—2017《电力行业锅炉压力容器安全监督规程》中第 6.9.8 条规定：接头焊缝位置应便于施工焊接、无损检测、热处理和修理。

预防措施：设备制造厂在设计时应依据 DL/T 612—2017《电力行业锅炉压力容器安全

监督规程》相关规定，合理布置焊缝位置。

图 4-2-12 某工程顶棚连接管由于结构原因无法对安装焊口进行无损检测

典型问题 2：奥氏体不锈钢材质的管道焊口渗透检测后未进行后清洗（见图 4-2-13）。

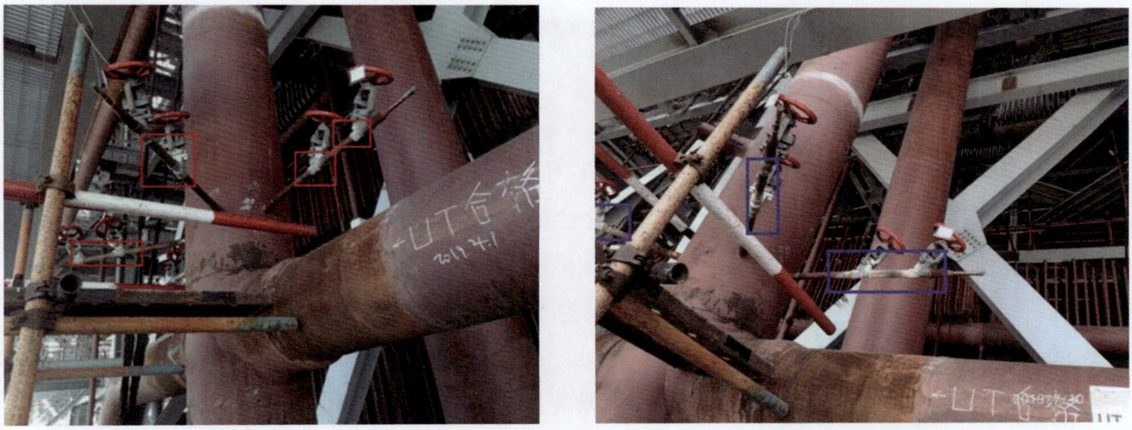

图 4-2-13 奥氏体不锈钢管道焊口渗透检测时，未进行后清洗

规定要求：NB/T 47013.5—2015《承压设备无损检测》第 6.10 条规定：工件检测完毕应进行后清洗，以去除对以后使用或对材料有害的残留物。

预防措施：由持渗透Ⅱ级或Ⅲ级检测人员编制操作指导书，经现场技术负责人审核后对现场实施检测的人员技术进行交底；现场检测时，检测人员应严格按照操作指导书的规定进行渗透检测。

第三节 电气检测

电气设备按规定开展检测试验工作，是防患于未然，保障电气设备安全稳定运行的重要技术措施。电气检测主要包括电气设备交接试验、保护装置单体校验、保护装置调整试验以及变压器油分析检测等。常见问题主要包括电气交接试验报告不规范、保护装置调试报告试验项目不全以及保护定值设置错误等。目前，电气检测常用的技术规范见表 4-3-1。

表 4-3-1 电气热控检测常用的技术规范

序号	技术规范
1	GB 50150—2016《电气装置安装工程电气设备交接试验标准》
2	DL/T 274—2012《±800kV 高压直流设备交接试验》
3	GB/T 50832—2013《1000kV 系统电气装置安装工程电气设备交接试验标准》
4	GB 1094.3—2017《电力变压器　第 3 部分：绝缘水平、绝缘试验和外绝缘空气间隙》
5	GB/T 7354—2018《局部放电测量》
6	DL/T 995—2016《继电保护及电网安全自动装置检验规程》
7	GB/T 14285—2006《继电保护和电网安全自动装置技术规程》
8	GB/T 50976— 2014《继电保护及二次回路安装及验收规范》

一、电气设备交接试验

电气设备交接试验是新安装的电气设备在安装完成后，交接验收时必须进行的试验，主要检验制造单位生产的电气设备质量是否合格、检验电气设备在安装过程中是否受到损坏以及安装质量是否符合规程要求、检验新安装的电气设备是否满足投入电力系统运行的技术条件要求。电气设备交接试验报告可以为投产后运行、检修和事故分析提供基础性参考数据。

典型问题 1：电气设备交接试验报告中常见问题如下：①引用规程规范不正确，试验结论不正确；②检测报告未加盖检测专用章；③设备铭牌信息、试验内容与现场设备不一致；④报告中列出的仪器设备编号与报审校准证书编号不一致；⑤报告中列出的检测人员与报审的人员名单不一致；⑥未能提供检测报告或检测报告中试验内容不齐全（见图 4-3-1~ 图 4-3-3）。

规定要求：GB 50150—2016《电气装置安装工程电气设备交接试验标准》第 3.0.1 条规定：电气设备应按本标准进行交流耐压试验。

预防措施：电气检测人员在试验过程中，应按照规程规范进行试验，不能缺项，试验过程中如实记录试验数据，编制检测试验报告时按现行有效规程进行编写，且报告必须真实反映试验条件、方法、结果以及基本要求。验收阶段，建设单位和监理单位相关人员应对交接试验报告进行重点检查。

典型问题 2：接地网电气完整性测试报告中，测量选点较少，不具有代表性；且与其他区域接地点之间无接地导通试验数据（见图 4-3-4）。

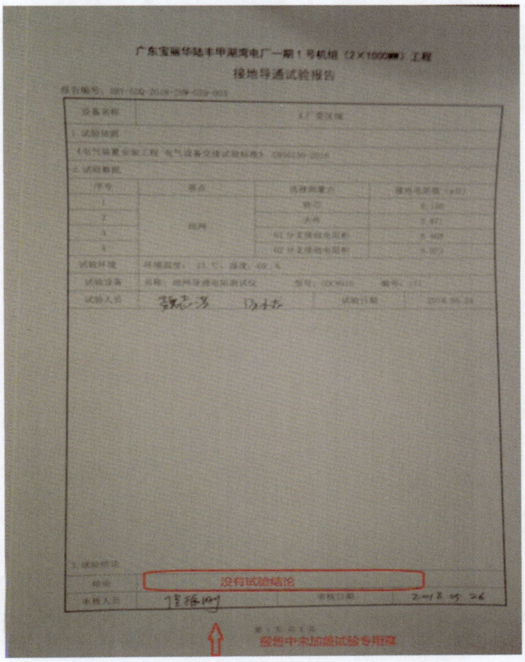

图 4-3-1　交接试验报告结论不正确

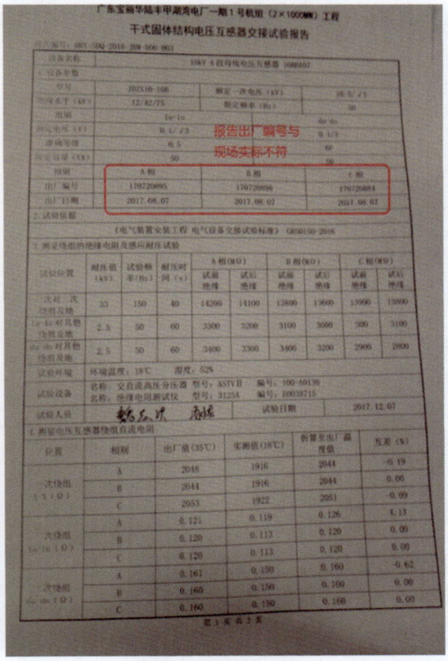

图 4-3-2　设备出厂编号与现场不一致

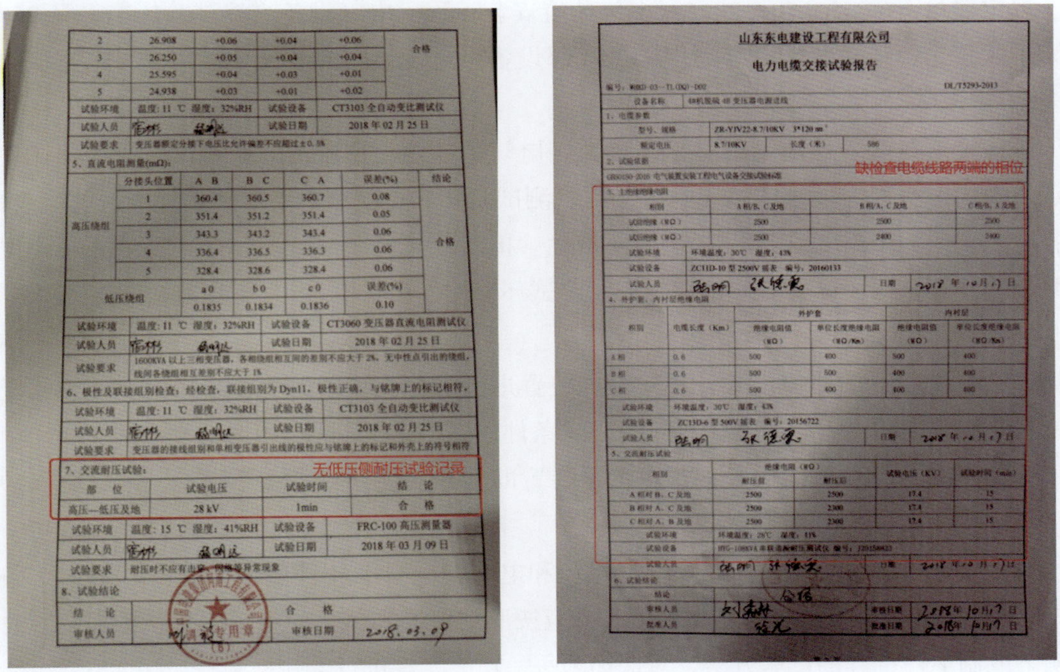

图 4-3-3　交接试验内容不全

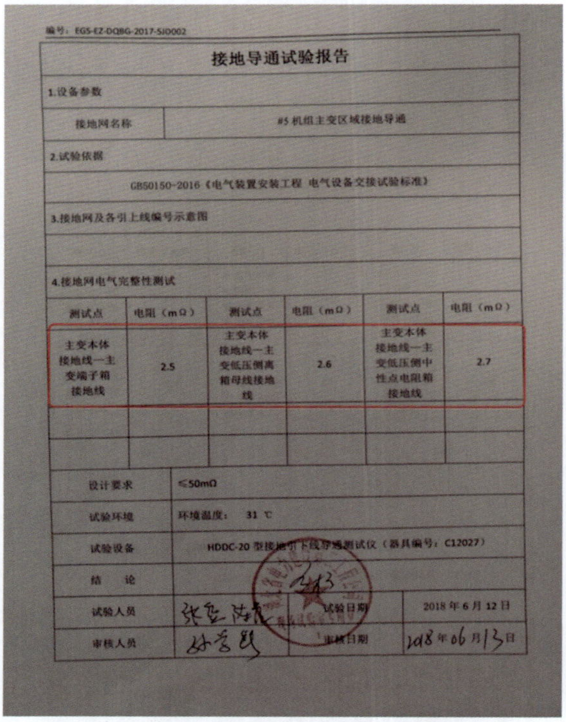

编号：EGS-EZ-DQBG-2017-SJ0002

接地导通试验报告

1.设备参数					
接地网名称	#5机组主变区域接地导通				
2.试验依据					
GB50150-2016《电气装置安装工程 电气设备交接试验标准》					
3.接地网及各引上线编号示意图					
4.接地网电气完整性测试					
测试点	电阻（mΩ）	测试点	电阻（mΩ）	测试点	电阻（mΩ）
主变本体接地线一主变端子箱接地线	2.5	主变本体接地线一主变低压侧离箱母线接地线	2.6	主变本体接地线一主变低压侧中性点电阻箱接地线	2.7
设计要求	≤50mΩ				
试验环境	环境温度： 31 ℃				
试验设备	HDDC-20型接地引下线导通测试仪（器具编号：C12027）				
结　论					
试验人员		试验日期	2018年6月12日		
审核人员		审核日期	2018年06月13日		

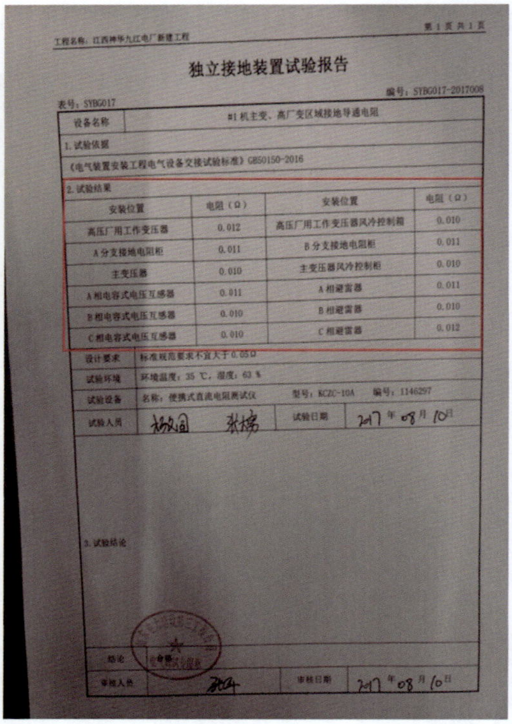

工程名称：江西神华九江电厂新建工程　　第1页共1页

独立接地装置试验报告

表号：SYBG017　　编号：SYBG017-2017008

设备名称	#1机主变、高厂变区域接地导通电阻		
1.试验依据			
《电气装置安装工程电气设备交接试验标准》GB50150-2016			
2.试验结果			
安装位置	电阻（Ω）	安装位置	电阻（Ω）
高压厂用工作变压器	0.012	高压厂用工作变压器风冷控制箱	0.010
A分支接地电阻柜	0.011	B分支接地电阻柜	0.011
主变压器	0.010	主变压器风冷控制柜	0.010
A相电容式电压互感器	0.011	A相避雷器	0.011
B相电容式电压互感器	0.010	B相避雷器	0.010
C相电容式电压互感器	0.010	C相避雷器	0.012
设计要求	标准规范要求不宜大于0.05Ω		
试验环境	环境温度：35 ℃，湿度：63 %		
试验设备	名称：便携式直流电阻测试仪　型号：KCZC-10A　编号：1146297		
试验人员		试验日期	2017年08月10日
3.试验结论			
结论	合格		
审核人员		审核日期	2017年08月10日

图 4-3-4　接地网测试不完整

规定要求：GB 50150—2016《电气装置安装工程　电气设备交接试验标准》第 25.0.2 条第 1 款规定：应测量同一接地网的各相邻设备接地线之间的电气导通情况，以直流电阻值表示。

预防措施：接地导通测试是保障接地网电气完整性的重要指标，测试过程中要体现接地点之间的连贯性。接地网属于隐蔽工程，测试时要多点测试才能体现接地导通的代表性，且各区域之间也要测试，确保接地的连贯性。接地网导通测试阶段，电气检测人员应严格按照试验要求进行测试，监理工程师应对测试环节加强过程检查。

二、保护装置单体校验

继电保护装置的单体校验，是对保护装置进行的静态调试，主要用来检查保护装置各功能的正确性，判断保护装置是否具备投运条件。

典型问题：保护单体校验报告中保护装置的保护功能项目校验不完整，未标明保护调试用的定值版本（见图 4-3-5）。

规定要求：DL/T 995—2016《继电保护和电网安全自动装置检验规程》第 5.3.4.2 条第 a）款规定：新安装保护装置验收校验时，应按照定值通知单上的整定项目，依据装置技术说明书或制造厂推荐的试验方法，对保护的每一功能元件进行逐一检验。

预防措施：保护单体校验时应按正式版定值校验，在用自设调试版定值提前校验时，应校验全部定值功能，防止调试版定值和正式版定值不一致，漏校相应的保护功能；验收阶段，对保护装置校验功能项目及使用定值版本进行重点检查，确保校验工作满足保护装置的投运要求。

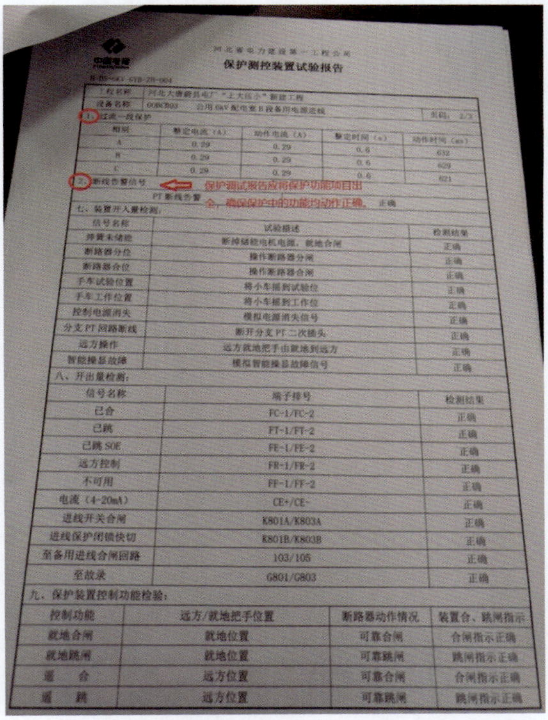

河北省电力建设第一工程公司

保护测控装置试验报告

工程名称	河北大唐蔚县电厂“上大压小”新建工程
设备名称	00BCB03　公用 6kV 配电室 B 段备用电源进线

1、过流一段保护　　页码：2/3

相别	整定电流（A）	动作电流（A）	整定时间（s）	动作时间（ms）
A	0.29	0.29	0.6	632
B	0.29	0.29	0.6	629
C	0.29	0.29	0.6	621

2、断线告警信号

PT 断线告警　正确

保护调试报告应将保护功能项目出全，确保保护中的功能均动作正确。

七、装置开入量检测：

信号名称	试验描述	检测结果
弹簧未储能	断掉储能电机电源，就地合闸	正确
断路器分位	操作断路器分闸	正确
断路器合位	操作断路器合闸	正确
手车试验位置	将小车摇到试验位	正确
手车工作位置	将小车摇到工作位	正确
控制电源消失	模拟电源消失信号	正确
分支 PT 回路断线	断开分支 PT 二次插头	正确
远方操作	远方就地把手由就地到远方	正确
智能操显故障	模拟智能操显故障信号	正确

八、开出量检测：

信号名称	端子排号	检测结果
已合	FC-1/FC-2	正确
已跳	FT-1/FT-2	正确
已跳 SOE	FE-1/FE-2	正确
远方控制	FR-1/FR-2	正确
不可用	FF-1/FF-2	正确
电流（4-20mA）	CE+/CE-	正确
进线开关合闸	K801A/K803A	正确
进线保护闭锁快切	K801B/K803B	正确
至备用进线合闸回路	103/105	正确
至故录	G801/G803	正确

九、保护装置控制功能检验：

控制功能	远方/就地把手位置	断路器动作情况	装置合、跳闸指示
就地合闸	就地位置	可靠合闸	合闸指示正确
就地跳闸	就地位置	可靠跳闸	跳闸指示正确
遥　合	远方位置	可靠合闸	合闸指示正确
遥　跳	远方位置	可靠跳闸	跳闸指示正确

图 4–3–5　校验报告校验内容不完整

三、保护装置调试

继电保护装置的调试，是对保护装置相关二次回路进行传动检查以及对保护装置进行整组传动试验等。

典型问题 1：保护装置调试报告中缺少装置软件版本号、校验码等信息，缺少逆变电源可靠性检查项目。

规定要求：GB/T 50976—2014《继电保护及二次回路安装及验收规范》第 6.1.4 条规定：装置上电后应能正常工作，检查装置软件版本号、校验码等信息，时钟功能应正常。第 6.1.5 条规定：拉合直流开关，逆变电源应可靠启动，逆变电源各级输出电压值应正常。

预防措施：保护调试阶段，严格按照规程规范要求调试，进行逆变电源可靠性检查，并在出具调试报告时要体现检查情况。保护版本号、校验码等是微机保护的重要信息，应记录存档，在出具校验调试报告中要体现此信息，且与装置现软件版本号、校验码等信息一致。

典型问题 2：保护及自动化装置调试时，未与站内统一时钟对时；保护装置内部个别保护整定值与保护定值通知单不一致。

规定要求：GB/T 50976—2014《继电保护及二次回路安装及验收规范》中第 6.1.15 条的规定：装置与站内统一时钟对时应正确。第 8.1.2 条规定：装置整定值应与定值通知单相符，定值通知单应与现场实际相符。

预防措施：保护及自动化装置调试时需检查对时情况，若单体调试时不具备条件，应在整组调试时检查。保护装置整定值应与定值通知单相符，定值通知单应与现场实际相符，在调试过程中发现定值不一致时，应及时通知调试单位和生产运行单位，确保保护定值满足设备投运要求。